工业化建筑技术创新成果转化与企业标准化

中国建筑科学研究院有限公司
南京工业大学
编著

中国建筑工业出版社

图书在版编目（CIP）数据

工业化建筑技术创新成果转化与企业标准化/中国建筑科学研究院有限公司，南京工业大学编著．—北京：中国建筑工业出版社，2020.3

ISBN 978-7-112-24541-3

Ⅰ.①工… Ⅱ.①中… ②南… Ⅲ.①工业建筑-科技成果-成果转化-研究-中国②建筑企业-企业管理-标准化管理-研究-中国 Ⅳ.①TU27②F426.9

中国版本图书馆CIP数据核字（2019）第286237号

本书在总结提炼“十三五”国家重点研发计划课题“工业化建筑标准体系建设方法与运行维护机制研究”成果基础上编写而成。

本书共分七章和五个附录，主要内容包括绪论、相关概念与基础理论、工业化建筑技术创新成果转化与标准联动、工业化建筑标准化多主体协同、工业化建筑企业标准化演化及其影响因素、工业化建筑企业标准化演化作用路径和主要结论等。

本书可作为我国工程建设标准化工作者的参考书，尤其适用于工业化建筑标准研究、编制和管理者。

责任编辑：武晓涛

责任校对：李欣慰

工业化建筑技术创新成果转化与企业标准化

中国建筑科学研究院有限公司
南京工业大学
编著

*

中国建筑工业出版社出版、发行（北京海淀三里河路9号）

各地新华书店、建筑书店经销

霸州市顺浩图文科技发展有限公司制版

北京建筑工业印刷厂印刷

*

开本：787×1092毫米 1/16 印张：11¾ 字数：290千字

2020年2月第一版 2020年2月第一次印刷

定价：**42.00**元

ISBN 978-7-112-24541-3

（35157）

《工业化建筑技术创新成果转化与企业标准化》编委会

前言

党的十八大以来，以习近平同志为核心的党中央高度重视科技创新，强调科技创新是提高社会生产力和综合国力的战略支撑，必须摆在国家发展全局的核心位置。习近平总书记指出，“实施创新驱动发展战略决定着中华民族前途命运”“创新是引领发展的第一动力”。

国际金融危机发生以来，世界主要国家抓紧制定新的科技发展战略，抢占科技和产业制高点，一些重要科学问题和关键核心技术已经呈现出革命性突破的先兆，谁动作快，谁就能抓住先机。在此背景下，我们必须加快建设创新型国家，促进产业迈向全球价值链中高端。

科技创新是经济增长的发动机，是提高综合国力的主要驱动力。促进科技成果转化、加速科技成果产业化，已经成为世界各国科技政策的新趋势。提高科技成果转化，需要政府、高校和研发机构，以及企业三方同时发力，唯有如此才能研发出更适合实体经济发展的高科技成果，并进一步转化成高附加值的产品。企业是科技创新成果转化和推广过程中的重要主体。企业可以独立或者与境内外企业、事业单位或者其他合作者实施科技成果转化、承担政府组织实施的科技研究开发和科技成果转化项目，也可以与研究开发机构、高等院校等事业单位相结合，联合实施科技成果转化。

在市场经济的条件下，企业的生存和发展，本质上取决于企业的技术创新、吸纳科技成果能力和经营能力，而不是仅靠资金、人力的投入上规模来实现量的扩张及效益的提高。要不断提高企业是科技成果转化主体的认识，勇挑重担，使企业主动赋予科技创新成果于产品开发和发展生产之中，真正成为促进科技创新成果转化的重要途径。

建筑业是我国国民经济的重要物质生产部门，与整个国家经济的发展、人民生活的改善有着密切的关系。面对国内发展对建筑业提出的挑战与要求，建筑业的健康持续发展，特别是建筑工业化的发展，得到了党中央、国务院的高度重视。2011 年住房和城乡建设部印发《建筑业发展“十二五”规划》，明确提出“积极推进建筑工业化”。2013 年国务院办公厅出台《绿色建筑行动方案》，提出“推广适合工业化生产的预制装配式混凝土、钢结构等建筑体系，加快发展建设工程的预制和装配技术，提高建筑工业化技术集成水平”。2014 年中共中央、国务院印发《国家新型城镇化规划（2014—2020 年）》，明确提出“强力推进建筑工业化”。2016 年 2 月《中共中央　国务院关于进一步加强城市规划建设管理工作的若干意见》提出“力争用 10 年左右时间使装配式建筑占新建建筑的比例达到 30%”，对工业化建筑发展提出了更高的要求。2015 年国务院印发《深化标准化工作改革方案》，提出建立由政府主导制定的标准和市场自主制定的标准共同构成的新型标准体系。这一系列技术经济政策和要求，为工业化建筑技术研发、标准体系建设和工程实践的开展提供政策保障。

当前，我国工业化建筑相关标准尚不能满足我国高质量发展中创新成果转化的需要，其成果转化率仅为 10%，究其原因，一是科技创新成果本身价值不高；二是条件限制、信息不畅，不能及时地将信息传递给市场需求方；三是科技创新成果转化过程涉及主体众多，利益关系复杂，成果转化率低影响标准的升级完善。此外，标准的制修订周期长，已经无法与技术进步相匹配，导致创新成果转化为标准的速度明显慢于工业化建筑发展的要求，如何才能使技术创新成果在短时间内转化成标准并且完善相应的标准，如何才能形成创新—技术—标准的有效衔接，本书通过对工业化建筑技术创新成果转化与企业标准化的研究初步探索出了一条可持续、可转化、可实施的有效路径。

本书分为七章和五个附录，其主要内容包括：

第一章　绪论。主要介绍工业化建筑技术创新成果转化与企业标准化研究背景，目的与意义，研究主要内容，技术路线与创新点等。

第二章　相关概念与基础理论。主要介绍工业化建筑与标准化等基本概念，阐述了依据的基本理论基础。

第三章　工业化建筑技术创新成果转化与标准联动。重点分析创新成果转化阶段和技术标准化阶段的实现路径，对创新成果与标准化联动过程中的参与主体扮演的角色和功能进行界定，识别了主体参与创新成果标准化驱动力的影响因素及其驱动路径，提出技术创新与标准化联动运行的理论框架，并针对运行过程中可能存在的问题提出相应的保障措施。

第四章　工业化建筑标准化多主体协同。重点分析工业化建筑标准系统运行作用机理，建立工业化建筑标准系统运行模型，系统介绍工业化建筑标准化的三种模式，标准化主体间的协作关系以及工业化建筑标准制定和实施过程中主体的协同问题，建立政府、企业和第三方机构之间的博弈模型，对第三方机构和企业之间的寻租活动进行博弈分析，并提出相关建议。

第五章　工业化建筑企业标准化演化及其影响因素。重点分析装配式建筑企业标准化演化的影响因素，并以此为基础，在演化理论、标准化理论指导下，确定影响装配式建筑企业标准化的基础因素的内涵，进而提出各个测量变量的测度项，构建研究模型和假设，并通过调查问卷获得相关数据和资料。

第六章　工业化建筑企业标准化演化作用路径。在理论分析和数据获取的基础上，对收集的相关有效数据进行描述性统计分析与信效度的检验，并且对前文假设进行实证检验。

第七章　主要结论。对本书进行总结，给出研究结论。

附　录　调查问卷、相关政策文件及企业标准介绍。本附录主要包含研究调查问卷与访谈提纲，进行了国家科技成果转化政策汇编，介绍了有关企业标准化的管理规定及企业标准。

本书在中国建筑科学研究院有限公司承担十三五国家重点研发计划项目“建筑工业化技术标准体系与标准化关键技术”的基础上编写而成。本书撰写得到了工程建设和标准化主管部门有关领导、专家和学者的鼓励和支持。在研究报告付梓之际，我们诚挚地对各位领导、专家及有关人员表示感谢。

本书的编写凝聚了所有参编人员和专家的集体智慧，在大家辛苦的付出下才得以完成。由于编写时间紧，篇幅长，内容多，涉及面又很广，加之水平和经验所限，书中仍难免有疏漏和不妥之处，敬请同行专家和广大读者朋友不吝赐教，斧正批评。

本书编委会

2019年9月

目　录

第一章 绪 论

第一节 研究背景

一、科技创新成果转化成为高质量发展的核心

在党的十九大报告中，习近平总书记强调加快建设创新型国家，以创新促进技术的发展并转化为生产力，因此，将创新的理念应用于工业化建筑，并使标准和创新协调发展具有重大意义。我国理论界对工业化建筑的研究已经持续很长时间，工业化建筑起源于20世纪50年代，但由于其技术和管理经验主要来源于苏联，未能结合国情因地制宜地颁布相关的标准导致工业化建筑早期发展缓慢。工业化建筑在20世纪80年代后期突然停止发展，在沉寂了30多年后再一次遇到发展契机，重新得到国家和行业的重点关注。

例如2017年SSFG工业化建造体系面世，该体系以机械化代替手工劳动并申请到28项专利，成功地将创新成果转化为技术并应用到实践中，这项创新举措在大力发展工业化建筑的背景下引起很大的轰动。据了解到目前为止，28项创新成果并没有纳入到相关标准中，而且关于此建造体系的验收标准尚处于缺失状态。由此可以看出工业化相关创新成果的产生到标准的出台或制修订存在严重的滞后情况。

当前的工业化建筑相关标准不能满足我国高质量发展中创新成果转化的需要，成果转化率大概在10%左右，究其原因主要是创新成果本身价值不高，其次条件限制、信息不畅，不能及时地将信息传递给需求市场，最重要的是创新成果转化过程涉及主体众多，利益关系复杂，成果转化率低，影响标准的升级完善。标准的制修订周期长，已经无法与技术进步相匹配，导致创新成果转化为标准的速度明显慢于工业化建筑发展的要求，如何才能使技术创新成果在短时间内转化成标准并且完善相应的标准，创新成果转化成标准到底存在哪些问题，如何才能形成创新—技术—标准的无缝对接成为本书的研究重点。

二、标准化改革提出新要求

随着我国市场经济体制改革的不断深化，社会团体和企业在标准化活动中的地位越来越凸显，先前计划经济和有计划的商品经济时期形成的标准化治理格局不再适应市场经济

发展的要求。2015 年 3 月 11 日国务院发布的《深化标准化工作改革方案》（以下简称《改革方案》），作为一部具有里程碑意义的顶层设计文件，提出了政府与市场共治的新型标准体系，统一和巩固了“团体标准”这一概念。2018 年 1 月 1 日起施行的《中华人民共和国标准化法》（以下简称《标准化法》），则明确赋予了团体标准法律地位，形成了由国家标准、行业标准、地方标准、团体标准和企业标准组成的新型标准体系。新《标准化法》确立了由“政府标准”和“市场标准”共同治理的新型标准化制度，这些制度是社会主义市场经济发展的内在需求，也是我国标准化改革的迫切需要。

《改革方案》指出要鼓励具备相应能力的学会、协会、商会、联合会等社会组织和产业技术联盟协调市场主体，共同制定满足市场和创新需要的标准。国家发改委于 2015 年 10 月 22 日发布的《标准联通“一带一路”行动计划（2015—2017 年）》指出要聚焦沿线重点国家产业需求，充分发挥各行业、地方、企业、学协会和产业技术联盟作用，建立标准化合作工作组，深化关键项目的标准化务实合作。充分发展团体标准，实际上就是充分发挥每一个市场主体的创新活力，特别是他们能够享受创新成果转化为标准所带来的经济利益，并在此激励下，团体标准化主体能不断地进行科技攻关，促进行业的技术创新和升级[1]。同时，团体标准作为市场自主制定的标准，还是解决曾经在由政府全面主导标准化活动时期留下的标准缺失、老化、滞后、交叉、重复、矛盾等问题的良方[2]。最为关键的是，团体标准并不绝对受制于我国的国家身份，具有溢出效应，一旦真正地被市场所接受，会更有助于我国在区域范围甚至全球范围内建立规则，使我国通过标准化在国际上的话语分量增大、增强。也就是说，团体标准能够达到通过国家管制措施不能达到的效果，减少国际间的摩擦[3]。

三、工业化建筑标准化愈发重要

全世界建筑业产值到 2025 年估计会达到年均 15 万亿美元[4]。根据联合国环境规划署的可持续建筑促进会（UNEP-SBCI）[5] 在 2009 年的报告，建筑部门更是在国际层面提供了 5%～10%的就业岗位。虽然其占据着重要的地位，但是目前我国的建筑产业，特别是住宅产业仍处于粗放式生产的阶段，其发展主要依靠的是劳动力和资金的投入。而许多经济发达国家却是采用依靠技术进步带动建筑业发展的集约型生产方式。粗放式的生产方式却带来了许多问题：根据建筑业协会（CII）的报告，建筑业中无效的工作以及浪费可能会达到 57%，而这一比例在制造业仅为 26%[6]。并且这一现象不改变的话，到 2020 年能源的浪费将会是目前的两倍。同时，根据万科的财务报告，2009 年到 2011 年之间，建筑行业的人工成本上升了一倍以上，而 1980 年代以后出生的农民工愿意从事建筑行业的比例比父辈低了接近一半[7]。新型城镇化提出的生态文明理念[8] 也使得建筑行业的转型势在必行。

国务院办公厅早在 1999 年就转发建设部等部门颁布的《关于推进住宅产业现代化提高住宅质量若干意见的通知》（国办发［1999］72 号）中，指出“要促进住宅建筑材料、部品的集约化、标准化生产，加快住宅产业发展”，拉开了我国新时期建筑工业化的发展进程。2013 年，国务院办公厅以国办发［2013］1 号文转发《绿色建筑行动方案》，将“推广适合工业化生产的预制装配式混凝土、钢结构等建筑体系，加快发展建筑工程的预制和装配技术，提高建筑工业化技术集成水平”提升到国家战略层面。2014 年 3 月，国务院发布《国家新型城镇化规划》(2010—2014年),将"积极推进建筑工业化、标准化,提高住宅工业化比例"作为我国绿色城市建设重点。可见,各种政策相继出台,建筑工业化成为全新发展趋势。

随着建筑业的快速发展和越来越多的国际贸易合作,中国建筑业外延性增长方式[9]特点尤为突出,表现为行业和企业内技术水平和管理水平不高,导致劳动生产率低,资源利用率低和环境破坏等问题。国际经验表明,建筑产业现代化的核心是建筑工业化,建筑工业化的核心是建筑标准化。标准作为经济和社会活动的技术依据,是国家重要的基础性技术制度;标准化已逐步被提升到国家战略高度,成为国家治理体系和治理能力现代化的重要工具,研究我国标准化运行问题具有重要价值。为了使我国建筑业健康可持续发展,本书通过对工业化建筑标准体系的运行机制进行理论分析,更好地了解标准化系统的发展规律,为建筑业标准化的长远发展打下良好的基础。

四、工业化建筑企业在标准化中将发挥重要作用

住建部在2017年印发了《"十三五"装配式建筑行动方案》指出,到2020年,全国装配式建筑占新建建筑的比例达到15%以上。装配式建筑全过程如图1-1所示。鉴于装配式建筑前景的预期,许多公司都致力于开发相关装配化的产品,但大多致力于某一方面产品的研发,缺乏系统性的研究和管理制度,相关设计、管理标准欠缺,相关的工艺等的规程也尚未完善,需要行业或建筑企业集团牵头制定相应的技术和管理标准,规范引导装配式建筑行业发展的方向。目前装配式建筑市场较小、标准修订滞后等问题突出,特别是成本方面的矛盾。我国尚未建立完善的装配式建筑标准规范体系和定额体系,标准更新不及时、标准化程度不高等问题突出。这使得企业使用标准时矛盾重重,贯彻执行过程中出现问题。

随着知识经济时代的到来,世界范围内的技术标准竞争越来越白热化,谁制定的标准为世界所用,谁就会从中获得巨大的利益,谁的技术成了标准,谁就掌握了市场的主动权

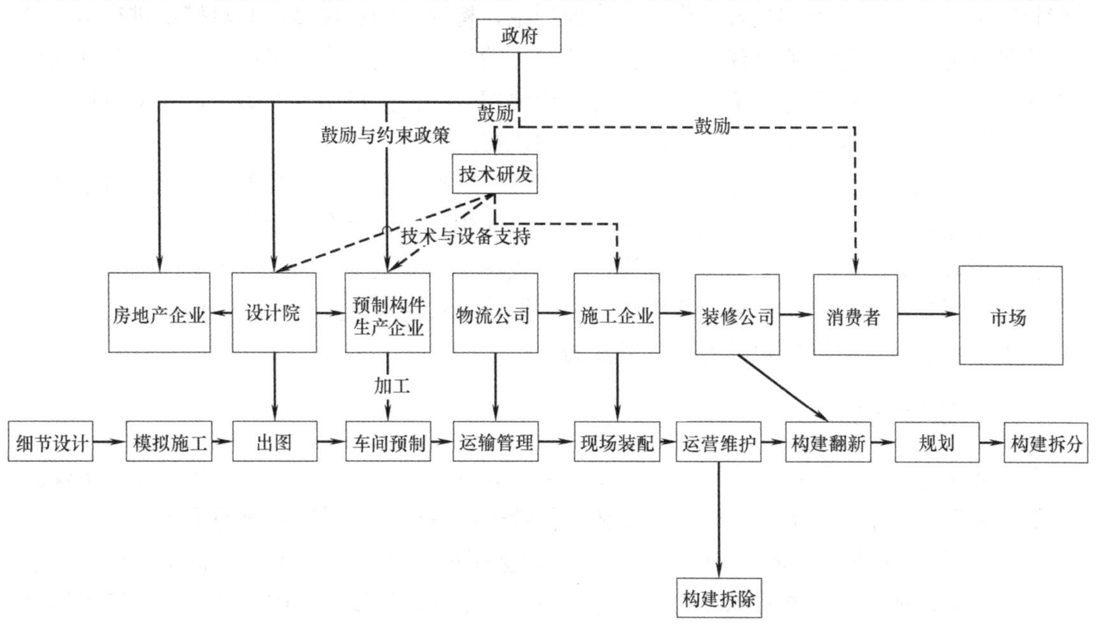

图1-1 装配式建筑全过程

和制高点[10,11]。

综上所述，工业化建筑企业标准化工作迫在眉睫，越来越受到社会的关注，无论理论还是实践中，工业化建筑企业标准化研究成为众多学者的研究对象。目前，国内的工业化建筑企业标准化研究尚处于起步阶段，其中以装配式建筑企业标准化的技术标准与政策制定研究居多。从长远与深度发展看，工业化建筑企业标准化演化发展影响因素的研究将是技术标准与政策制定的基础，是工业化建筑企业标准化中首先需要研究的问题。

在工业化建筑产业市场需求增加和竞争日趋激烈的背景下，工业化建筑企业应该不断增强企业建造和管理水平。不断提高企业标准化水平成为工业化建筑企业取得市场竞争优势的关键。但是关于工业化企业标准化的研究还缺乏深度的探讨分析，本书对工业化建筑企业如何开展建造和管理标准化工作有重要价值。

第二节　研究目的与意义

一、研究目的

本书研究目的有以下几点：

（1）采用理论研究—机理阐述—路径设计—机制设计的逻辑顺序，将工业化建筑技术创新转化与标准化联动运行机制分为两个阶段、三个过程。通过建立联动动力结构方程模型，定量地得出联动的主要动力及其影响路径；给出联动运行机制理论框架，在保障措施中提出联动运行的组织架构和信息化平台，从知识产权、主体、信息和利益等方面提出运行的政策建议，为使标准与创新协调发展提供参考。

（2）利用系统工程方法、经济控制论、博弈论、经济和管理等科学方法，分析工业化建筑标准化系统运行作用机理，借助经济控制论，构建了动态模型，并对模型进行可控性和稳定性分析；通过工业化建筑标准化系统运行的动力机制研究，可以得出工业化建筑标准化系统在主体协同上存在诸多问题。通过构建相应的博弈模型，并提出构建多主体协同机制，为企业、政府、团体组织协同发展提供依据。

（3）通过分析我国工业化建筑企业标准化演化影响因素，建立我国工业化建筑企业标准化演化路径模型，明确工业化建筑企业标准化演化现状，综合工业化建筑企业标准化路径影响因素和企业标准化演化发展过程，给出我国工业化建筑企业标准化演化发展建议。针对不同影响路径提出不同的保障措施，为发展装配式建筑企业标准化工作提供指导，为促进工业化建筑企业标准化发展打下坚实的基础。

二、研究意义

工业化建筑企业标准化除了有提高质量和服务技术水平的作用以外，还能提高企业的技术创新和管理水平，促进品牌的建设和强化管理，最终达到提高企业的市场竞争力的目的[12]。工业化建筑标准化过程中涉及政府、社会团体、第三方机构、企业及公众等多个主体，企业是标准化改革后标准化工作的核心力量之一，科技创新成果是高质量发展的内在动力，也是企业引领行业发展的核心竞争力。如何将科技创新成果快速转化为标准，成为企业和行业发展的重要关切。

针对工业化建筑这一特定对象，为解决标准化过程中各主体间沟通的诸多问题、企业未发挥标准化主体的作用和“信息孤岛”等实际问题，基于动力强化、利益协调、协同合作等多视角，以系统、科学的分析方法对其研究，以实现满足多方主体经济诉求的基础上，提高工业化建筑标准化系统的运行效率。

本书从创新成果转化为标准角度，界定能够纳入标准的创新成果，分析不同主体之间的协同，拓宽了技术标准理论的研究范畴，为进一步完善工业化标准体系提供理论支持，准确地把握当前建筑工业化面临的问题，突破以往研究的片面性，对现有的建筑工业化相关的理论的丰富和优化，同时可以为提高创新与标准水平提供参考，使标准与创新协调发展，最终实现标准体系的宏观指导作用。

进而，从企业层面分析企业标准化的过程究竟受哪些因素影响，对我国工业化建筑企业标准化发展路径状态和发展路径选择意义重大，具体意义如下：

(1) 促进工业化建筑企业知识规模化发展，标准化就是企业按照一定准则发展的过程，将有重复使用意义和可以分享的内容转变成标准，并总结成资源。通过工业化建筑企业标准化的知识发展，标准化可以降低成本，缩短施工和企业学习时间，促进行业间知识资源分享，促进装配式建筑企业之间的产业链无缝衔接。

(2) 提高工业化建筑企业竞争力，当前我国工业化建筑正处于初级发展阶段，大多数企业的工业化技术和管理水平发展还不成熟，故生产效率和资源利用水平还不高。完善工业化建筑企业标准化制度，就可以降低成本，提高装配式建筑质量从而提升企业的竞争优势。

(3) 推进工业化建筑企业的演化历程。对我国工业化建筑企业标准化演化路径推动的研究立足于工业化建筑企业自身的资源条件和发展水平，满足新时代下对工业化建筑的各个要求，实现工业化建筑企业的快速发展。

(4) 推动技术创新。标准化立足于技术进步、技术共享，两者相辅相成，促进新技术的转换，推动技术创新，进而发展成为标准，创立体系，大幅度提高企业标准化水平。

(5) 指明我国工业化建筑企业标准化工作的努力方向。工业化建筑企业标准化的重要性毋庸置疑，如何让工业化建筑企业发展标准化，进而加快企业标准化演化进程，需要对企业标准化演化过程进行分析，了解工业化建筑企业影响因素中的优势和劣势，认识其发展水平，引领工业化企业标准化演化方向。

本书在国家重点研发计划项目“建筑工业化技术标准体系与标准化关键技术”课题的基础上进行研究，旨在对工业化建筑技术创新成果标准化的运行机制，包括驱动力机制、协同机制、保障机制等从理论上深入分析，为工业化建筑标准化工作提供理论支撑和依据。

第三节 研究的主要内容

本书主要研究内容如下：

（1）技术创新与标准互动机理分析。厘清标准对创新的作用、创新对标准的作用关系以及创新、技术与标准的关系，从网络层、价值层和知识层给出创新与标准的作用机理，以创新与标准的转化关系为支撑，奠定后续路径设计的基础。

（2）转化路径设计。本书研究的是具有转化潜力的创新成果，首先对创新成果转化潜力进行评价，针对具有转化潜力的创新成果设计其转化路径，并且给出此阶段的信息反馈的过程，设计技术标准化阶段中两个过程的路径和信息反馈过程。

（3）主体参与联动动力分析。分析主体在创新成果转化阶段和标准化阶段扮演的角色和功能，对影响主体参与到联动过程中的驱动力进行因素识别，并用结构方程模型研究驱动力的路径，并对得出结果进行分析，为后续保障措施的提出奠定基础。

（4）对工业化建筑标准化系统运行的系统分析架构。对工业化建筑标准化运行动力进行分析研究。首先，运用系统论思想，全面分析工业化建筑标准体系系统的内涵、环境、要素，构建工业化建筑标准系统结构；然后，分析工业化建筑标准系统运行作用机理，建立工业化建筑标准系统运行模型，构建系统动态运行模型并进行模型的控制性和稳定性分析。

（5）提出工业化建筑标准化的三种模式，标准化主体间的协作关系以及工业化建筑标准制定和实施过程中主体的协同问题。借助网络效应，在国家标准制定中，对企业之间进行博弈分析，并提出被选中和未被选中的情况下企业之间的协同建议；建立了政府、企业和第三方机构之间的博弈模型，对第三方机构和企业之间的寻租活动进行博弈分析，并提出了政府必须加强内部管理，提高监督效率，增大监督查处成功率，并采取相关措施加大对第三方机构和企业之间寻租行为的惩罚力度使三方协同的建议。

（6）对工业化建筑标准化保障机制进行研究。为了促进工业化建筑标准化系统的发展，需要构建一系列的保障机制来确保工业化建筑标准体系的良好运行。从组织、创新、政策、人才、资金几个方面建立了工业化建筑标准体系的保障机制。组织保障主要包括：加大人才培养力度，提高中介机构的专业性；充分发挥中介机构的沟通、协同作用；加大工业化建筑标准化联盟的培养。创新保障主要包括：注重创新投入，构建与完善科技投入机制；加强产学研结合，促进创新技术的标准化；加强与国内外交流，吸取先进经验。政策保障主要对在工业化建筑标准体系建设过程中的机构、人员、资金、软硬件设施等各项资源，给予政策上的扶持。人才保障体系主要包括：引进人才、留住人才和培养人才。资金保障体系主要包括：加大企业标准化工作的专项投入和提高经费使用效率。

（7）工业化建筑企业标准化影响因素识别与确定。鉴于工业化建筑企业的特殊性，为更加准确地得出工业化建筑企业标准化演化的影响因素，提出研究假设，并进行定性和定量结合的分析，利用结构方程模型统计工具，对研究模型进行路径分析。

第四节 研究技术路线

研究中采用的技术路线如图 1-2 所示。

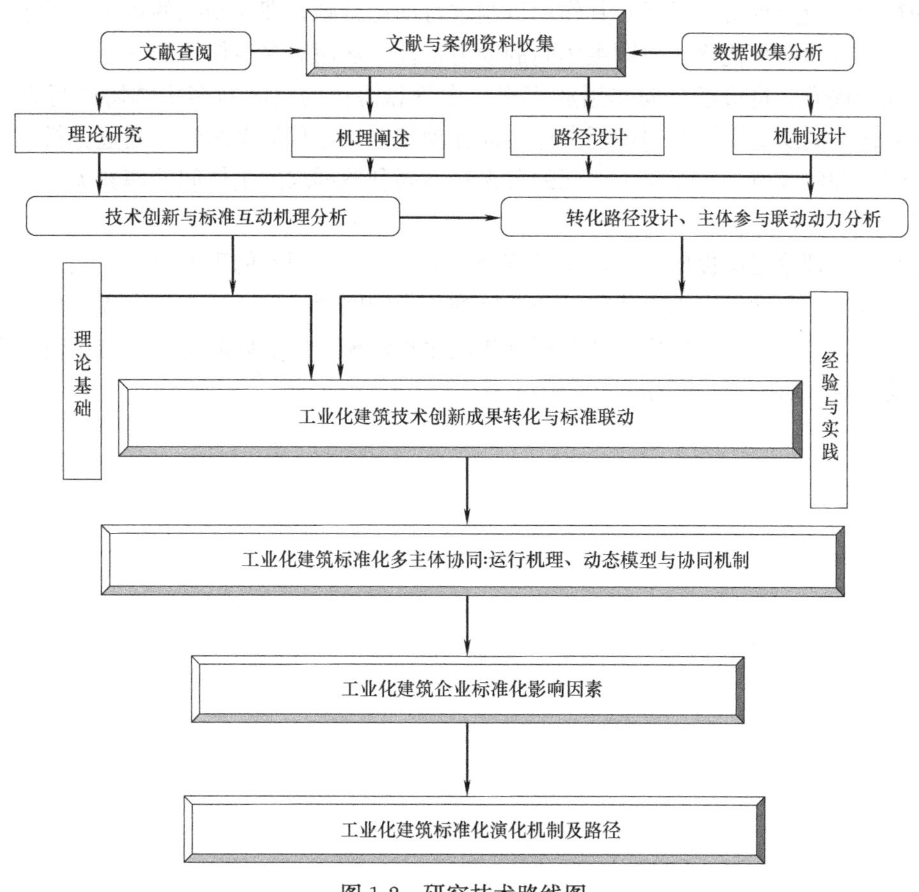

图 1-2 研究技术路线图

第五节 主要创新点

目前关于工业化建筑标准体系的研究比较少，而且大多是零散的，缺乏全面而系统的研究，而工业化建筑标准体系的运行机制还处于空白状态。工业化建筑技术创新成果转化为标准，并推进标准体系良性运行机制研究是一个系统工程，其效用受到诸多因素的影响，必须进行从整体到局部的全面研究。本书正是对这些问题进行深入研究、思考和总结之后所得的成果，包括运行动力机制、协同机制和保障机制。

本书创新点主要包括：

(1) 厘清了科技创新与标准的关系，深入研究标准与创新作用机理，指出联动运行的根本在于各种动力因素对于主体的推动作用，基于结构方程模型对动力机制的影响因素进行定量研究并且得出动力因素影响路径，设计了联动运行机制的理论模型和联动运行路径，为保证运行机制处于动态状态，设计信息反馈流程和路径，构建了工业化建筑标准创新与标准化联动运行信息化服务平台的框架。

(2) 从标准的制定模式出发，对多主体协同行为从形成的动态过程展开分析，多主体协同是通过不同职能作用主体实现优势互补与资源共享的深度合作过程。因此要刻画多主体协同行为，应选择协同过程对其作用机制进行动态刻画，即从动态的角度分析了协同主体点对点的双边匹配优化，协同主体间的动力特性，从而对多主体协同基于深度合作实现创新绩效的提升。将市场导向作用从用户、竞争和协作的角度与多主体协同行为有效结合。多主体协同从更深层次强调了主体协同互动和创新过程的系统性。通过分析工业化建筑标准制定和实施过程中相关主体间的关系和不同利益诉求的主体间的博弈关系，提出协同建议。

（3）既从理论层面提出了工业化建筑企业标准化影响因素的理论模型，又采用深度访谈的方式从实证层面确定工业化建筑企业标准化影响因素，再通过结构方程模型构建模型并检验修正，提出了工业化建筑企业标准化演化理论模型并加以验证，发现了模型影响因素的影响强度、影响路径和相互之间的联系。

第二章 相关概念与基础理论

第一节 相关概念

一、工业化建筑及相关概念

国家标准《工业化建筑评价标准》定义工业化建筑是采用以标准化设计、工厂化生产、装配化施工、一体化装修和信息化管理等为主要特征的工业化生产方式建造的建筑。工业化建筑生产方式将取代传统的低效率、高污染和高消耗的生产方式，成为我国建筑业的发展方向。

我国工业化建筑在苏联的影响下初期主要采用装配式大板结构，运用工厂预制现场拼装的建造方式，但是由于节点过于简单，出现了整体结构性差、用户使用体验不佳等问题，极大影响了工业化建筑的发展和推广。

沉寂已久的建筑工业化课题在经历经济和社会的发展后被唤醒，同时催生了工业化技术革命。我国工业化建筑发展历程跌宕起伏，五六十年代迅猛发展到七八十年代停滞再到如今的作为建筑业的主导发展方向，这与工业化建筑所具有的优势密不可分。总结下来，新型工业化建筑的优势是质量好、效率高、绿色环保、抗震性能好[13]。

当前，与工业化建筑相似或相近的概念层出不穷，那么在研究工业化建筑相关内容时，首先应当厘清与工业化建筑相关的含义，比如建筑工业化、建筑产业化、住宅产业化、建筑工厂化等。建筑工业化，指通过现代化的制造、运输、安装和科学管理的大工业的生产方式，来取代传统建筑业中的手工业生产方式，标志包含设计标准化、构配件生产施工化、施工机械化和管理科学化[14]。

建筑工业化主要包含三个阶段，即标准化设计、工厂化制造和装配化施工。建筑工厂化处于建筑工业化的第二阶段，是指建筑的部品与部件在工厂里进行大规模成批的生产。建筑产业化比建筑工业化涵盖范围更广，涵盖建筑工业化同时注重经济和市场作用，联合技术、经济、市场，促使建筑业在全产业链上的整合和优化。建筑产业化是建筑工业化发展的最终目标，但要经过一定时间的积累和发展才能实现资源最优配置，最终达到建筑产业化。综上可以看出建筑工厂化是建筑工业化的一个非常重要的阶段，建筑工业化的最终发展目标是建筑产业化。这三者的包含关系则是：建筑产业化包含建筑工业化，建筑工业化包含建筑工厂化[15]。

住宅产业化起源于日本，含义是以工业化建造和部品体系为基础利用现代科学技术实现对传统住宅产业的改造，并且完成设计、生产、销售等一系列产业活动，注重节能环保提升住宅品质，最终实现住宅的可持续发展。住宅产业化包括住宅成果和生产方式的产业化，不能将住宅产业化仅仅局限于住宅建设领域，应是包括住宅在内的，也包含其他一切用途物业的产业化[16]。住宅产业化、住宅工业化与建筑工业化和建筑产业化的关系相似，住宅产业化、住宅工业化在全产业链上的发展，也是实现建筑产业化的关键，相关概念的关系如图 2-1 所示。

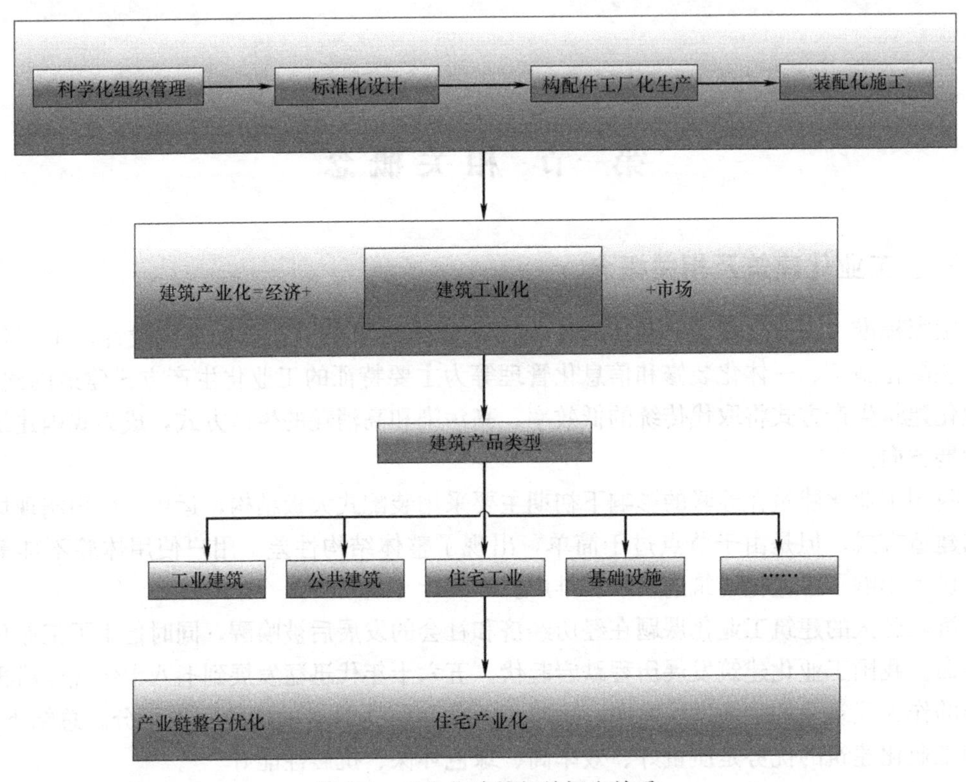

图 2-1　工业化建筑相关概念关系

二、工业化建筑企业

柳堂亮[17] 认为预制装配式建筑企业供应链是一个以总承包商为核心，由其与供应商、制造及施工分包商和业主一起围绕工程项目组建的一个主要包括设计、制造、装配三个核心建设施工管理过程的建设网络。师为国[18] 认为装配式建筑企业是一个横跨设计、生产以及施工三个专业产业的新兴企业。

在本书中，工业化建筑企业是较为广义的概念，是指从事工业化（装配式）建筑为主业的企业，包括设计单位、构配件生产、施工单位、装配式深化设计单位等产业链流程下的企业，是当前我国装配式建筑发展的主要力量。当前工业化建筑企业主流是以总承包模式发展的覆盖全产业链的企业，本书的工业化建筑企业可以说是一个覆盖整个工业化（装配式）建筑全过程的企业（全过程总承包企业），也可以是产业链上的一个相关企业。

对于高度集成、低容错率的工业化建筑项目，实行管理前置是必然选择，在前期阶段对工作机制、设计、生产、运输、吊装装配及整个施工组织全过程可能遇到的问题进行管理和技术的标准化实践，是对项目后期顺利推进执行的强有力保障。

因此，工业化建筑理应以全产业链的视角进行审视，以单一专业或业务进行简单叠加的传统思路不再适用，工业化是技术问题，更是管理问题，是全业务过程的资源整合问题。

在现阶段的工业化建筑项目中，作为全面负责协调工作，贯穿全局进行综合管理的角色，建设方管理者的作用不可替代。

从类型来看，装配式混凝土建筑企业目前业内的方向分为装配式剪力墙和装配式框架结构，就公开可查资料按厂家而言包括：中南集团“全预制装配整体式剪力墙结构（NPC）体系”；南京大地建设集团有限责任公司的“预制预应力混凝土装配整体式框架结构体系”；西伟德宝业混凝土预制件（合肥）有限公司的“叠合板装配整体式混凝土结构体系”等。

装配式钢结构建筑企业方面：北新集团最早引进了薄板钢骨轻钢体系，远大可建以360小时完成30层高酒店T30施工，引起行业内极大的关注，同时也将工业化的优势提升到了新的高度。

装配式木结构建筑企业方面：苏州皇家整体住宅系统股份有限公司提出“4微2零”建筑理念，被认定为江苏省高新技术产品和江苏省品牌产品，“绿色建筑技术集成应用研究”成果被列入全国建设行业科技成果推广项目。佳诺木结构制造有限公司是中国和加拿大的合资企业，是国内专业现代轻木结构标准预制构件的生产和集成企业等。

三、创新、标准与标准化

创新在本书中主要是指参与主体之间技术创新过程以及取得的成果，即在工业化建筑探索实践过程中，政府、企业、科研院所、中介机构等参与主体凭借自己创造性收获的对工业化建筑技术的深刻认识或者改进作用的结果。创新的技术领域主要包括两个方面：一是行业内的共性技术；二是企业在生产实际中的应用技术。本书这样开展研究工作主要是基于两点考虑，其一是将创新成果的社会属性视为划分依据，在充分分析诸多成果所具有的特征的基础上寻找其共有特性，以更好地展示各类创新成果本身独特的优点和长处，为工业化建筑研究提供重要理论基础与参考依据；其二是与研究的标准分类内容形成对应，有助于更深入的对创新成果转变为技术标准的路径分析和机制构建等方面进行详细研究。

研究发现上述创新成果在进行创新成果转变为技术标准的过程中采用的主体参与方式和路径不一致，并且过程中含有众多内容，为更有针对性地对创新进行研究，本书选取共性技术进行研究，重点研究其创新成果转变为技术标准的具体过程。共性技术是指通过将共性技术与其他技术进行有机组合，可将其广泛应用于诸多领域，并能有效促进该行业的技术革新和快速发展。本书研究的公共性成果是指具有转化价值的成果，公共性成果中既包含具有转化价值的成果，也包含不具有转化价值的成果，因此在后文中专门针对现有创新成果建立指标体系进行相应的评价。

标准是被作为规则、指南或特性界定反复使用，包含有技术性细节规定和其他精确规范的成文协议，以确保材料、产品、过程与服务符合特定的目的。标准按照标准化的方式不同可以分成法定标准、事实标准和联盟标准，法定标准是由政府主导制定的，事实标准是企业在市场竞争和选择过程中留存并成为在行业中默认的标准，联盟标准是主体之间经自愿协商形成的标准。

通常将标准按照标准化的对象不同分为技术、管理和工作标准，在 2014 年的第六版《标准化概论》中将工作标准纳入到管理标准中，将标准分为技术和管理标准。技术标准在实施过程中需要人员进行制修订，技术标准的产生和实施过程又需要管理标准的统一和激励，技术标准和管理标准并不是分隔开的，彼此之间存在互动。

管理标准促使技术标准的不断更替，使技术标准得以优化提升，创新的产生带来科技成果的进步，在技术扩散中导致技术标准的形成。为了有效推行技术标准达到创新成果扩散和兼容的目的，相应的管理标准也应当进行必要的调整。技术标准与管理标准二者的互动关系可以表达为：技术标准可以为管理标准的变化提供方向和动力，管理标准又能够保障技术标准升级并且提供拉力，实现两者互动的载体则是企业或者产业。

本书对技术标准的分类不同于以往，是以创新成果为依据进行划分，根据以往对标准的划分、创新成果的特点以及本书研究的目的，技术标准的创新应当是依据创新成果的特性，相互对应，同时参照标准的排他性。基于对标准制定目的、排他性和创新成果对应关系等，将标准分为公共性标准、联盟标准和私人标准。私有技术转化成的标准为私人标准，共性技术转化成的标准为联盟标准，公益性技术转化成的标准为公共标准，三种类型标准对应不同的主体参与方式和路径，因此本书主要讨论由共性技术创新成果转化为公共性技术，形成联盟标准并最终导致正式标准的变化过程。

联盟标准产权属于企业联盟，具有一定排他性、竞争性和收益性。第一，其排他性主要指企业联盟外的成员在使用联盟标准前需付费，才可使用联盟标准，即其对外部成员有排异性；第二，其竞争性主要指在企业联盟内部成员可免费使用联盟标准以提高企业联盟整体竞争优势，外部成员将围绕该类联盟标准形成激烈的竞争，需要注意的是联盟标准在企业联盟内部不具有竞争性；第三，其收益性主要指企业联盟成员通过有效使用联盟标准带来的竞争优势可增加企业联盟收益，并将获得的收益合理分配至各联盟成员，对于联盟外部的成员而言，该联盟标准的广泛使用不仅使其收益呈现持续下降的趋势，而且会显著降低其市场竞争力。

标准与标准化是两个不同的概念但又相互联系，标准化的内容主要围绕标准制定、修订和标准实施。标准化的过程包含标准的制定、实施和标准实施的信息反馈，标准化的过程是一个不断制定标准、修订标准，使标准质量处于循环上升的过程。

四、技术创新与标准化联动

联动，即联合行动，是指在相关联的事物中，若其中一个运动变化，其他的也跟着运动变化。机制是指一个系统中各元素相互作用的过程和功能，一是系统内构成要素之间相互联系，二是系统内的各元素变化存在规律并且发挥作用，三是发挥作用的过程和原理，总之机制是制度化的方法，包含制度也包括执行制度的方法和手段，二者结合才能发挥作用，且不因人的主观意愿随意改变。

目前国内关于工业化建筑创新与标准化联动运行机制的研究刚刚起步，工业化建筑相关的标准体系尚未建立，联动运行机制也尚未应用于工业化建筑标准化中。如果一个国家没有很好的创新与标准化联动运行机制，缺少创新资源成果传递、信息收集和传播平台，那么政府就无法正确地做出决策并且制定出符合国情的标准，整个联动机制的运转就无从谈起。

简单地说，技术创新与标准化联动是指参与创新、技术、标准三个相互影响过程的主体和人员相互配合、联合行动，经过信息传递、要素互动及时有效的沟通交流，旨在实现创新、技术、标准三者的协调发展，最终实现创新与标准化的协同运作模式。

本书构建联动运行机制的目的，就是促使工业化建筑创新、技术、标准协调发展，实现资源的有效整合，作为工业化建筑相关政策制定、实施和调整的依据，实现创新、技术与工业化标准的动态管理，使我国建筑工业化能持续健康的发展。本书联动机制运行包含两个阶段、三个过程，两个阶段是创新成果转化阶段和技术标准化阶段，三个过程是指把创新成果转化为技术过程、技术的选择过程和标准的评估过程。

创新成果转化为技术标准开始于创新成果的形成，终止于该成果的技术标准的形成，在这个过程中做出的一系列的活动，跨越创新和标准化两个系统。从标准化角度出发涵盖创新成果纳入标准的一系列活动，从创新角度出发，其含义是处于可转化阶段的创新成果以标准形式固化，进而转化为实际生产力，并非所有的创新成果都可转化为标准。创新成果的可转化性是指创新成果的内容适宜于制定为重复使用或共同遵守技术要求的一种性质。在本书中主要是指工业化建筑的共性技术创新成果形成技术，最终形成技术纳入标准。

第二节 研究理论基础

一、行动者网络理论

卡隆在1986年电动车案例中首次提出行动者网络的概念，拉图尔在1987年出版的《科学在行动》中解释行动者网络理论的内涵。行动者网络理论本质上是为解决某个问题由人类和非人类行动者共同组成的联盟活动。行动者网络理论认为创新是由异质行动者相互配合产生的结果，任何一个行动者的缺失都将可能会导致整个网络的失效[19]。

行动者网络的特点：(1) 目的性，行动者网络理论是为解决某个特定的问题，是为特定目的构建的网络；(2) 异质性，行动者网络中包含各种不同要素，可以是人（包括个人或团体）和非人（包括资金、知识、制度、政策等）要素，由人类和非人要素共同组成行动者网络；(3) 动态性，行动者网络描绘的是一种以当前的科学知识为出发点的动态关系；(4) 平等性，每个行动者都被赋予相应的角色和功能，要想研究他们的角色和功能就要求平等对待行动者；(5) 稳定性，表现在行动者之间的关系的稳定性，这与动态性并不矛盾。

行动者网络是由人类行动者和非人类行动者共同构成的网络，人类行动者是指个人行动者通过问题界定，利益角色分配，说服彼此产生共鸣最终组合成联盟，非人类行动者是指各种要素在网络中的转移变化。行动者网络的构建过程就是转译过程，通过转译赋予行动者角色并将行动者组合在一起。建立行动者网络，主要包括脚本、问题界定、兴趣激发、招募成员、简化并置等过程。脚本主要是告知要建立的网络并吸引他人注意，问题界定是告知构建网络的目标或者要解决的问题，激发兴趣界定角色和功能，吸收他们加入并且控制他们的行为，使其行为具有可预测性，行动者只对网络中界定的问题服务，刨除其余杂念，通过上述过程最终得到为解决特定问题的动态网络。

运用行动者网络理论研究创新与标准化联动过程，将整个联动过程看作是由多种异质行动者组成的网络关系，其中涉及行动者、网络、转译等过程，行动者是指任何参与网络中的事物或者要素等并且对网络中其他行动者造成影响的东西。网络中的行动者并不特指人类，也包括非人类要素，体现网络的异质性。行动者在不同阶段承担的角色的变化将会影响网络的形成，网络中成员的关系并非一成不变，成员间通过互动实现问题的解决。行动者网络的核心是转译的过程，其实质就是将自身的利益转换成其他行动者感兴趣的利益并且吸引其他行动者参与到网络中的过程。转译主要包括四个阶段：问题化、利益相关化、招募和动员。

转译的第一阶段——问题化阶段，在此阶段关键行动者要发掘潜在行动者的兴趣关注点，提出问题吸引其他行动者的加入，并使自己在网络中的地位变得不可或缺。利益相关化是指核心行动者赋予其他行动者相应的角色和利益，并使其他行动者接受自身在网络中的安排。招募成员则是指通过各种途径把其他行动者拉入网络中。动员阶段是指核心行动者建立和巩固自己的核心地位的过程。

国外研究者主要是将行动者网络应用在营销学、信息技术、管理学、经济管理和旅游学等领域，国内学者主要是将其应用于教育学、旅游业、金融服务业、管理学、技术标准化等方面。行动者网络理念的优势主要展现在分析和考察标准制定方面，主要应用于科学技术相关的社会关系、信息科学等领域的定性分析中，技术创新与标准化联动运行是一项复杂的社会活动。联动机制的有效运行或者创新成果与标准顺利的转化实施取决于两方面的因素：内部因素即创新成果本身的质量，外部因素包括政府制定制度、中介机构提供的信息和其他服务、企业技术转化和标准化的能力以及科研机构的研发成果等。然而技术创新与标准化联动的运行是一个复杂的过程，绝不是上述因素的简单组合即能完成的。因此，本书选择从行动者网络理论的视角出发研究技术创新与标准化联动运行的过程。

基于科学技术论的观点，技术标准是多种因素建构而成的，技术标准的成功不能只从技术因素中进行推导，而需要从更广泛的社会情景中寻找原因。行动者网络理论并未提及关于技术标准化的问题但是其可以表征网络化特征，适用于分析技术标准化过程中的网络化特征和异质性要素的作用，不止从标准制定的角度出发，还将经济、社会等要素考虑在内。技术标准化实际存在着社会—技术系统的网络化特征，结合技术标准的社会学解释，行动者网络理论在技术标准化研究方面具有极大的适用性，构建这样的异质性要素网络，能有效跨越自然与社会的界限，并生动刻画技术标准化过程中利益嵌入与转换的特征。“行动者网络理论”不仅能有效地认识复杂的技术标准的特征和形成机制，而且也是制定技术标准化战略的一个有效技术工具。

二、协同创新理论

协同创新可以看作是由“协同”和“创新”组合形成的概念，这样更方便理解其内涵，是企业、科研院所、中介机构等主体间为追求协同效应，发挥各自的资源优势和能力，相互协调支持下进行的创新活动，最终使总体效应大于各部分之和。

协同一词在1969年由哈肯提出，即使相互对立的主体在同一目标、统一体内都存在协同的可能性，实现协同发展。协同有多种表达形式，在汉语中的意思是协助、配合。德国学者Haken认为协同是指各子系统的协调、相互配合或同步的整体作用或集体行为，从而使系统最终产生1+1>2的协同效应。协同是多个主体为了同一个目的产生的合作行为，协同理论主张系统中的个体相互影响相互联系，通过个体间的相互合作与协调，不仅使个体得到了提升而且促进主体构成的系统的发展。协同的最终成果就是使个体效应增强，加强整个系统的发展，形成1+1>2的效果。

协同理论的特征主要包括主体的多元化即参与主体来自于不同的社会组织，利用各自优势形成合作关系；子系统的协同性即各主体之间基于平等沟通的条件达成合作关系；共同的合作规则即各主体间强调竞争关系但更注重主体之间的合作协同，未达成共识制定规则以实现整体大于部分之和的目的。协同理论认为内部各子系统的协同作用决定整体协同能否发挥协同效应，协同创新则是由企业、科研院所、中介机构等主体协同的创新模式，因此协同理论是协同创新的理论基础。

创新来源于拉丁语，意思是更新创造新的东西或者改变。奥地利经济学家熊彼特在1912年的《经济发展理论》中认为创新属于经济学理论范畴，并定义创新为生产要素的重组。在前人研究的成果基础上，将协同与创新的结论结合提出协同创新的概念，彼得·葛洛将协同创新定义为："由自我激励的人员所组成的网络小组形成集体愿景，借助网络交流思路、信息及工作状况，合作实现共同的目标"。

随着协同创新理论的不断深化，已不再局限于传统主体，扩散到知识、信息、人才等要素，创新要素是指在创新过程中涉及的所有要素通过合作形成协同，拓展到全要素层面，其内涵也得以深化。协同创新是有多主体、多要素的参与的创新方式，强调不同主体之间相互合作的互动过程，更注重协同效应。在本书研究中，协同创新这一概念是指在创新过程中参与要素间的协同，这些要素包括资金、人力、政策、信息以及创新主体等。创新主体间的协同合作模式主要包括技术联盟、战略联盟、产学研合作创新三种，最重要的是产学研合作创新，国内外学者对其合作模式、机制、制约因素等内容进行研究，但均未进行系统性地梳理。

协同是创新的必然要求，协同能够保障创新的稳定发展，能够规范创新主体在合理的范围内进行创新活动。本书的协同创新是指在创新成果转化过程中创新主体以知识、信息、资金等为要素的多元主体之间协同互动模式。主体之间资源共享和优势互补，充分发挥自身优势等实现深入合作，最终实现创新资源和要素的有效汇聚，加快创新成果的产出、技术与标准的融合，促使技术标准创新协调发展。

三、综合集成研讨厅理论

钱学森与其他学者在1978年的《组织管理的技术——系统工程》一文中提出系统的概念，这对于系统科学领域具有里程碑意义。钱学森先生认为系统是由若干个相互联系相互作用的部分组成的整体，这个整体具有特定的功能，而且这个整体又属于更大的整体的其中一部分，作为更大系统的组成部分。

钱学森先生在1986年11月某学术研讨会上发言中对巨系统做出解释，钱先生认为在系统科学中，巨系统应该是非常复杂的系统，不是指大系统，而是比大系统还要大的系统。将地球表层看作是一个巨系统，该系统与外界环境互通，复杂巨系统其复杂性不只是数量上的还有种类上的，其子系统数量非常多而且种类也很多，各子系统之间层次不同相互作用。

钱学森、于景元、戴汝为于1990年在《自然杂志》上联合发表了一篇名为“一个科学新领域——开放的复杂巨系统及其方法论”的论文，该论文首次向世人阐述该范畴的基本观点：对于自然界和人类社会中一些极其复杂的事物，可以用开放的复杂巨系统来描述，处理这种开放的复杂巨系统只能用从定性到定量的综合集成法[20]。

根据钱学森先生的观点，所谓的系统即是指“由相互作用和彼此依赖的若干组成部分结合成的具有特定功能的有机整体”，而这个系统又包含在更大的系统中。开放的复杂巨系统（OCGS）是指该系统的子系统数量庞大种类繁多，并且子系统之间相互联系、相互制约，层次结构作用关系复杂。开放是指系统内部与外界环境进行物质和能量交换，复杂是指子系统种类繁多，巨是指系统中的子系统很多。为解决复杂巨系统的决策问题，“从定性到定量的综合集成法”于1990年被钱学森和戴汝为提出并于1992年进行进一步的总结提炼形成“从定性到定量综合集成研讨厅”的概念。

综合研讨厅的实质是把有关专家、数据、信息与计算机相结合，实现整体论与还原论的互补，将各种数据和信息通过人的经验、知识、智慧与计算机的多次交互处理，集成起来，从而克服还原论方法的机械与经验判断的主观性，达到对复杂系统的客观认识，形成最优的解决方案。

钱学森和戴汝为先生提出的综合集成研讨厅强调采用人机结合的方式，组织多个专家群体通过计算机支撑网络体系对问题进行研究。研讨厅虚拟的网络环境并非现实中的建筑，厅中包含专家见解、知识库、数据库、讨论工具等，共同组成人机结合的智能系统，以便对开放的复杂巨系统进行处理。

综合集成研讨厅将专家、数据、模型和信息与计算机结合，对各种数据信息等通过人的主观经验、智慧和客观知识与计算机进行多次交互处理，从而客观地对复杂问题做出决策，该方法克服处理问题时的主观性和机械性，经过多次交互处理后达到对复杂问题的客观认识，最终得到最优方案。

工业化建筑技术创新与标准化联动本身就是一个开放的复杂巨系统，人机结合、从定性到定量的综合集成研讨厅理论是有效地处理复杂巨系统问题的比较切实可行的方法，具有重要的科学意义。该方法论利用科学与经验相结合、人与计算机及其网络相结合的途径去解决复杂性问题，实现了整体论与还原论的统一、定性与定量的统一、分析与综合的统一。为实现创新与标准协调发展，将创新成果纳入标准进行推广，加速工业化建筑的发展。标准制定的预见性、计划性不强，没有把握市场发展需求等问题亟待解决。工业化建筑的发展离不开标准和技术的支持，技术的进步、创新成果的产出和外界环境的变化对相关标准的质量和数量提出更高的要求。联动运行机制包含诸多要素而且要素之间又相互作用，相互依存，保持动态性和统一性。系统在现实中是开放的，各要素之间是相互变动的。联动运行机制各子系统之间又是相互联系相互作用，技术创新与标准之间相互联系，创新是为了完善标准增强市场适应性，标准又可以成为创新的起点，指导创新的方向。因此人机结合、从定性到定量的综合集成研讨厅能够有效地处理联动运行中的决策问题，此方法是可行的也是必要的。

四、桑德斯的标准化理论

英国标准化专家桑德斯根据实践经验，认真总结了标准化活动的过程，将其概括为制定——实施——修订——再实施标准的过程，同时提炼出了标准化的七项原理并进一步深入阐明了标准化的本质即有意识地努力实现简化，以减少当前和预防以后的复杂性。国际标准化组织1972年出版了桑德斯所著的《标准化的目的与原理》一书，列出了如下七项标准化原理[42]。

原理1：标准化从本质上来看，是社会有意识地努力达到简化的行为，也就是需要把某种事物的数量减少。标准化的目的不仅是为了减少目前的复杂性，而且也是为了预防将来产生不必要的复杂性。

原理2：标准化不仅仅是经济活动，而且也是社会活动。应该通过所有相关各方的互相协作来加以推动。标准的制定必须建立在全体协商一致的基础上。

原理3：出版的标准如果未得到实施，就没有任何价值。

原理4：在实施标准的过程中，常常会发生为了多数利益而牺牲少数利益的情况。

标准化工作不能仅限于制定标准，在不同的情况和条件下，为了取得最广泛的社会效益，只有将企业标准、团体标准、国家标准、国际标准在各自的范围内得到应用，才符合标准化的本来目的。由于在制定标准的过程中要照顾各方利益，因此，当各方利益出现冲突时，只能以少数服从多数的方法加以解决。

原理5：在制定标准的过程中，最基本的活动是如何选择并将其固化。

原理6：标准要在适当的时间内进行复审，必要时，还应进行修订。修订的间隔时间根据每个标准的具体情况而定。

原理7：关于国家标准以法律形式强制实施的必要性，应根据该标准的性质、社会工业化的程度、现行的法律和客观情况等慎重地加以考虑。

桑德斯的上述原理，主要提出了标准化的目的和作用，并给出了标准从制定、修订到实施等过程中应掌握的原则。其中值得注意的是他在第1条原理中明确地提出了标准化的目的是为了减少社会日益增长的复杂性，这是对标准化工作的深刻概括，对后来的标准化理论建设具有重要的意义。

五、协同论与系统论

协同学最早是由Hermann Haken（1969）提出，用于研究大量子系统组成的系统相变与演化规律特征的综合学科，其中将协同界定为是由各构成部分巧妙协作，形成可实现能级跃迁，并向有序化结构过渡的动态过程[22]；基于大量主体构成的子系统之间低于能量临界点，形成子系统之间的弱联系，子系统之间存在不规则的无序运动。当外界能量值达到一定程度后即系统阈值，子系统之间的关联逐渐变强并成为主导子系统运动的主要动力，从而使得子系统之间出现具有相互关联的有序运动，称为协同运动。其中子系统之间的序变量便是主导无序运动向有序运动发生质的飞跃时的重要标志，实现了宏观层面的结构特征与类型。因此，协同的基本定义就有两层含义；第一层为宏观层面，通过子系统有序运动呈现的整体特征；第二为微观层面，通过序参量不同状体的势能控制，实现子系统之间从无序到有序的自发运动过程[23]。

协同创新重点强调了多主体驱动能力的有效协同，而协同源于协同学理论，即通过主体间隐性社会资源网络密度，提升创新合作效率。刘丹（2013）指出协同是主体之间、要素之间相互联系与共同作用，形成的复杂的协同创新系统，包括主体和产业环境两部分，具有复杂性、动态性和自增益性等特征。

系统论与协同论都强调子系统相互作用形成具有整体驱动效应的作用过程，如果说协同论描述了通过外界作用实现内部组织能量达到临界值后的自组织有序化特性，那么系统论则侧重内部要素之间的相互关系与反馈路径形成的动态演化特性。系统论最初是由生物学家贝塔朗菲（L. V. Bertalanffy）于第二次世界大战前后酝酿提出的，是一门运用逻辑和数学方法研究一般系统运动规律的理论，从系统的角度揭示了对象之间的相互联系、相互作用的共同本质以及内在规律性。自 1978 年以来，我国科学家钱学森和经济学家薛暮桥通过提倡系统工程，将系统论引入我国并取得显著成效。

第三章

工业化建筑技术创新成果转化与标准联动

第一节　创新成果转化与标准联动路径设计

技术创新与标准化联动的实现路径分为两个阶段，包括创新成果转化阶段和技术标准化阶段。在对创新成果标准化进行路径设计时首先应该厘清创新、技术和标准之间的关系以及创新与标准的作用机理，以此为基础设计转化路径，创新成果转化路径设计时首先应该界定是否具有转化的潜力。

一、创新与标准互动机理

1. 标准对创新的作用

（1）标准约束产品多样性，指明创新方向，加快创新速度[24]

消费者对于多种技术竞争带来的不确定性市场感到不知所措，在这种市场境况下不利于技术的进步和创新，甚至会挫伤创新的积极性。标准的权威性使得相关利益者只能沿着标准规定的方向进行创新才能获得相应的利益。

标准包含各种技术相关的知识，一旦标准确立并推广就会产生知识溢出效应。溢出的技术知识将成为行业利益相关者争相学习的对象，缩短技术的学习时间和信息积累时间，标准加速新技术的扩散，使其迅速占领市场。为维持在市场中的竞争优势，标准利益相关者会积极实施持续性的创新，将新的知识和技术融入其中，赶超现有技术水平，获取市场话语权，加快技术创新的速度。

（2）标准提供技术创新，保持创新连续性，促进创新成果产业化

创新成果融合在标准中，标准又是创新的起点。技术一旦以标准的形式确立，会成为利益相关者的研究重点，技术的发展得到支撑。标准作为一种知识，在应用过程中会转移和信息交换，增加人员的知识积累，提升创新的起点[25]。标准保证持续不断的信息来源，提高创新的效率，节约成本，保证连续创新。在标准的指引下进行创新，新技术不必另起炉灶，保证创新的连续性。

标准的建立是为了统一，通过标准进行规模化的生产形成规模经济。规模化的生产加快创新成果扩散，推动技术进一步的创新与完善。技术创新的成果一旦进入标准并成为核

心，则市场通过标准将会充分体现创新的目的和成效[26]。创新成果通过标准得以扩散，因此会放大技术的社会效果和经济效益，反过来又会刺激创新的发展。技术标准中包含创新成果和先进理论方法等，技术标准简化了生产，使得劳动者最快速掌握相应技术工艺，提升二次创新的可能性。标准具有关联性并且可以使供应链上下游产业的技术创新产生连锁反应，标准促进上下游产业之间的配合和衔接，从而加速创新成果产业化。

（3）阻碍作用

标准在立项后会进行调研，收集的信息总是会产生相应的偏差，如果非最优技术纳入标准，那么可能会对创新产生阻碍作用[27]。标准在某种程度上指明了创新的路径，根源于标准限制了技术的发展方向，限制利益相关者的选择范围。网络效应可能使市场过度停留在一种落后的技术标准上或者市场过早地转向一种新的、先进的技术标准上[28]。

2. 创新对标准的作用

（1）创新是标准产生和发展基础，创新水平决定标准水平

创新产生技术，技术纳入标准，创新所产生的一系列的成果最终以标准的形式被确定和应用推广。创新缺失就无法形成技术，那么标准也就失去产生和存在的基础，因为创新促使技术标准出现、发展、更新换代。标准制定后，随着各种技术创新的涌现，为适应市场的变化，要求标准及时进行修订或废止，同时需要不断提高标准中的技术创新水平和科技含量，使技术标准能够及早地对市场的变化做出响应。在高技术创新水平下产生的标准才能更好地推向市场，做到创新成果产业化，促进我国经济的发展和创新能力的提升。

（2）技术创新的速度决定标准的更新周期

创新的发展使得循环产生新技术取代旧技术，对标准的制修订提出越来越高的要求，要求技术标准的制定和修改的速度大大提高[29]。为了适应创新的速度和市场的要求，结合目前的创新和技术的可能方向，尝试制定超前标准。技术标准在制定过程中部分内容超越技术本身的发展水平，形成预期标准，规定创新的方向和路径，对市场起到导向作用。

（3）创新的复杂性影响技术标准建立形式，创新网络化促进技术标准形成

创新的复杂性决定了标准建立形式的多样性，创新主体的多样性、技术环境的多变等都加剧了创新的复杂性。传统的标准制定主要是由政府发起和主导，随着创新复杂性的提升，越来越多的事实标准和联盟标准出现。先进企业为了攫取更多的市场利润，加速提升技术创新能力，制定独特的技术标准对外有偿输出，成为行业中的事实标准。

3. 技术与标准、创新关系

（1）技术标准表明技术变革方向，减少技术发展不确定性

技术发展的不确定性来源于多技术的竞争，市场在一时之间难以接受多技术共存，难以使技术得到长足的发展。标准的出现则可以协调技术之间的摩擦，降低技术之间由于竞争造成的社会效益损耗[60]。

标准是在科学技术和实践经验的总结基础上形成的，技术标准的出现意味着未来很长一段时间都将重点推广标准中涵盖的技术，为需要此技术的利益相关者指明了方向。一项新技术的出现到各个利益相关者的采纳需要很长的时间。很多利益相关者由于风险和成本问题，存在顾虑，保持观望状态，但密切关注技术的发展动向。一旦一项技术成为标准被推向市场，表明该项技术是未来发展的方向，存在利润可以攫取，观望者会立刻投身于市场攫取利润。因此技术标准表明技术变革方向，减少技术发展的不确定性。

（2）技术标准使技术符合市场导向，能促进技术扩散

标准是在对市场进行充分论证基础上制定的，符合市场的发展需求，标准中涉及的技术符合市场方向。一旦一项技术成为标准被推向市场，表明该项技术已经趋于发展成熟状态，可以应用于市场，同时技术标准的出台也让更多的人认识到此项技术，因此技术标准能够促进技术的扩散。

（3）已有标准可能会成为新技术、新产品的障碍

我国的标准复审修订周期一般会超过三年的时间，那么在标准实施过程中难免会出现标准不适用于目前的发展状况。已出台的标准在新技术出现时依旧坚持推行旧技术的话，势必会对新技术的推广造成影响。利益相关者为保险起见依旧选择旧技术，短时间内还是有利可图。如果标准确定的技术不是最优技术的话，会严重阻碍行业技术的发展。

技术的出现和进步在直观状态下看会促使标准的制定和修改，工业化建筑建造方式的出现使得与之相关的标准尽快地出台，比如工业化建筑的验收标准，如果不出台验收规范，技术应用于实践却不能依据标准验收，只能通过专家论证的方式。新技术的出现急需标准的制修订，否则会阻碍技术的发展。

技术与创新之间的关系较明了，创新可以加快技术的更新速度，拓宽技术的发展方向，增加技术的不确定性。技术得以发展的根本在于技术创新，创新带来了技术的迅速变化，但是对低效率陈旧技术创新会影响到创新的效率和新技术的发展。

创新拓宽了技术的发展方向，增加了技术的不确定性。Swann 曾设计了一个“标准基础设施模型”来分析和解释标准对技术多样性的约束情形。将标准对技术的约束比作一棵树，标准可以减去不必要的枝丫使得技术树更加旺盛。他认为如果没有标准约束会使得创新树枝节横生，最终导致树木枯萎。我们从侧面可以看出，创新使这棵树朝向各个方向生长，每一个创新的枝丫都会产生一系列的子创新，即创新拓宽了技术的发展方向，使技术可以在更大的范围内沿着不同的方向无序发展。创新带来技术的不确定性，在众多技术中难以确定有效技术。新技术的诞生来源于创新，同时新技术作为创新的起点，增大创新的范围。

4. 创新与标准的协同作用

如果某项技术经过不断地创新和完善最终成为主流，该项技术在未来将会成为该领域的主导技术，从而相关的技术产品将迅速占领多数市场份额甚至垄断市场。网络外部性使得该项技术表现出强大的正反馈效应，技术标准在此过程中也不断地形成和完善。

从网络层面来看，企业处于市场的主导地位，如果一个企业成功研发一种新技术或者产品并且在市场中取得良好的市场效应，形成事实标准，应在其他主体的共同作用下形成正式标准。企业的活动增加了标准的数量和标准中的技术水平。研发产生的创新成果使得现有的技术或者产品高效地运转，主体在同一时间开展出多渠道多任务的联结和交流，加速新标准的推广和应用，加快标准制修订进程。

从价值层面上来看，创新产生了新技术和新产品，那么当前的标准相对来说处于落后的阶段，当前标准规定的内容很有可能不再适应新技术，则会出现两种情况。一种是新技术或者新产品脱离标准的管控自由发展，虽然创新成果可以转化为价值但会造成市场的混乱，另一种是标准制修订落后从而限制技术的发展，两种情况最好的解决方式就是对标准升级完善。创新成果会不断产生新的商机，也就不会有新的标准出台规范市场和影响利益

分配。技术创新加快技术进步并且保证主导企业长期保持创新动力和进步，企业标准种类增加和进程提升，新技术标准很快得以推广，企业形成的事实标准又可以转化为正式标准。

从知识层面来看，创新的过程是产生新知识的过程，这种知识包含技术、信息等，创新扩大了标准规范的内容，提高规范技术的水平。总之创新无疑促进标准升级，加速标准的进程。衡量创新的标准在网络层面上是企业在各种创新主体及社会参与主体构成的网络结构中处于优势的关键地位。标准使规定范围内的主体能够相互沟通，超出范围导致创新基础缺失，不利于创新水平提高。如果标准的水平太高，可能要求创新付出更多的代价。工业化建筑初期采用欧洲高标准但却不具备标准中的技术含量，由于技术水平不适应，本应促进创新再次提升的标准缺少主体的参与，难以形成创新网络，违背正常发展规律。

标准在制修订过程中去旧立新，可以从标准存量来分析标准数量对创新水平的影响。现有存在标准会影响主体之间的联结，标准更新的速度过快使得标准数量增加，主体之间的联结更加紧密，增强主体沟通从而带动整个主体的水平。但是过于频繁的沟通则导致要求增多和有效沟通的减少，最终结果难以形成有效沟通的联结，阻碍创新水平的提升。在标准更新过程中形成的网络联结对创新产生两方面的效用，如果可以形成积极顺畅的主体联结和要素转移，则能有效提升创新水平，否则只会产生阻碍作用。

从价值层面上来看，这种影响主要表现在创新数量上。能够创造出价值的创新活动才能称之为创新，创新活动伴随着价值的增值。技术标准是具体的规范，符合标准要求的创新活动才能被采纳并在市场中流通，流通则会产生经济价值，不符合标准的创新成果无法在市场上流通进而无法产生价值。一旦提出更高要求的技术标准就会引起相关使用企业的注意力，新标准可能会促进或者抵制创新成果实现价值，此时则需评估现有标准的安装基础与新标准预期安装基础，判断消费者需求规模，从而促进创新成果转化形成消费市场和消费规模。

标准对创新水平的影响从知识层面上看，在于标准是否提高创新技术和知识水平。技术标准中包含的专业术语只能被具备一定技术知识的人理解。标准超过现有技术水平无法对创新起实际作用，标准要求过低或滞后无法约束创新方向。把握标准与创新的技术水平，基于现有技术同时兼顾预期发展方向，为技术再创新预留空间，但是现有技术和预期技术的尺度难以把握，而这个尺度决定标准对创新的影响程度。

创新成果在网络层面上如果能够有利于各主体之间的交流，加速标准在全行业的实施和提升，则创新促进标准的发展。如果标准的活动增加主体之间创新信息交流频率或者增加沟通渠道，那么标准同样也促进创新活动的开展。创新成果在价值上如果可以带来利润和社会效益，就能够得到各方的支持，那么相关的标准工作也将立马跟进。利润产生的博弈需要标准的规范和引导，否则将扰乱市场秩序。标准发布使得主体之间凝聚并且产生经济外部性，或者取代旧技术，或者政府为推广新技术出台的标准都会产生创新的推动力。创新提升技术水平，技术水平提高标准科技含量，从而提升标准水平。标准的条款反映已有的技术成果并且引领创新方向，对知识成果产生保护作用。综上，标准与创新的作用主要体现在网络层、知识层和价值层面，标准与创新的过程处处存在，既独立又联合，互相作用又互为因果。

二、创新成果转化路径

创新与标准化联动运行过程中，伴随着知识、资源等要素的转移，要素转移不畅将严重影响协同创新的运行，阻碍联动运行的实现，因此设计通畅的联动运行路径才能达到协同创新与标准化联动。

1. 创新成果评价

创新成果转化为标准要有一定的条件，首先创新成果应该具有可转化的价值，具有一定的市场发展前景并且满足现实需求，具有一定的创新性、先进性和成熟度，具备适宜于制定为重复使用或共同使用的技术要求。创新成果还需要能够借助于标准的发布得以推广的属性和一定的标准政策的匹配度。

（1）基本法律原则

创新成果转化应当遵循公平公正原则，符合法律法规以及各方合同要求，在享受利益的同时承担适当的风险。在创新成果转化过程中涉及知识产权问题，保护利益相关者产权处于法律保护的范畴，免遭侵害同时不得损害社会公众利益。

（2）科学性原则

创新成果的科学性原则体现在指标体系的设计上，为保证得到准确合理的创新成果评价结果，在前期设计创新成果评估综合指标体系时，要分析每个具体影响因素是否合理，从不同角度设计多个是否能充分反映该创新成果转化能力的指标，选取合理有效的数据处理方法使最后得到的结果能客观反映实际情况。

（3）客观系统性

设计的评估指标系统应能对成果的收益、行业影响、优缺点等方面进行系统的、综合的评价，这就要求评估指标系统应包含足够多的涉及成果转化各方面的信息，同时也需保证各指标间的独立性，从而确保评价结果的系统性、准确性，也更能反映实际现状，评估指标体系中各指标的定义应明确、具体，指标间的界限必须分明。

（4）整体优化原则

创新成果的综合评估要建立一套各有侧重、相互联系的指标系统，但是指标不能太多，以免失去评估的重点。因此在充分分析基础上选择具有代表性的综合指标，坚持整体优化原则为核心，同时应根据评价目的、评价精度决定指标的数目，构建一个有侧重点且互相联系的指标系统。

创新成果转化是使成果运用到实践的必经环节。创新成果转化具有高风险性、高投入性、高收益性、高扩散性和对项目承担能力高等特点，创新成果评价作为创新成果转化的第一步，应当充分考虑创新成果的特点，设置相应的流程，进行规范化的评价。

创新成果评价主要包括三个流程（图 3-1）：初步排除、前期调研和专家评议。以成果提供形式为主线，初步筛选出应培育的具有转化为技术标准潜力的科技成果。首先对创新成果的类型进行划分，分为基础、软科学类和应用、技术开发类，初步排除不具有可推广性和生产力的成果，经过三次筛选，初步排除不可能转化为技术标准或者没有转化意义的科技成果，删除没有具体形式的成果。

前期调研的主要目的是了解技术的特性，初步得到评价指标，主要是采用电话访谈、发放问卷、实地走访等方式。专家评议确定评价指标并针对指标进行打分，确定指标的权

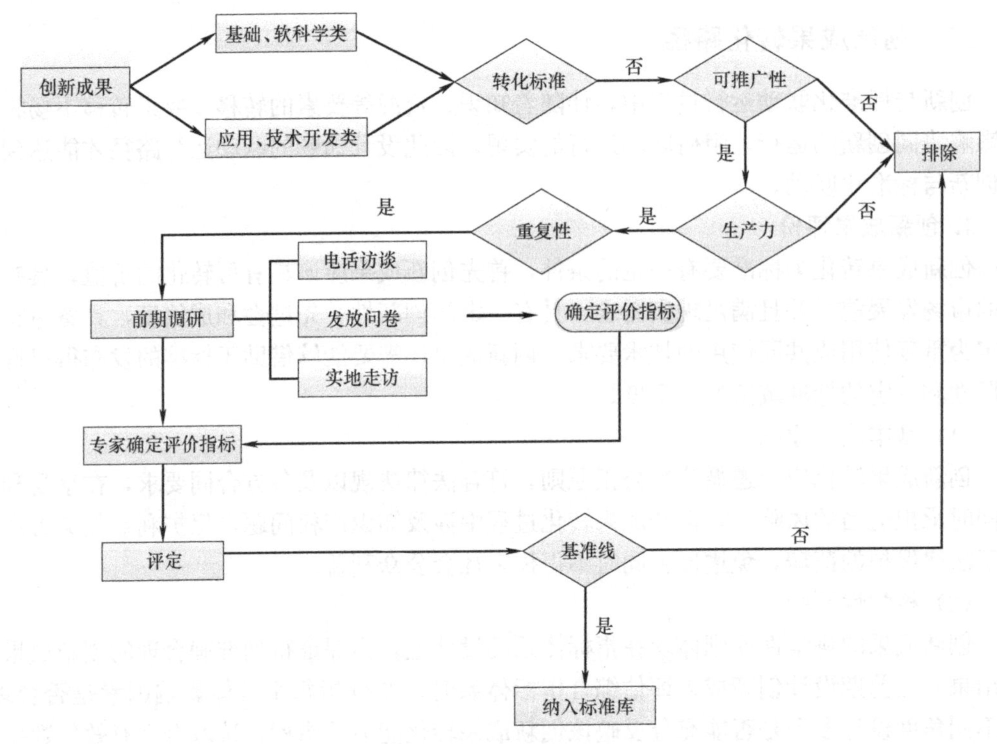

图 3-1　创新成果评价流程

重，设定评价结果的基准线，总体评价结果在线上的将纳入标准库，线下的将不纳入考虑。

可转化为标准的创新成果应该具有能够重复使用或者共同使用技术要求的性质、满足转化为标准的条件并具有一定的创新性、先进性。在分析创新成果转化为标准时，既要考虑创新成果本身的特质，也要考虑创新成果与标准的匹配度。是否满足纳入标准的条件，既要考虑成果所有人是否有能力实现创新成果的价值，又要考虑创新成果对整个工业化建筑行业的影响。本书拟从宏观影响、技术水平、组织评价和未来成果四个方面建立指标体系（表 3-1），运用定性的方法确定初步评价指标和指标解释。

创新成果评价指标　　**表 3-1**

一级指标	二级指标	指标说明
宏观影响	对工业化建筑的影响	对上下游企业、竞争对手的影响
	工业化建筑发展方向符合度	是否符合工业化建筑的发展方向
技术水平	兼容性	是否与其他技术相匹配
	先进行	所产生的技术在全球的运用程度
	创新性	创新点
	可靠性	成果资料准确、完整，不存在造假行为
组织评价	组织能力	成果所有组织的经营能力、盈利水平、创新情况
	组织资本状况	可以投入该成果的人力、物力、资金等
	组织信用	是否存在资信不良情况
未来成果	市场发展前景	市场可接受的程度以及竞争力
	可能实现的投资收益	可以回收的投资、利润
	与国外发展状况的比较	与国外相近技术的比较优劣势

工业化建筑以标准化设计、工厂化生产、装配化施工、一体化装修、信息化管理和智能化应用为目标，特别是在工厂化生产、装配化施工和一体化装修方面的技术创新成果较多。比如预制装配式剪力墙结构节点连接技术可以分为现浇节点和锚固节点，现浇节点要进行节点钢筋绑扎、模板支设、现浇混凝土和模板拆除养护等步骤，浆锚节点要进行注浆管清理、配置注浆料、注浆和清理注浆口等步骤，同一部位不同的施工技术、工序存在差别，因此应当根据技术的特性通过前期调研给出评价指标，确定最终的评价指标后由专家组对各指标通过打分赋权等方式进行定量化的处理。

2. 转化路径设计

本节基于综合集成研讨厅理论设计运行机制决策流程。主体之间的利益目标、竞争合作交互作用形成的行动者网络，使得创新成果、技术与标准相互促进和转化，最终作用于标准体系。在市场经济条件的作用下，创新成果通过一定的途径转化为技术，技术经过市场选择成为事实标准，正式标准制定时借鉴事实标准，因此事实标准可以转化为正式标准，技术纳入标准。标准的实施与推广又反作用于创新，促使创新成果产生，在转化过程中产生的信息反馈促进标准的修改与完善。本节针对创新成果转化为标准最终作用于标准体系的过程提出相应的流程，以促进标准与创新的协调发展。

创新成果转化主要指成果的所有权和使用权的转移同时伴随着空间位置的变化，最终使创新成果发生质的改变[62]。一种是基于市场研发成果转化，第二种是政府资助科研项目产生成果转化即科技成果转化，本书的科技成果主要指应用技术成果。基于市场研发成果主要来源于市场需求，以企业作为主体，政府资助科研项目的成果来源于国家发展的需要，以政府作为主导主体，两种途径最终的结果是产生创新成果并经过转化形成技术。

市场研发成果转化和政府科研项目研发成果转化都是基于行动者网络产生的创新链条的作用最终形成创新成果，只是主导主体不同。市场研发成果来源于企业发展的需求和科研院所研发成果变现的需求。通过对市场需求的识别，企业发现市场的潜在需求并联合中介机构选择科研院所合作产生创新成果，在企业科技成果转化部门的作用下形成技术成果转化为专利技术，在技术形成后还包括技术的融合消化吸收再开发的过程，使技术更加的市场化，在整个过程中少不了政府的引导作用（图 3-2）。

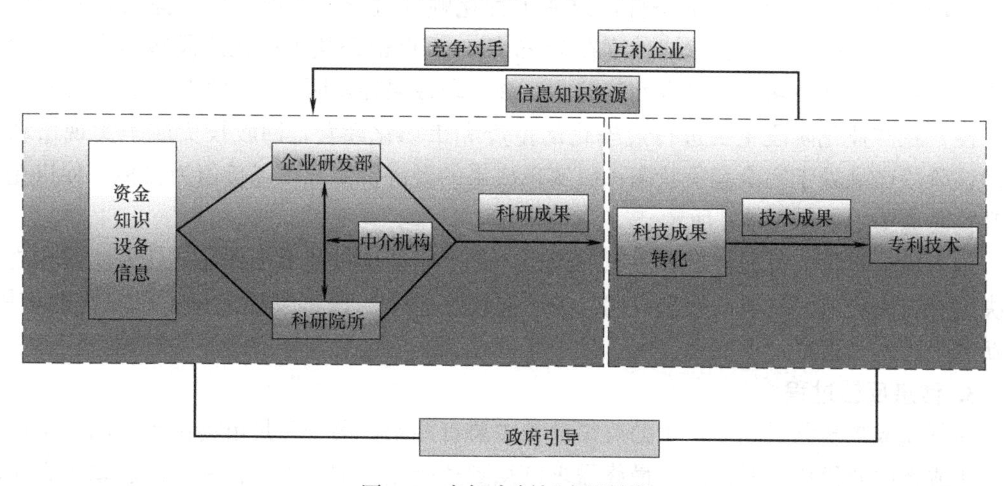

图 3-2　市场中创新成果转化

我国的科技计划包括五大类，产生六小类的科技成果，在国家科技计划的支撑下产生的科技成果是非常可观的，因此有必要实现科技成果的价值。科技成果转化过程主要包括三种类型，科技成果的供体不仅限于政府主导的科研项目产生的成果，某些具有自主研发能力的企业产生的创新成果也包括在内，科研成果转化的受体多数为企业，也包括由科研院所衍生出的企业。政府在转化过程中起到主导作用，不仅从政策、技术上给予支持，更要提供宏观指导，如图 3-3 所示。

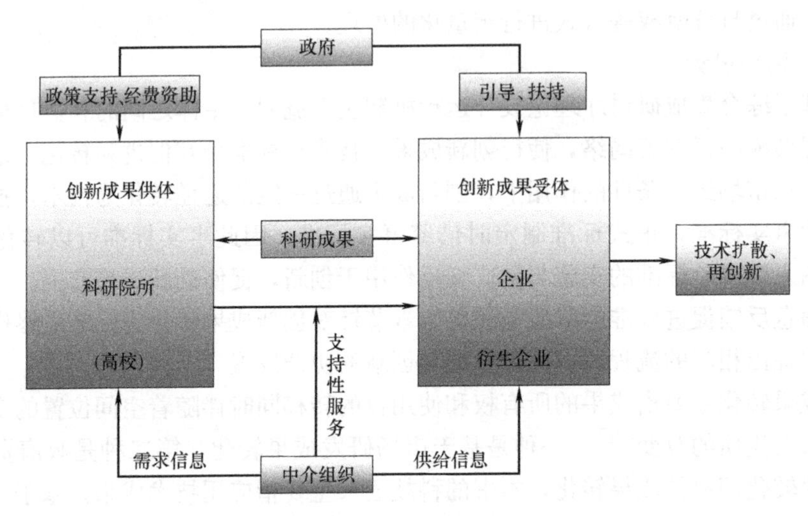

图 3-3　科技成果转化

创新成果转化是在行动者网络的指导下进行的具体活动，创新成果转化过程中需要不同主体的积极态度和协同配合，专注自身的优势与任务，保证主体之间相互促进。创新成果转化包括四个阶段即竞争前阶段、工程化阶段、产品化阶段和产业化阶段，主体在各阶段中发挥非常重要的作用[32]。竞争前阶段的技术成熟度在 1～4 级，高校与科研院所起主导研究作用，此阶段主要是理论研究成果和实验室试验成果数据，其实用价值尚未确定。工程化阶段主要是为了确定创新成果工程化的可行性以及存在的技术难点问题，通过对工程化阶段的模拟，改变其中的条件，致使工程化顺利进行，为现实推广提供强有力的基础。在产品输出的阶段，技术成熟度在 7～9 级，重点论证从工程化阶段转向产品化阶段的产品的稳定性和市场前景等方面的问题，该阶段成果在实际环境中不断测试，保障产品稳定性。在产业化阶段主要进行规模化的生产和市场化经营，回收投资成本实现市场价值。该阶段产品处于完全竞争状态，以实现成果的经济价值和市场价值为目标，促进企业提升核心竞争力，如图 3-4 所示。

创新成果转化的过程伴随着决策的过程，每个阶段通过若干步骤完成任务，阶段之间是决策点，决定下一阶段的发展方向。各个主体在各个阶段都发挥自身不可取代的作用，创新成果转化结束后，形成新技术，接下来就是技术的选择和标准的评估过程。

3. 信息反馈过程

在创新成果转化过程中产生的反馈链条主要有两条，第一条是市场出现新的需求信息被企业或者中介机构及时识别，最终需求信息到达企业并被重视，在利益的驱动下企业产生创新成果转化的动力，但是由于自身成果转化能力的欠缺，只能将合作信息发送到信息

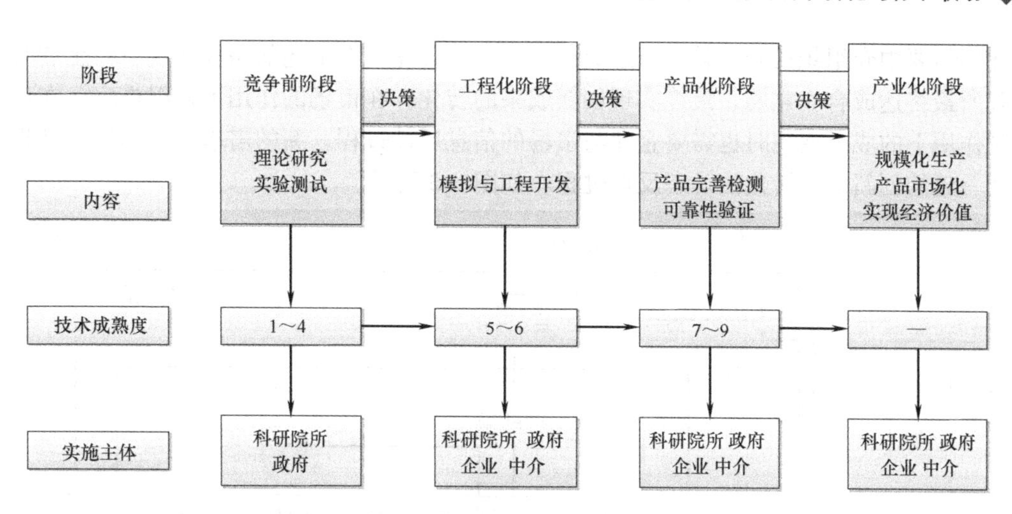

图 3-4 创新成果转化阶段

市场，寻求中介机构的帮助，中介机构在整理相关信息后将合作需求反馈给科研院所，最终达成企业与科研院所的合作实现科研成果的转化。

在创新成果转化过程中存在一个棘手的矛盾即企业的需求与科研院所的研究成果不对称，存在脱节现象。上述情况说明企业的需求未能及时到达科研院所，为保障双方的优势互补，需要中介机构介入其中。企业可以将自身需求信息传递给中介机构，中介机构基于企业要求寻找科研院所，待找到符合要求的科研院所，中介组织向科研院所索求信息与服务，中介机构再将结果反馈给企业，促成双方的合作。科研院所根据企业的需求提供信息与服务，最终企业得到所需的内容。科研院所通过创新产生成果并寻求创新成果价值实现，中介机构则代替科研机构寻找企业进行合作。中介机构除了进行需求的动态匹配，还可以为科研院所的研发提供市场信息和方向，为以后的合作奠定基础。中介机构能够准确把握市场信息，将市场信息反馈给科研院所，为其提供研发的方向，可以有效解决创新成果与市场脱节的问题，如图 3-5 所示。

第二条反馈路径是企业与中介合作获取市场需求信息，企业与科研院所抛开中介机构的环节直接达成合作意愿，可能由于企业与科研院所之前合作过，彼此了解对方的实力，

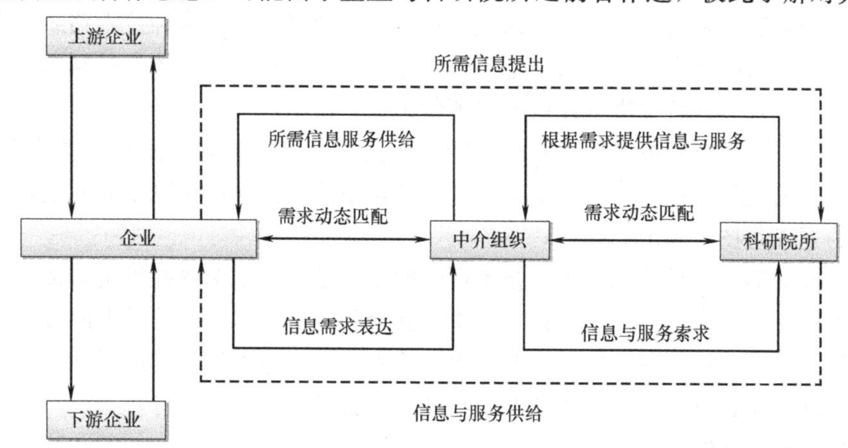

图 3-5 企业、中介组织、科研院所信息反馈

因此不需要中介组织的介入就可以达成创新成果的转化。在上述的路径作用下，企业与科研院所最终达成合作意愿，最终实现创新成果的转化，在市场的作用下得以推广，在市场机制作用下的成果变现时也需要企业与市场的信息反馈过程，新的需求信息的出现又将开始新一轮的创新成果转化的动态反馈过程，如图 3-6 所示。

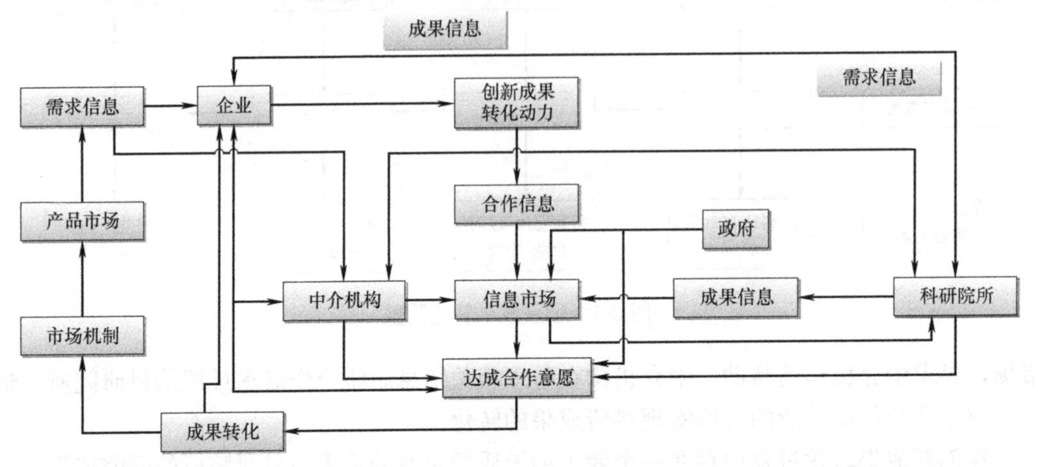

图 3-6 创新成果转化信息反馈

创新成果转化过程的主体是企业，技术选择和标准评估阶段的主体是政府，并不代表企业不参与技术的选择和标准的评估，政府不参与创新成果的转化。众所周知信息具有时效性，要保障信息在有效期内实现价值就一定要保障信息流通的渠道，仅仅通过中介这一渠道进行信息传递，渠道太过单一，此时需要政府的力量为企业、中介组织和科研院所提供信息化平台，彼此之间交流互动的平台。企业可以将需求发布到信息平台，科研院所也可以将供给信息发布到平台并且为科研院所建立相应的简历，方便企业合作伙伴的寻找，信息平台可以降低彼此寻找合作伙伴的成本，提高信息利用效率。

三、技术标准化路径

1. 技术选择

技术选择是决策者为了实现既定的经济技术和社会目标，对多种技术路线、方针和措施等进行方案比选的过程。技术选择是一个涵盖多层次、涉及多主体、受到多因素影响的动态决策过程，对多种技术进行评价得出评价结果并做出决策。由于当前可供选择的技术数量较多，技术的复杂性提升，创新成果转化为技术的成本较高，技术选择的难度增大，要求对技术做出正确的选择。因此本阶段基于综合集成研讨厅理论采用人机结合、定性定量相结合的方式对技术做出选择。

技术选择的第一步是技术评价，技术评价的目的是为技术选择提供决策依据。一项技术能否发挥出既定的作用与技术存在的环境、社会和经济条件等有关，因此技术评价的内容应当由技术经济、社会和发展目标等确定。技术选择要考虑技术的可行性、经济的合理性和现阶段行业发展特点，所选择技术要与经济社会发展总目标相符。

（1）技术选择方法

技术选择是战略性决策问题，技术评价不存在万能公式，因此在使用时要根据不同的问题采取不同的评价方法。在进行技术选择时主要以专家决策为主，即采用群体决策的方法对技术做出选择。技术选择应当坚持定性分析与定量分析相结合的原则，具体可选用的方法有：德尔菲法、结构模型解析法、敏感性分析法、费用效益分析法、概率分析法、层次分析法等。在比对方法的优劣势之后，本书主要采用模糊德尔菲法和专利分析法相结合的方法进行技术选择并对这种方法做出详细的阐述。

将模糊理论引入德尔菲法，利用模糊数来定量地表示专家的看法，然后对模糊进行转化，将专家意见由定性的阐述转化为定量的数据。本书的模糊德尔菲法主要是用来确定主要评价的各个指标，借用粗糙集来对评价的各个指标约简得到指标权重，结合专利分析法对技术进行排序并做出决策[33]。模糊德尔菲法最大的优势是克服德尔菲法反复征求专家意见的烦琐流程，模糊德尔菲法只需要进行一轮专家意见的获取就可以确定主要评价指标。专利共引分析法定性的分析是通过对专利涵盖内容的分析获取技术发展动向，定量地分析专利文献，比如专利数量、引文数量等。本书将两种方法结合提高技术选择的准确性，如图 3-7 所示。

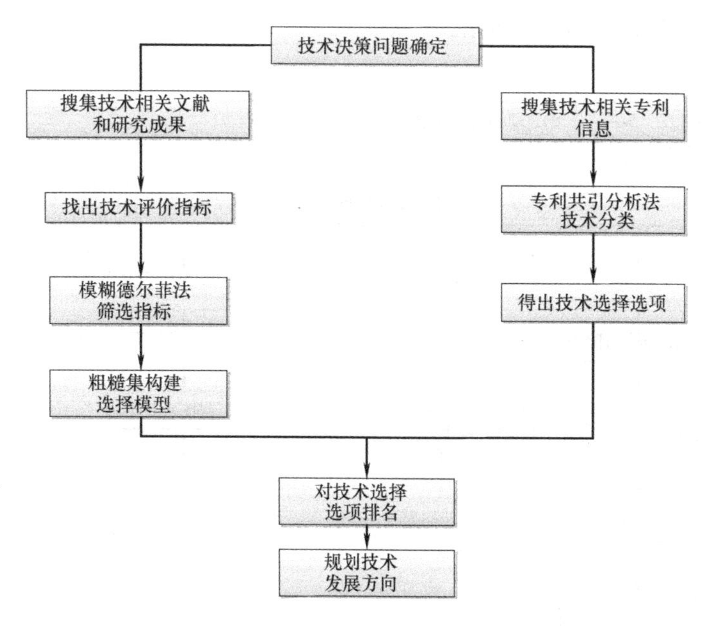

图 3-7　技术选择方法

（2）技术的选择流程

技术的选择是战略性的决定，决定主体的确定直接影响决定的结果，因此决策主体的选择尤为重要。根据技术选择的特点，决策主体即专家团队应该是由来自于多学科、多层次以及内外结合的成员组成。多层次是指专家既有来自于战略管理层的，主要是战略业务层的高层，也有来自于技术研发部门的，主要参与具体技术研发活动的专家；多学科是指专家来自于从事不同的科研领域，随着技术的发展，学科相互交叉，技术复杂性提升，各技术之间相互扶持、替代等关系错综复杂，跨学科的专家团队能够提升技术选择的准确性。内外结合是指在进行技术选择时，专家组中不仅包括政府内部的专家，还包括来自企业、科研院所和中介机构的外部专家。技术选择是一个复杂的过程，需要考虑各个不同主体之间的合作创新，其中，往往包括企业和市场上的研发机构的合作，那么研发机构的观点也是至关重要的。

主体在技术选择过程中的作用主要是设计调查表、备选技术清单、专家的选择、数据处理等。综合集成研讨厅理论提出主持人负责指导技术选择的全过程，确定参与选择的专家，在会议开始前将决策问题的相关资料发给各参与专家，包括技术详情、可能的评价指标等，决策开始时首先确定资料涉及的指标是否齐全，专家是否对其做出相应的补充，如无补充，用德尔菲法确定主要的考核指标，所有专家的问卷均采用匿名方式且专家的身份等均保密。综合专家意见可以得到主要的评价指标，在此基础上可以构建技术评价的模型。采用粗糙集把搜集到的主要评价指标进行属性的简约化处理，不同权重取值对应各个属性对评价模型的重要程度。结合情景分析对面向战略性新兴产业的技术进行分析和选择。同时另外一条路径应用数据信息系统对相关系数的专利情况和专利文献进行分析，专利数据分析能够给研究者和决策者提供清晰的技术发展全景图，并能使其快速地了解到关键技术和现在技术存在的障碍[34]。用技术路线图指明技术发展的方向，技术选择过程中参与人员广泛，涉及不同的利益相关者，运用技术路线图可以快速支持相关人员展开活动，明确目标和责任，如图 3-8 所示。

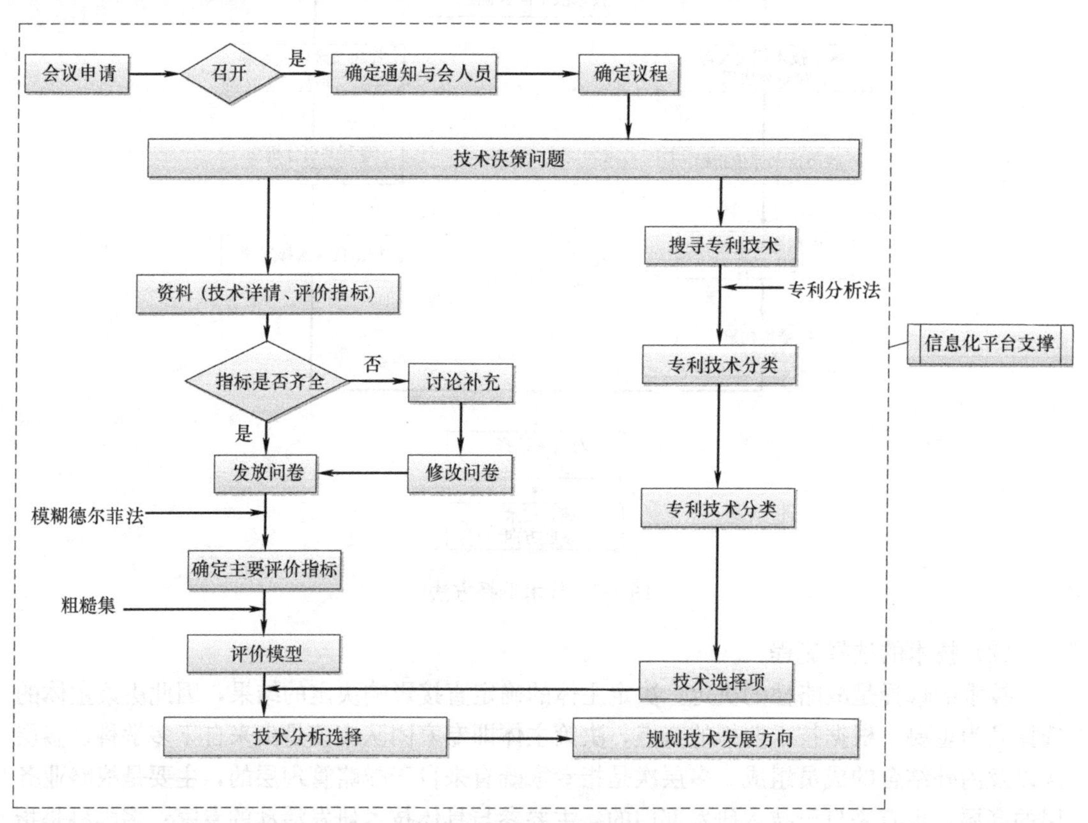

图 3-8　技术选择流程

2. 标准评估

在技术选择结束后应该还要对技术与标准之间进行评估，评估技术将纳入国家标准、地方标准和行业标准，对技术纳入标准的类型建立快速反应的通道，对科研成果可形成国家、行业或地方重要技术标准的，要建立标准制定的快速通道，国家、行业和地方标准化主管部门应及时纳入标准制定程序，并优先列入标准制定计划。在技术经过选择后被采纳的技术所有者可以提出申请，将技术申请纳入地方、行业或者国家标准。

以行业标准为例，技术被选择后将作为纳入标准的储备技术，如果联盟想进一步将标准升级到行业标准，则需遵循相应的行业标准管理办法进行申报审批，需要对现有标准以及申报标准进行评估。为了适应市场对标准的需求，缩短行业标准制修订的周期，那么相应的制定程序则可选择本书提出的快速程序，直接对创新成果转化、进行技术选择和标准评估，达到创新、技术和标准的无缝对接。

标准的评估主要是确定技术的选择和标准申报是否会对标准和标准体系造成影响以及如何应对造成的影响。在技术做出选择后，对技术的发展方向做出相应的规划，之后判定是否存在标准指引或者规范技术的发展，如果存在标准则评估标准的适用性，评估条款是否满足技术的发展；如果不满足标准的适用性则梳理相应的条款，由专家组提出大纲性的意见，确定负责人对具体条款的修编，之后确定已修改的条款内容是否满足标准体系的要求，如果满足标准的适用性则确定是否满足标准体系的适用性。

如果经过技术选择和技术规划后发现不存在相应标准的指引，则确定是否需要制定相关的标准。如果经论证暂时不需要制定此项标准，则将相关的信息存入待编标准库以备后续技术的发展需要，如果需要编制相应标准则明确编制目标、编制人以及与标准体系的关系等内容。最后将编制的标准与标准体系内容进行比较，来确定标准与标准体系是否适用，如果适用于标准体系则本流程暂时结束，如果不适用于标准体系，则需确定是修改具体条款还是修改标准体系的内容，如图 3-9 所示。

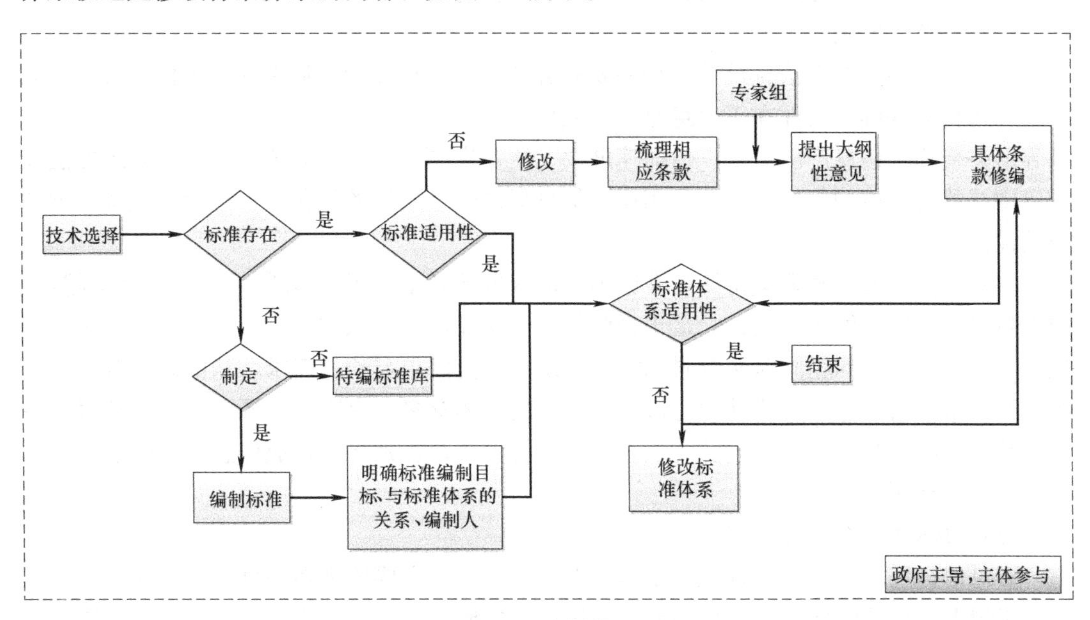

图 3-9 标准评估流程

市场定制和标准制定两个过程都不是由单个主体的意志来决定的。市场制定过程也需要政府机关进行监控和把关，技术标准的确认也需要考虑市场上的各个主体的实际情况和利益。标准的形成并非是一个简单的自上而下的过程，为保证标准的适用性，它需要社会全体的广泛参与，广泛征求全社会的意见。标准形成的路径主要包括两种，一种是由政府或者标准化组织最终形成的正式标准，另一种是由企业等主体组成的联盟通过占领市场形成的事实标准（联盟标准）。事实标准经过政府的确认可以转化为正式标准，在正式标准制定过程中也会考虑事实标准的存在。

3. 信息反馈过程

创新成果转化、技术的选择和标准的制修订阶段相互作用，每个输出的成果彼此间相互作用，将成果与预期目标比较确定下一步的措施。决策的结果需要时间的检验，决策偏差的调整和修正需要信息反馈的支撑，在信息时效内收集决策执行情况的反馈信息才能保证决策顺利执行。

（1）时效性原则

信息动态反馈是一项非常特殊的活动，其特殊性体现在与时间的关系方面，信息动态反馈具有很强的时效性，脱离时间谈信息反馈不具有任何意义。信息随着时间的推移，其价值会变得越来越小。相反，提供信息的间隔时间越短，则作用与价值越大。超过信息反馈的时间，信息不再具有价值而且容易产生误导。采用数据信息挖掘技术可以轻易得到目标信息，但并不是所有目标相关信息都有作用，在有效期内获取到的信息才是真正有价值的信息。在信息反馈过程中一定要将时间因素纳入考虑范畴。

技术创新与标准化联动运行过程中产生大量的信息，这些信息可以在短时间内为企业、政府、科研院所和中介组织所利用，主体间的沟通交流促进信息的传递。在技术创新与标准化联动运行过程中产生的信息发展极其迅速，考虑到信息的时效性，在得到反馈信息后必须及时地分析处理和更新，尽力做到有用信息的价值实现和无用信息的处理。

（2）持续性原则

持续性原则要求在信息反馈过程中要充分考虑发展目标的全局性和长远性，目标得以发展和运行的基础和条件在于信息反馈。在信息反馈过程中要充分认识到自身发展目标与外界形势变化。信息产出量大、传播速度快、质量良莠不齐，因此要运用信息处理方法在信息中寻找有价值的信息，充分利用反馈信息促进信息系统的优化，保证信息挖掘处理的持续性。

在进行信息反馈时要坚持持续性原则，但这并不代表在获取信息后反馈得越快越好、越多越好。正确的做法应当是立足于当前的发展状况，比对预定的目标以及外界环境的变化，吸收当前热点问题同时又着眼于需求，统一当前需求与长远需求，从而做出合理的选择。在技术创新与标准化联动运行过程中涉及的主体众多，有限的资源下又要充分兼顾各方的利益，此时必须要兼顾当前需求和未来发展需求，否则将会造成信息资源的浪费并可能被信息社会所淘汰。

（3）整体性、准确性原则

要对信息反馈的全过程有一个整体的部署和考虑，主要体现在信息反馈整体的框架结构和规划上。技术创新与标准化联动的信息反馈主要是基于主体之间形成的网络结构形成反馈，体现信息反馈的整体性。信息反馈是多因素共同作用的动态过程，因此，需加强企业、政府、中介机构、科研院所等主体之间的联系，提高整体效率。

在信息传递过程中往往都是单向传播，反馈机制的建立使得单向传播转变为双向甚至多向传播。从反馈层面上来看，创新与标准化联动运行涉及的主体可能是信息的接收者，也可能是信息的传递者，在进行反馈时，坚持准确性原则必不可少。目前正处于信息爆炸的时代，信息产出量大、传播速度快、质量良莠不齐，因此在面对铺天盖地的信息时要尊重客观发展规律进行分析判断。各方发布的信息都要尽可能地保证准确性，这样才有助于增加信息公信力，避免产生虚假的反馈信息。

（4）开放性、互动性原则

信息动态反馈机制应当秉承开放性原则，技术创新与标准化联动运行过程中涉及的信息资源随着时间的推移需要不断增添新的内容，如需求供给、技术发展状况、标准制修订以及标准体系的修改等内容，信息平台应当及时搜集真实有效的反馈信息；信息反馈机制在解决企业和科研院所之间矛盾时有独特的优势，企业可以将需求信息发布到平台上，科研院所可以将成果信息发布到平台上，有效实现需求与成果的对应，增强主体之间的互动性。个人也可以发布创新与标准化过程中的建议，管理层对建议进行处理，进而实现真正的开放和互动。

创新成果转化为技术后，市场上会出现多技术的竞争，多技术竞争造成技术彼此之间的消耗，因此技术选择非常重要。在进行技术选择时首先应该广泛征求各方的意见，邀请在行业中领头的企业、科研机构和中介机构提出相应的意见，社会公众也可以将自身的想法通过信息平台进行传递，信息平台接收到信息后进行加工处理，对所有意见进行综合提取，将相关的资料反馈给参与技术选择的专家组，最终应用各种模型数据库得出技术选择的结果。

政府将决策结果通过信息化平台反馈给社会大众，并且搜集社会大众对此项决策结果的反映。如果消费者能够接受，则将相关的反馈信息汇总处理后储存相关资料；如果社会大众对此项决定持强烈反对的观点，则分析决策和社会大众态度出现偏差的原因。基于偏差原因出台相应的补充说明等对策措施，并对相应的措施进行落实，检查此时的纠偏结果是否达到预定的目的，如果达到目的则将相应的资料总结后纳入技术或者管理资料，若未能达到目的则开始新一轮的纠偏活动，最终目的是保证技术创新与标准化联动的顺利运行，如图 3-10 所示。

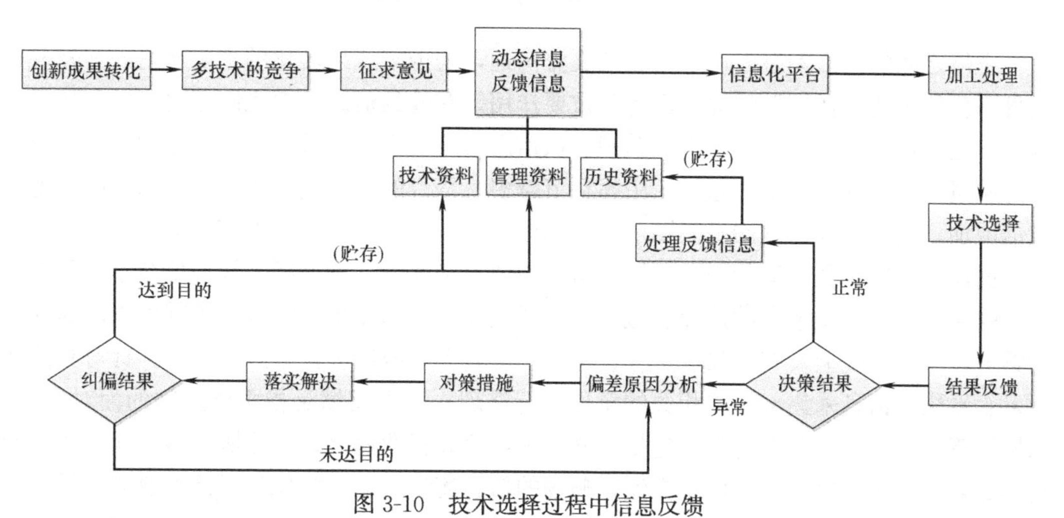

图 3-10 技术选择过程中信息反馈

标准是由政府主导制定的，在制定过程汇总按照标准程序进行调研、征求各方意见，力求提升标准适用性，但是客观现实的复杂性使得标准难免与市场存在差距。在标准制修订后实施过程中，这种缺陷就会暴露出来，能否在有效时间内把握信息并做出调整，防止负面影响的扩大是至关重要的。如果标准不适应环境变化，未及时调整的话，难免会产生负效应。

现在标准在实施过程中并不具备信息反馈功能，很多情况下标准实施的状况不存在反馈或者反馈功能不健全，难以提供标准实施状态所需的信息。标准颁布后实施情况如何、标准条款存在哪些问题、市场上的反应如何等问题并没有引起管理机构的重视，也没有专门的管理机构负责这方面的信息搜集与处理，在标准制修订过程中难免带有盲目性。

标准制修订过程中的信息反馈是总结前一过程存在的问题，依据市场环境，社会大众提出制修订的缘由和目标，开始下一轮的循环，每循环一轮，都会在原有基础上更进一步。通过标准的重新制定或者修改，使标准能够适应市场环境的变化，最主要的是与标准、创新协调发展，如图 3-11 所示。

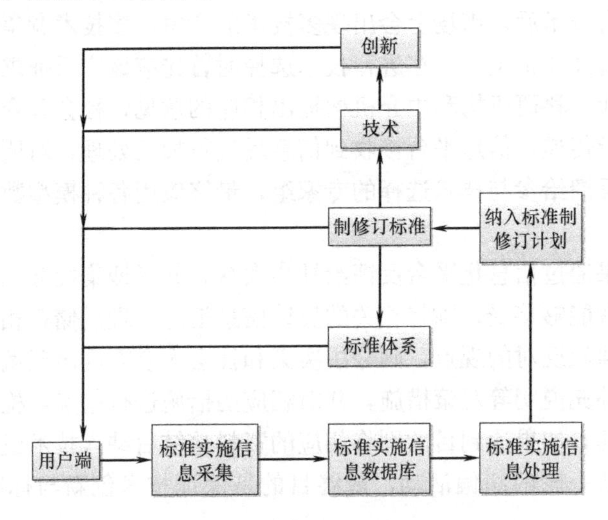

图 3-11　标准实施过程信息反馈

主体之间的网络关系有利于信息的交流沟通，是创新成果转化的主要通道，另外各种信息平台的构建也在信息流通方面起到重要作用。有效的信息反馈机制需要建立在顺畅的沟通渠道上，是主体间交流合作的关键。从信息管理的角度来看，信息流通的渠道影响信息的质量，信息反馈的渠道越长、中间环节越多，信息的损耗就越大，失真的可能性也在成倍增加。因此良好的反馈机制要求多样化的沟通渠道以及适中的渠道环节。

创新与标准化联动运行中的反馈渠道分为线上和线下两种途径。线上反馈主要是依托于互联网，微信公众平台的建设、微博的定期更新、信息化平台的构建等都可以成为反馈的渠道，可以在线上发布会议、文件、通知、公告等，鼓励公众在线上留言，针对具体问题发表看法，信息采集部会将相关的意见进行整理；线下反馈是指主体之间的面对交流，比如交流会的举办，线下反馈还包括中介组织，比如行业协会、企业协会等。线上线下的共同配合可以实现更广泛的信息交流，顺畅的信息流动渠道。为保障反馈渠道的顺畅，需要设立专门的信息采集部和网络服务部，保证已经开通的反馈渠道的通畅性，积极开发新媒介作为反馈渠道；保证渠道的正常运行，出现问题应及时进行维护，对微信公众号、微博和信息化平台上的留言进行整理归纳并及时回复。

第二节 联动路径中的参与主体及其驱动力

技术创新与标准化联动运行包含两个阶段，一是创新成果转化阶段即创新成果转化为技术，二是标准化阶段即技术纳入正式标准的阶段。在这两个阶段中均有多种不同类型的主体参与其中，而且主体的角色功能不同，关系复杂，影响主体参与联动因素较多，通过结构方程模型的分析可以帮助认清哪些因素是影响技术创新与标准化联动动力的主要因素及其路径，从而在联动过程中分清主次、重点把握关键要素。

一、主体角色与功能

1. 创新成果转化阶段角色

在创新成果转化阶段，借助于基于行动者网络理论形成的主体之间的联结关系，达到创新成果转化为技术的目的，在转化过程中企业、政府、科研院所、中介机构均参与其中并且在市场作用和政府引导双重作用下形成组织模式，该模式没有主次和领导与被领导的关系。

由各主体构成的行动者网络，网络中还包括其他因素。在知网上搜寻有关于技术标准和创新方面的文献发现很多学者都将企业、政府、科研院所和中介机构等作为研究标准与创新的主体，很多学者将研究重点放在企业，不同的主体在创新和标准化过程中的作用和担任的角色不同（表 3-2）。

创新与标准化联动行动者构成 表 3-2

类别	性质	内容
人类行动者	个人 组织 团体	人才、企业家、 政府、中介机构、行业协会等 企业、科研院所等
非人类行动者	物质性的 概念性的	资金、资源、信息等 沟通、政策、制度等

本书中提到的企业专指营利性经济组织，具有独立自主地经营与核算能力，包括公司与非公司企业（也就是说不一定是法人），企业是促进技术进步的主体，人们的物质生活需求促使企业不断地追求技术的进步和成果。科研院所包括高等院校及其他独立的、非独立的研究机构，是与技术知识联结最紧密的机构。中介市场组织是介于政府、企业和科研院所之间，作为宏观调控与市场调节中不可缺少的组成部分，弥补政府行政管理的不足。行动者网络中的非人类主体主要包括资金、资源、信息、沟通、政策等，在行动者网络中伴随资金、资源和信息的转移，主要是跟随人类主体的关系进行转移。

行动者网络的构建过程本质上是转译过程，转译是一种角色的界定，本书分开讨论主体在联结过程中的角色，本节只讨论人类行动者，非人类行动者在人类行动者作用过程中发挥功能（图 3-12）。

（1）政府的角色与功能

在工业化建筑发展的初期，政府主要的角色是支持者和推动者。政府引导企业与专利持有机构的合作，提升企业的技术水平同时可使科研机构的创新成果得以应用。政府通过工业化建筑的激励政策，吸引企业加入从而提升建设过程中的技术水平，使越来越多的企业的核心竞争力得以提升并积累成工业化建筑产业的竞争力。

当该项技术发展成熟后，政府的角色转变为引导者和约束者。政府从鼓励的角色转变为引导角色，规范市场行为。当技术发展成熟后更重要的是进行推广，产生实际的经济效益，同时规范市场的行为，防止出现一家独大的垄断性行为，影响技术的普及和传播，同时注意鼓励在现有技术基础上的提升和再创新。

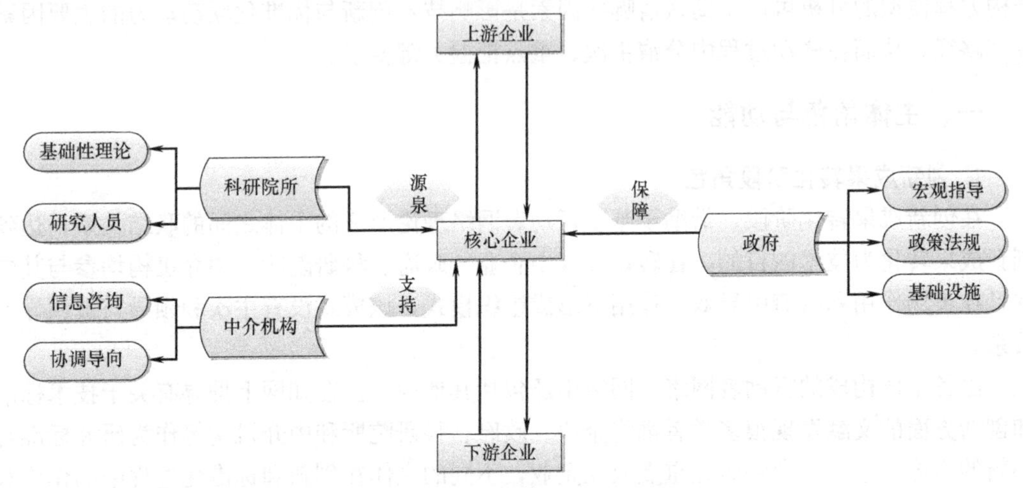

图 3-12　主体的角色与功能

(2) 企业的角色与功能

企业是创新的先行者，也是创新成果的受益者和风险承担者。创新的动力来源于需求，创新的目的是提高效率、节省成本和创造收益，创新本质上就是把知识信息等转化为经济效益创收。企业作为市场的主体最知道现在需要什么样的技术或者不久的将来的发展方向。敏锐的嗅觉发现未来发展的目标，快速发展的动力来源于创新，企业是创新的先行者。

企业作为创新主体在技术的选择、资金投入和创新成果产业化过程中均承担较大的风险。已研发成功的技术可能由于时效或者国家政策等原因无法投入使用，无法获得市场的认可，稍有不慎会造成投入得不到回报。企业又是创新的直接受益者，是实现创新增值和标准具体落实的直接实施者。企业需要借助其他主体的优势，企业在资金设备和商业经验上具有得天独厚的优势，能够加快创新成果的产业化，同时也提升了企业的核心竞争力和适用标准能力。

(3) 科研院所的角色与功能

科研院所在多元化的创新主体中处于非常重要的地位，它是知识的聚集地和创新的集中点，创新活动中知识的来源和技术的提供者[35]。作为创新的源泉，科研院所的创新是基础性的不带有商业目的性的，不一定会产生效益。科研院所承担人才培养和技术研发的任务，是人才的培养者和知识的输出者，人才培养和技术引进是技术创新融合的关键基础。

科研院所是全部主体中最具有知识性的主体，可以将技术成果转让给企业实现技术转移，可以与企业联合研发等。从物质资源来看，科研院所可以为企业提供技术研发的场所和设备，企业也可以为科研院所提供所需，从技术资源来看，企业和科研院所选用不同的合作模式进行技术研发和成果分配。

(4) 中介机构的角色与功能

中介组织在创新过程中的功能主要是介于企业和科研院所之间发挥沟通作用和辅助作用，是独立于企业和政府的现实机构[36]。中介机构帮助主体之间加强交流，加快信息资源的传播，发挥各自优势，降低成本和风险，加强协作。中介机构提供咨询服务，进行资源和信息整合，对创新过程中涉及的知识产权的法律问题给出合理的解决方案等。由各种行业协会、创新机构和标准组织牵头进行资源与信息的整合。融资机构可以不受限制地聚集资金为技术创新活动提供资本。

2. 技术标准化阶段角色

标准化阶段采用的组织模式是政府主导型，政府在其中发挥其决策指导、统筹协调及信息交换服务等功能，有效地促进各个参与主体紧紧围绕在一起，协同发展，共同创新[37]。

在创新成果转化时“市场失灵”，比如科研院所聚集最具知识的成员，绝大部分的创新成果来源于此，但是不能满足市场需求，与市场的脱节，导致无法与社会的经济发展密切结合，就会使得学术价值在现实社会中使用价值不高，又或者是市场过度停留在一种落后的技术上或者过早进入先进的技术造成不匹配等。

政府能够促进竞争格局的有效形成，因此凡是市场机制能够决定标准形成的领域，政府应该努力营造市场竞争的环境，以市场竞争作为驱动力形成标准，但是市场机制存在例如“市场失灵”等问题，这时就需要政府参与创新成果转化过程，发挥主导作用，克服上述问题能够提高资源配置合理性和效率。

政府主导同时鼓励全员参与，政府在标准化过程中起主导作用，为企业、中介组织和科研院所的结合制定宏观的目标和规划，为各主体创造协作环境，并出台一些促进各主体之间相互协作的激励政策，准确来说应该是政府指导下的科技成果转化。

政府主导下的创新成果转化，本书并不做重点讨论，政府在技术升级到正式标准的过程中具有绝对的决定权，在联盟标准升级为正式标准过程中，政府起主导作用。创新成果转化为正式标准包含两个主要阶段和三个过程。第一个阶段是创新成果转化为技术，形成联盟标准，上文中已讨论，第二阶段是联盟标准升级为正式标准或者将联盟标准中涵盖的技术纳入到正式标准，比如地方标准、行业标准、国家标准等。如果联盟希望将标准升级，则应该按照申请、立项、起草、审查、批准、发布等阶段，参考相应的要求提交相关的材料，以政府为主导组成专家团体对所含技术和标准进行选择和评估。

政府主导模式并不意味着其余主体不参与标准化阶段，政府主导模式中存在领导与被领导的关系，在标准化过程中，企业、科研院所、中介机构等也参与其中，只是在政府领导下的参与。

(1) 政府的角色与功能

《中华人民共和国标准化法》于1988年颁布并赋予政府对所有标准的制修订权力以及在技术标准工作中的主导地位和绝对权威（除企业标准）。政府是政策的制定者和主导者，政府为加快工业化建筑的发展制定激励政策，当地政府根据资源和发展状况提出适合本地的政策制度，比如税收减免政策、金融政策、建筑面积补贴等。在鼓励创新和保护知识产权方面的标准制定和修改中均起到引领和规范作用。为使创新成果产业化，政府制定政策鼓励产学研联盟，促进标准规范发展。

（2）企业的角色与功能

企业是技术创新的载体和主体，是具体的技术创新执行者，技术标准在企业产品研发和生产销售过程中起指导和规范作用。企业标准由企业自行制定，形式上推荐性标准由国家制定但是企业可以拟定推荐性标准的草案[38]，标准主导企业可以通过标准提升竞争对手的成本，使对手只能提升价格或者减产，以实现主流企业对市场的锁定。按照企业在标准过程中的主导与非主导作用分为主导企业和非主导企业。若企业在标准制定修改过程中是处于主导地位的企业，该类企业拥有先进技术并且具有很强的技术标准化能力，能够发起相关标准的制定并且控制标准修改的进程。这类企业既是技术标准的主导企业又是技术创新的主导企业。主导企业能够发起技术标准的制定，一方面是因为该企业具有其他企业无法比拟的技术或专利，另一方面是因为主导企业具有大批量的客户。主导企业拓展供应链上下游和互补品企业之间的影响力，别的企业在潜意识中认可其标准的信息，增大说服力，增强标准主导力。非主导企业失去话语权，只能充当追随者。非主导企业为了在竞争中获得话语权，必须加快创新的步伐，促进标准的修改，或者寻求合作、组成联盟，能够扩散技术标准、扩大标准执行企业的数量，促进扩散和应用。

（3）科研院所的角色与功能

科研院所集结众多来自各方面的人才，是知识的来源和生产者。科研院所与企业在各层面上保持合作，同时还承担政府公共性基础项目，比如标准的起草、修改意见等，科研院所参与标准制定过程，会对标准制定中涉及的具体内容加以思考，通过自身的知识积累对敏感问题加以把握，其独到见解很有可能影响标准实体内容。社会进步的实践证明，经济解决的是现在的问题，而科技解决的是未来的问题。不论是技术的研发或是标准的制定都要有一定的前瞻性，否则最终发展到一定程度可能产生阻碍作用。在所有的互动性链条中，科研院所的预见性使其能够参与到技术标准的制定修改过程中。

（4）中介机构的角色与功能

在标准制修订过程中的中介组织主要是指行业协会，行业协会的会员主要是各大中型企业，但其作用并不是简单的相加，更懂得标准制订过程所涉及的关键工艺流程、技术信息。行业协会的作用主要是研究各种政策导向和技术发展方向，协调会员关系，搜集信息并对外提供咨询服务。行业协会是标准制定修改过程中的协调者，在标准的制定和修改过程中常常会涉及知识产权的问题。知识产权具有私有性而标准具有公共性质，两者之间存在的矛盾造成垄断问题。由行业协会出面提出建议和协商的办法，行业协会对工业化建筑目前的发展现状以及未来的发展方向等问题较了解，为标准的制定和修改提供依据。

二、主体间的联结关系

1. 创新成果转化阶段联结

主体之间的联结关系构成的复杂网络关系拆分成几种简单的形式展开分析，本书的联结是以企业为核心向外扩展，所有的链条中均包含企业这一主体。为简化错综复杂的关系，在分析和说明各条链条时，分成以下几条：企业—企业，企业—政府，企业—政府—科研院所，企业—政府—科研院所—中介机构等，通过各个链条的累加合成总体网络。

(1) 企业—企业创新链条

本书的企业是指供应商、生产和互补品企业，纵向链条是由上下游企业和客户构成，客户最能够反映自身需求。上下游企业之间是合作关系，为实现特定利益进行的创新活动，在生产和供应链条中，供应商掌握原材料、零部件、设备等的关键要素，渗透到生产企业的研发和试制过程中，能够为生产企业提供密切需要的物质设备和技术支持。供应商和生产企业互通创新信息，主要是技术创新信息，提升技术创新能力，结果是再一次加大对供应商设备和材料的需求，因此促使供应商持续创新。

在生产企业和客户链条中主要存在的是买卖关系，创新活动的根本目的是为了实现成本降低和利润增加，那么在创新链条中必然有变现的过程即将创新成果面向客户变现。消费者追求的是性价比、物美价廉，是从生产企业中获得产品和服务的价值。双方通过不同方式进行交流联结，进而索取利益，在价值和知识层面上的联结实现技术的关联和价值，这也给予生产企业创新动力，如图 3-13 所示。

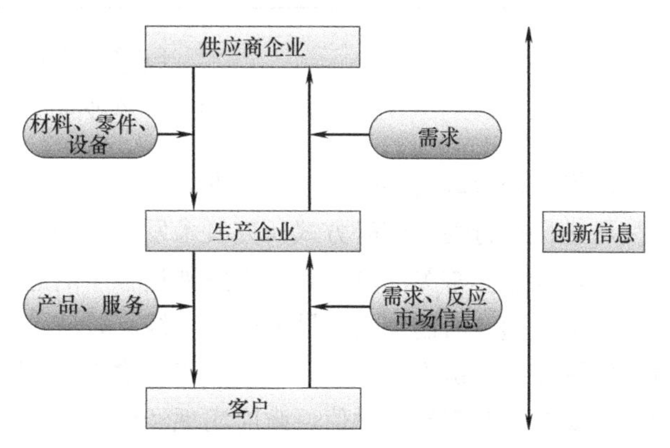

图 3-13 企业间纵向链条

横向链条是指创新核心企业与同行之间的链条，在工业化建筑刚刚兴起或者发动建筑业革新，往工业化建筑方向发展的企业往往最先成为技术创新的核心企业，掌握最先进的技术。同行业中进驻较晚的企业没有掌握先进的技术或者技术创新能力不足，未能获得领导地位则成为追随者或者联盟一员。

核心企业通过创新得到的创新成果和知识产权可以提升核心竞争力巩固企业地位，非核心企业在不具备知识产权的情况下只能通过学习适应现有的新技术，并对目前的状况做出反应，补充或者细化现有的技术，使非核心企业融入新技术，提升企业地位或者在现有技术成果的前提下可以尝试超前的技术成果的创新。

互补企业将严密观察生产企业创新成果的市场需求和消费者反馈情况。如果市场反响良好，那么互补企业会主动研发相匹配的互补品，主动地加入核心企业的研发过程中。核心企业没有足够的精力和时间生产辅助性的产品，为达到预期的创新成果的影响规模，核心企业会向互补品企业公布非核心的有关互补品的特性信息，加快互补品企业的生产速度同时扩大互补品的选择范围。生产企业主导的创新加上互补企业的协助扩大了产品的可选择性和创新成果的规模，这也加大了核心生产企业技术创新成果的扩散和技术成果转向为技术标准的可能。当互补品企业主动进行技术创新时产生新的互补品或者在某种功能上有所提升，则带动生产企业的创新活动，加快互补品功能上的融合，有可能产生新的生产方式的重新组合，如图 3-14 所示。

(2) 政府—企业创新链条

政府鼓励创新的目的就为了实现其职能，其目的在于提高生产力，维持社会稳定促进经济发展，改善人们日益增长的美好生活需要和不平衡不充分发展间的矛盾。政府并不直接从事创新活动，而是宏观调控创造条件和环境[39]。技术创新对于国民经济的影响和生

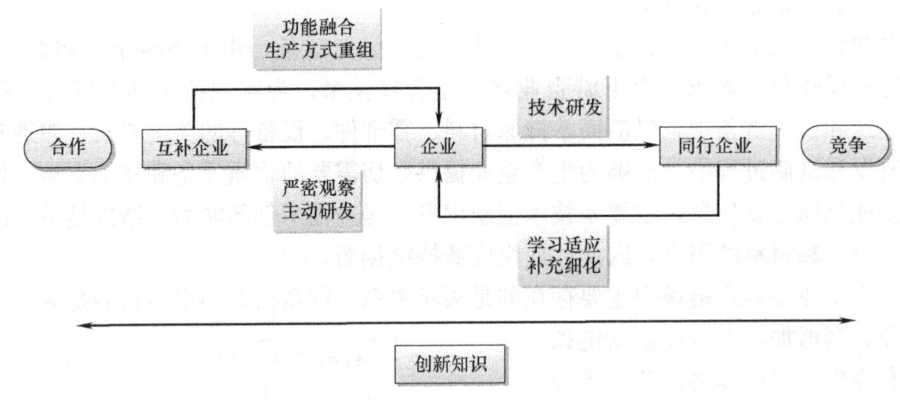

图 3-14 企业间横向链条

产力的提升使得政府加强对技术发展方向、社会影响等问题的关注，通过研讨会、委托科研院所进行可行性研究等方式研究技术发展线路。

企业也会非常关注政府在未来发展过程中的态度问题，因为涉及企业自身利益，企业会主动地追随政府制定的发展方向和路线。政府也非常关注企业的创新能力和未来创新的意向发展方向，由大中型企业组成的联盟能够详述企业需求并且对创新方向给予政府反馈，以此企业实现利益增值，政府实现经济增长。

(3) 政府—企业—科研机构创新链条

政—企—研的技术链条是政府机构与研究机构的协作关系，研主要是指科研机构。科研院所在进行自己的科研活动即推动技术的发展时也会与政府和企业合作。科研院所承担政府指定的公共性基础项目的研究，也承担来自于企业的委托。科研院所承担的基础性理论的研究体现出政府和企业对创新的要求，可以作为企业实践性创新的基础。科研院所的技术创新活动会为政府支持技术创新活动的方式提供建议。

企业技术创新成果在市场竞争中反馈的信息和相关数据也为科研院所的技术创新提供依据，为技术创新提供方向而且企业与科研院所在多种合作形式中加强了创新的磨合，促进产学研的深度融合。企业的实践困难以及创新活动可以为科研院所提供研发动力，科研院所是重要的人才聚集地，拥有相应的设备场地和技术创新的知识储备等，但是科研院所的创新必须要通过企业才能实现价值，企业是科研院所变现的通道。

在这条链条中政府组织具有突出的作用。政府决定了公共资源的调配，政策引导以及宏观的发展方向确定等，政府的指导协调具有强制性，通过考察等方式进行交流学习，了解对方的技术目标和诉求并组建联盟，加强产学研的交流与合作[58]，确保资源流向所需部门，成果流向企业实践，使科技人员与企业交流、市场与成果融合。

(4) 政—企—研—中创新链条

此链条与上述相比，加入中介组织的作用。中介组织并不直接从事技术创新或者生产的活动，作为辅助却增强联结规模和影响力。中介组织经常会对技术创新进行观测，对其变化进行分析和评估。一方面中介机构会自动搜集整理新出现的技术创新，对其进行分析和扩散；另一方面对当前的创新成果进行汇总，对其优劣势进行对比，分析某种技术前景，同时在社会影响和资金方面对创新活动产生重要影响。

2. 技术标准化阶段联结

主体之间在标准制修订过程中也存在联结关系，主体之间的联结和实现标准的制修订的联结过程，形成了一种标准主体之间的网络关系。

(1) 企业—企业标准链条

企业标准链条也包括供应商、生产企业和互补企业。在技术标准的网络中，可以按照生产企业适应标准的能力分为主导企业和非主导企业。纵向企业间的标准链条主要是指上下游企业和客户为实现自身利益而发起标准，比如企业标准联盟。企业为自身经济利益积极开展网络交流，作为交流内容的标准在网络信息交流中起联结作用。

主导生产企业发起标准的制定和修改时，供应商企业会根据主导企业的实力、客户的需求以及应对标准的能力等积极投入到标准活动中，改进供应产品或设备的标准以适应新标准的要求，生产企业促进供应商企业的技术标准活动，同理供应商也会影响生产企业的标准活动。

客户虽然与生产活动和标准制修订没有直接关联，但客户是事实标准形成的基础，可以影响标准的扩散。事实标准是未被政府或者标准指定机构公布但却得到广泛的应用和接受的标准。标准主导企业发起技术标准会对用户的选择产生影响，为获得更多的利益，用户一般会改变其消费行为。

在横向企业间的链条中，标准主导生产企业与同行业竞争企业之间的链条，标准主导企业为了攫取更多的利润，往往容易利用标准形成垄断，那么同行业的竞争者（非标准主导企业）只能成为标准的追随者，必须接受当前标准。非主导企业研究在现有标准下攫取利益的措施，也会主动地参与到标准的活动中。针对目前的标准，非标准主导企业可能会发起某些条款的修改活动，这项活动可能会导致企业在标准中地位的细微变化。

主导生产企业发起标准制修订时，供应商企业会根据主导企业的实力、客户的需求以及应对标准的能力等参与到标准活动中，改进产品定位适应标准变化。互补品企业服务于生产企业，若互补品企业不求变化无法满足互补品企业的要求，则最终结果就是被淘汰。所以生产企业技术标准的制定和更新促进互补品企业随之而来的更新，双方通力合作也加快事实标准的形成。当互补品企业发起技术标准时会要求生产企业调整策略，适应互补产品的变化，生产企业必须应对变化否则可能会失去标准主导地位。生产企业为互补品企业的调整提供市场信息。

(2) 政府—企业标准链条

政府是政策的制定者和执行监督者，出于经济健康发展、维护社会安定和可持续发展等目的，做出决定是否起草相关的标准以及对已存在的标准是否进行修改以及如何修改。政府能够对其投入的基础建设和公共性基础研究等发起标准，并以此间接地影响相关产业标准。政—企标准链条在涉及企业利益时，企业或者其联盟会将相应的诉求反馈给政府，企业间形成的事实标准也将会纳入标准制定修改中考虑，影响到政府制修订技术标准的活动。

(3) 政府—企业—科研机构标准链条

在政—企—研标准链条中，科研院所作为知识的聚集地，参与到研发活动中，使其充分体现出技术对标准的推动作用和政府与企业对标准的影响。科研院所的理论性研究限制了企业的应用性的研发活动，基础性研究成果涉及的标准也会影响应用性研究成果的标准。科研院所可以为企业提供技术的发展方向，为企业提供参考意见，也使标准的制定具有前瞻性，符合未来的发展需求。反过来看，企业的标准活动也为科研院所的理论性研究提供反馈信息，使其研究更加符合市场需求。

（4）政—企—研—中标准链条

中介机构并不直接从事生产和技术标准具体活动，但是其在信息与资金方面的社会影响对标准制修订起辅助支持作用。中介机制可以加快信息的扩散，对标准的制修订具有敏锐的嗅觉。

三、主体驱动力因素识别

本书将创新、技术、标准协同的总体动力机制概括为：在环境因素的作用和影响下，来自于市场的需求拉引力和竞争压力、来自于科学技术的推动力、来自于政府及其他组织的支持力，都将直接或间接地转化为利益驱动力，成为各主体参与创新成果转化为标准的动力源泉。成功的标准确立扩散活动又反作用于技术、市场、政府、环境，激发出新的创新需求。

我们主要研究创新技术标准联动运行的驱动力，驱动力主要包括两个部分即内部动力和外部动力，内部动力驱使主体主动开展技术创新和标准活动，包括市场需求、市场竞争、政府政策和科技进步，外部动力给这一过程以压力和紧迫性，包括主体内在需求和利益驱动。

1. 市场需求

创新的起点和标准制修订的起点均起源于市场需求，每一个出现的市场需求都有可能成为企业创新的动力，市场需求指明创新方向，拉动企业的技术创新。市场的需求根据其表现形式可以分为有效和潜在两种类型。有效市场需求使企业表现出足够的敏感性，能够在市场的变化中，迅速捕捉到有效的信息，选择与科研机构合作创新，攫取利益；潜在的市场需求使企业难于把握市场，则需要中介组织的介入，分析预测市场变化，制定适宜的战略规划。因此企业需要弥补自身掌握有限的技术和资源的缺陷，与科研院所和中介机构合作，获取市场信息和提升技术和创新能力，开发新技术、新产品和提供优质服务来满足市场需求，使得企业获得更多的利益。

标准是国家宏观调控的一种手段，需依据市场需求和发展情况制定。市场的需求并非一成不变，随着创新能力和技术的提升，标准的适用性降低，市场会对现有标准提出要求以适应现实状况。市场需求逐渐增大，涌入到市场中的企业增多，技术产品随之增多，需要更多的技术标准规范市场，细化法律法规维护市场健康有序运行。市场需求会根据技术水平和消费者的期望不断提高并促成更高水平的技术标准。

2. 市场竞争

市场需求吸引更多同行企业参与创新，加剧市场的竞争压力。市场竞争使企业加快了创新的步伐，各个企业的求生欲望和创新步伐的加快，提高了行业整体的创新速度和规模。市场竞争形成的优胜劣汰迫使企业寻求出路，激烈的市场竞争缩小了企业的利润空间，迫使企业不得不进行创新开发新产品。企业要想加快自己的创新步伐，必须要对市场呈现出更敏锐的判断力，需要对市场的变化做出及时的反馈和把握。企业拥有的资源和设备有限，为降低研发成本寻求其他合作方式。企业在创新时代的竞争，如果不能展示企业的科技和创新的实力，则会在竞争中被打败。技术创新是增加市场竞争优势和实力的有效途径。组建联盟，通过与联盟成员间资源优势互补、风险共担来降低研发成本成为企业获取创新优势的主要选择趋向。企业在扩大规模和创新时是相辅相成的，扩大规模为创新提供动力，创新加剧规模的扩张。

标准的发展同时也受到市场竞争的刺激，在竞争的压力下，企业会进一步对原有的老旧技术标准进行创新和改进。企业在技术和技术标准创新改革的过程中，要协调兼顾，促使两者平衡发展。技术标准是企业抢占市场的有力手段，企业通过技术发起标准，影响企业的经营模式和战略方向，由竞争变为垄断。为使创新成果获得市场的认可和加速创新成果产业化，减少市场的阻力，主体可能将部分关注重点转移到标准。企业通过标准确立技术创新的主导方向和合理性，实现或者巩固本行业的垄断地位。市场需求对科学技术的发展和市场竞争产生一定的影响，创新的动力来源于市场需求和竞争，可以说技术创新和标准化的联动动力来源于市场需求和竞争。

3. 政府政策

保障和推动创新成果转化离不开政府政策的支持。市场在运行过程中总会出现一些问题，即便是借助科技的手段，依然会出现一定的局限性。这时就需要政府站在宏观的角度对市场和科技做出一定的引导。政府可以出台一系列的政策对市场的不足进行调控，比如鼓励联合体和保护创新等。政府对于技术创新的引导则可以从多个方面入手，政府首先作为执政的角色，在投入大量的基础设施和项目的时候，为技术创新提供很好的诞生环境。其次政府应能够在保护技术创新的环境上做出很大的贡献，比如通过政策和法律的手段，来净化市场环境，对市场竞争中存在的非法竞争和侵犯他人知识产权的行为做出严肃处理。最后政府可以做好引导技术创新的工作，对知识和技术创新的企业和个人进行奖励和宣传，鼓励全民创新，政府也可以加大对市场的投资力度，着重加大对科技研发的投资，呈现出政府、市场和科技相辅相成的局面。

4. 科技进步

科学技术是促进企业技术创新的直接推动力。科技创新的成果往往是为了促进社会生产力的发展而存在的。创新成果将以专利形式得以固定，科技的创新为企业的创新提供了强有力的基础条件，企业创新可以利用科技创新为其提供的生产力的进步和新产品的创新，抓住机遇，对技术标准和技术进行改革，进而获得市场垄断性地位。但是科技创新具有自己的周期性，科技在不断进步，一代产品推出一定时间后，会被另一代产品所替代。因此企业不仅要把握技术创新的红利，更要适应技术创新的周期。在拥有新技术的同时，要居安思危，推进下一个新产品的研发，使科技创新与企业技术创新紧密相连，互相促进。随着技术的快速进步，技术标准化也将随之到来。只有做好技术标准化，技术的进步才是健康的、可持续的。社会分工化日益加剧，技术的进步需要各个行业和企业共同合作，必须深入推进技术标准化才能适应社会发展的需要。

5. 利益驱动

企业、科研院所和中介机构各自的利益并不完全一致。企业在现代化竞争的背景下，不单单是把利润作为单一的目标。通过与中介和科研院所的合作，企业还需要引进高精尖的人才来把握社会和科技的发展方向，来促进产业的技术升级，以推动企业更长远的发展；科研院所把自己的科研成果通过企业对社会和人类造福，来实现自己价值的同时，也从中获得下一步的科研经费，为持续的科研工作打下良好的基础；中介通过对接企业和科研机构，不仅在做沟通时加强了产学研的结合，更推动社会合作的进一步发展。

利益驱动力是各方主体技术标准化的基础和动力。科研院所利用自身的高科技成果，与中介和企业进行密切合作，一方面可以获得经济利益，一方面也可以使用企业独特的生产优势来推动科技标准化。中介机构通过集成大量的信息，既与高精尖的科研院所获得合作，也与企业的发展提供服务和咨询。整合社会资源为社会所用，再通过自身的协调能力，使企业和科研院所更好地合作，也为推进技术标准化做出独特的贡献。

企业根据市场供求关系的变化，通过及时调整规模和价格等实现盈利。企业在面临供大于求时，因为竞争关系的紧张，企业不能再降低质量和价格来提高销量。企业更明智的选择是与科研院所和中介机构等合作，来改进自己的传统生产工艺，升级自己的生产模式，争取在省工省时省料的前提下，就创新出自己的新产品。这样既可以提高企业的盈利水平，又推动企业的盈利创新。企业、科研院所和中介结构组成一个强有力的联合体，规避在合作过程中出现的根本矛盾冲突，联合体为了共同繁荣一起努力，促使利益最大化。

技术标准化行为和企业追求利益最大化的行为很类似，技术标准化一定程度上代表了由市场、企业、科研院校、中介机构和消费者共同组成的联合体的发展未来和前进方向。企业追求利润的行为和技术标准化共同的落脚点在于：技术标准化可以影响市场上的技术规模和技术替代，拥有先进技术的企业会替代技术落后的企业，规模大的企业会吞并技术规模小的企业，技术标准化很大程度上影响了企业的利益和竞争力。企业为了在市场上生存下去，必定调整企业的规划，促进企业的技术标准化创新，企业的技术标准化反过来会提升企业的竞争力来获取更多的利润。

6. 主体内在需求

主体在联结过程中实现各自的目标。企业参与联动过程的主要目标是研发新的产品或技术攫取利润，企业与其他的主体组成的联合体不仅大大提升竞争力，更大大增强了联合体的创新能力，因此在市场的角逐过程中，占据很大的优势。科研机构参与联动是为了提高自身研发能力和获得经费，科研院所增强自身的技术研发能力并且提高了社会地位和学术地位。中介机构参与联动过程是为规范工业化建筑的发展和实现利润增值。联动过程需要政府宏观的指导，政府出台鼓励政策同时规范市场环境。各个主体组成的联合体，协调联合体内成员的各个资源，发挥各个成员的优势，把各个成员的目标进行联合和互补，成就联合体的共赢局面。

联动使各方发挥自身优势，弥补不足。企业自身拥有雄厚的资金实力和研发规模，企业的高层次人才的专业偏向是管理，低层次人才却从事基本的技术工作。但是企业的人才往往缺乏高水平的创新能力，对于市场的高新技术把握不到位。科研院所因为专业程度高，科研人员往往具备很高的创新能力，经常会有高精尖的科研成果诞生，但是往往因为经费有限，导致创新的动力和资源受限。中介机构拥有大量的信息，对新技术的发展方向非常敏感，在宏观上指导企业的技术创新方向。各方组成一个联合体，发挥各自的优势，互相取长补短，实现利益最大化。

六个因素之间的关系将从三个角度进行分解，一是外部动力之间的关系，二是内部动力之间的关系，三是内部动力与外部动力之间的关系。在外部动力关系中，从市场需求的角度出发，市场需求从某种意义上来说能够保证创新收益，将主体与市场带入良性循环，吸引更多的主体加入到市场中，拉动技术创新同时参与主体的增多也加大竞争的压力，在此情景下，政府加大扶持力度，保证市场需求。科学技术的进步引发技术生命周期的缩短和技术方案的更替，技术的进步使得成本的降低，主体利益的增加，增强主体参与的意愿，在一定程度上缓解主体的压力。从政府的作用力出发，政府可以通过政策、法律等手段规范市场行为，拉动市场需求，也可以通过直接或者间接采购的方式给参与主体带来利益，调动各主体参与的积极性，投入更多的科研经费提升科学技术的发展速度。政府标准化行为或者动机都会对市场需求和科学技术的进步造成不同程度的影响。内部动力之间的关系主要是主体在内部利益的驱动下会投入更多的人力、财力参与创新与标准化的过程，以求占领更多的市场份额，实现真正的价值。外部动力对内部动力的作用主要体现在科学技术的进步使得成本降低、利润增加，主体内部利益的增强，主体内部需求的增大。

四、主体驱动力因素分析

1. 结构方程模型构建

结构方程模型是运用变量协方差分析变量之间存在内外在关系的一种建模统计技术，主要包括因素分析和路径分析，目的在于研究自变量对因变量所产生的效果影响。结构方程模型不仅可以描述显变量之间的关系，对于描述不容易观测和测量的潜变量的关系更有不可替代的作用。

本节在问卷调查的基础上，通过结构方程模型对创新与标准化联动运行的驱动机理进行实证研究。结构方程模型可以对多个测量变量和潜在变量进行处理，对整个模型的拟合程度进行分析，正适合联动驱动力的研究。技术创新与标准化联动受到市场、政府、技术进步等多重因素的影响，研究过程中不可避免地出现难以测量的变量，导致存在一定的误差。在搜集数据时主要采用问卷调查或者资料收集，只是误差增大。传统方法无法避免上述情况，因此本书选择采用结构方程模型研究标准化与创新联动动力。

基于前面对创新技术标准动力机制要素的研究，本书提出了相应的联动动力维度，包括市场需求、市场竞争、政府政策、科技进步、利益驱动和内在需求六个维度。

从市场需求出发，市场需求扩大的情况下，各个企业的竞争会异常强烈，占据市场以求利益最大化。各个企业在竞争的过程中，往往要依赖科技作为核心竞争力。其影响因素包括行业发展需求、市场饱和度和潜在需求。从市场竞争的作用力出发，企业在市场的长期而又残酷的竞争中，会动用各自资源来实现市场占有最大化，来追求利润最大化。主要包括市场垄断规模和强度、竞争公平程度、市场占有率。

从科学技术的作用力出发，技术在社会发展和时代进步中，使用的寿命周期大大缩短，新的技术会很快替代旧技术。不仅如此，人类日益增长的欲望会顺势给市场提供很大机会，因此很多企业会为此研发更多的新产品和新技术。在这样的背景下，政府更应该规范新技术创新的标准，把握机会推行对技术标准的创新，包括专利申请量、技术市场交易的频繁程度、科技成果转化率。

从政府的作用力出发，政府站在宏观的层面上，对市场失灵和恶性竞争等及时提出规范和调整的政策。政府的宏观调控，很大程度上又对市场起指导和促进作用，对技术标准化的创新起推动作用，包括税收贷款资金优惠政策、知识产权保护政策和政策稳定性，如表 3-3 所示。

技术创新与标准化联动动力指标体系 **表 3-3**

目标		潜在变量	测量变量
联动动力	外生潜在变量	市场需求 MD	行业发展需求 MD1、市场饱和程度 MD2、市场潜在需求 MD3
		市场竞争 MCP	市场垄断规模和强度 MCP1、竞争公平程度 MCP2、市场占有率 MCP3
		政府政策 GP	税收贷款资金优惠政策 GP1、知识产权保护政策 GP2、政策稳定性 GP3
		科学技术推动 ST	专利申请量 ST1、技术市场交易的频繁程度 ST2、科技成果转化率 ST3
	内生潜在变量	利益驱动 INT	利润 INT1、市场份额 INT2、预期收益 INT3
		主体内在需求 IDS	资源共享合作意向 IDS1、发展愿望与潜力 IDS2、主体发展战略 IDS3
		联动动力 LP	了解联动运行意愿 LP1、参与联动运行意愿 LP2、推荐联动运行意愿 LP3

上文对联动动力维度展开了分析，得到了影响联动动力的 6 个维度。假设动力受这 6 个维度的影响以及各维度之间的影响关系如下：

H1：市场需求对技术创新与标准化联动动力有显著影响；

H2：市场竞争对技术创新与标准化联动动力有显著影响；

H3：利益对技术创新与标准化联动动力有显著影响；

H4：主体内在需求对技术创新与标准化联动动力有显著影响；

除此之外，假设技术创新与标准化动力的各动力因素之间存在以下关系：

H5：政府政策对市场需求有显著影响；

H6：政府政策对利益有显著影响；

H7：政府政策对科学技术有显著影响；

H8：市场需求对科学技术有显著影响；

H9：市场需求对利益有显著影响；

H10：市场需求对市场竞争有显著影响；

H11：科学技术对主体内在需求有显著影响；

H12：科学技术对利益有显著影响；

H13：利益对主体内在需求有显著影响。

根据前述已对创新技术标准联动动力维度的分析及其相对应的假设条件，结合相应的理论和实地考察经验，并征求了相关研究的专家，建立了创新技术标准联动动力机制模型，如图 3-15 所示。

2. 模型验证

本书所进行的研究中，所需要的数据无法通过直接的研究途径取得，因此本书采用问卷调查方式获取所需数据。调查问卷的设计主要分为被访者基本统计信息和潜变量的可测指标量表两部分。问卷按照将 6 个维度影响创新技术标准联动动力的各个可测变量转化为相应的语句项目，除了被访者基本统计信息外，其他项目均采用 Likert5 级量表进行设

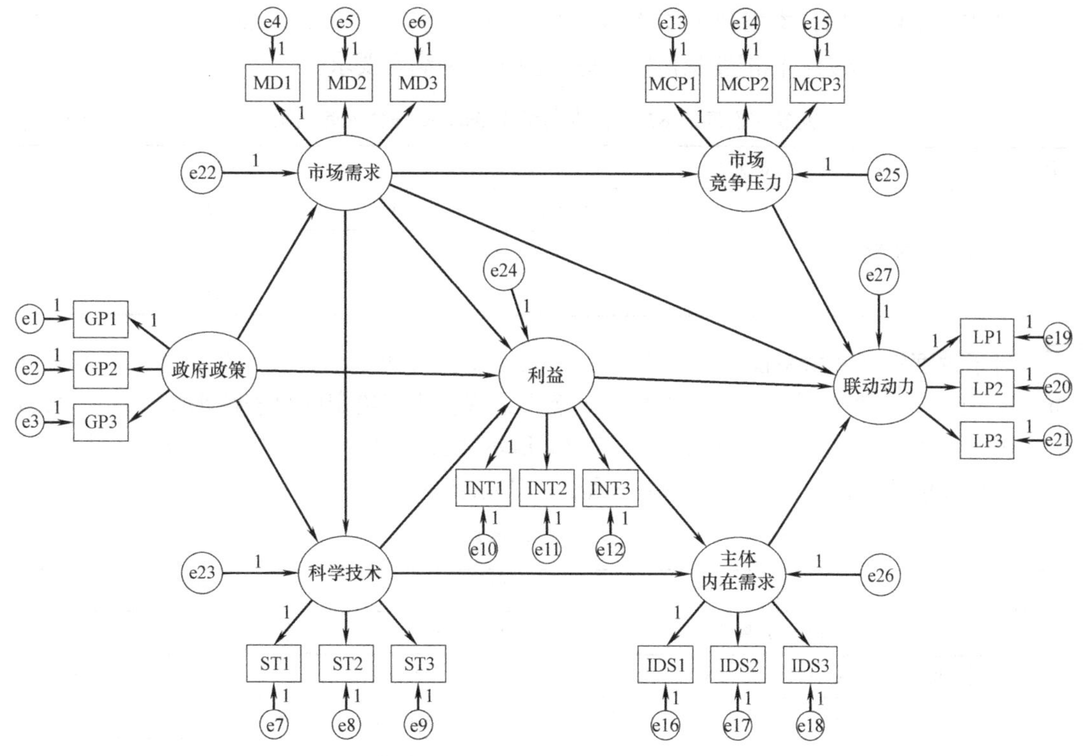

图 3-15　工业化建筑技术创新与标准化联动运行动力理论模型

计，详细设计见附录。

本书调查范围主要是政府、中介机构、企业和科院院所人员，问卷主要以电子邮件及微信为载体进行发放。调查问卷的调查工作于 2018 年 3 月 15 日—20 日进行。总计发放调查问卷 310 份，剔除无效问卷，剩余 301 份调查问卷，问卷有效率达到了 97.09%，可见问卷整体完成情况较为理想。

通过 SPSS21.0 统计软件对调查回收的有效问卷进行描述性统计分析和数据的可靠性检验，验证样本数据是否能够满足进行后续的结构方程模型检验的条件。问卷的信度是反映测量量表的一致性和稳定性，本书在做信度分析时采用内部一致性的分析方法，采用 Cronbach's α 系数对数据进行信度评价从而确定量表的稳定性。Cronbach's α 系数大于等于 0.9 时内在信度非常高；大于等于 0.8 小于 0.9 时内在信度高；大于等于 0.7 小于 0.8 时内在信度可以接受；大于等于 0.6 小于 0.7 时量表存在一定问题，但有参考价值可信。本书共有 25 个测量题项分为 7 个因素，对其逐一进行信度分析，测量结果如表 3-4 所示。

变量 Cronbach's α 统计表　　表 3-4

变量名称	测量题项	Cronbach's α 系数
市场需求 MD	MD1～MD3	0.893
市场竞争 MCP	MCP1～MCP3	0.865
政府政策 GP	GP1～GP3	0.764
科学技术推动 ST	ST1～ST3	0.889
利益驱动 INT	INT1～INT3	0.855
主体内在需求 IDS	IDS1～IDS3	0.888
联动动力 LP	LP1～LP3	0.868
总体	上述所有	0.919

从表 3-4 中可知，本书研究 7 个变量的系数分别为 0.893、0.865、0.764、0.889、0.855、0.888、0.868，标准变量信度良好，测量题项满足要求。

问卷测量表的 KMO 样本测度和 Bartlett 球体检验结果　　表 3-5

取样足够度的 Kaiser-Meyer-Olkin 度量		0.892
Bartlett 球形检验	近似卡方	3757.003
	df	210
	Sig.	0.000

对于效度本书采用验证性因素分析，一般情况，KMO 大于 0.7 表明适合做因素分析；Bartlett 球体检验值较大，且对应的显著性概率值小于给定的显著性水平（如 0.001）时，则可认为比较适合做因素分析。如表 3-5 所示适合做因素分析。采用主成分分析法对因素进行提取并以特征值大于 1 提取公因子，分析结果如表 3-6 所示。

量表主成分分析　　表 3-6

组件	初始特征值			提取载荷平方和			旋转载荷平方和		
	总计	百分比(%)	累计(%)	总计	百分比(%)	累计(%)	总计	百分比(%)	累计(%)
1	8.057	38.366	38.366	8.057	38.366	38.366	2.497	11.888	11.888
2	1.730	8.236	46.602	1.730	8.236	46.602	2.465	11.740	23.628
3	1.509	7.183	53.785	1.509	7.183	53.785	2.443	11.634	35.263
4	1.410	6.714	60.500	1.410	6.714	60.500	2.410	11.478	46.741
5	1.369	6.519	67.019	1.369	6.519	67.019	2.383	11.348	58.089
6	1.322	6.295	73.314	1.322	6.295	73.314	2.352	11.201	69.290
7	1.269	6.041	79.356	1.269	6.041	79.356	2.114	10.066	79.356
8	0.521	2.483	81.839						
9	0.460	2.192	84.030						
10	0.402	1.914	85.945						
11	0.354	1.686	87.630						
12	0.348	1.659	89.290						
13	0.328	1.564	90.853						
14	0.324	1.542	92.396						
15	0.270	1.283	93.679						
16	0.257	1.222	94.901						
17	0.236	1.123	96.024						
18	0.232	1.106	97.130						
19	0.221	1.053	98.183						
20	0.209	0.996	99.179						
21	0.172	0.821	100.000						

注：提取方法：主成分分析法。

从表 3-6 中可以看出因素分析得到 7 个因素，总解释能力达到 79.356%>50%，符合问卷预期效果。

量表因素荷载表　　表 3-7

题项	因素						
	科学技术	市场需求	主体内在需求	市场竞争压力	利益	联动动力	政府政策
ST1	0.865	0.122	0.136	0.054	0.133	0.176	0.140
ST2	0.858	0.086	0.121	0.138	0.199	0.119	0.094
ST3	0.806	0.238	0.140	0.130	0.104	0.137	0.104
MD3	0.105	0.842	0.129	0.144	0.079	0.224	0.140
MD1	0.191	0.839	0.139	0.077	0.154	0.114	0.143
MD2	0.159	0.816	0.183	0.151	0.246	0.111	0.137
IDS2	0.152	0.107	0.852	0.136	0.150	0.212	0.112
IDS1	0.115	0.199	0.831	0.132	0.082	0.113	0.144
IDS3	0.145	0.134	0.809	0.213	0.183	0.136	0.136
MCP1	0.166	0.168	0.114	0.850	0.103	0.132	0.099
MCP3	0.087	0.035	0.154	0.841	0.036	0.140	0.116
MCP2	0.060	0.156	0.182	0.802	0.202	0.178	0.116
INT3	0.119	0.167	0.120	0.051	0.820	0.062	0.100
INT1	0.100	0.166	0.094	0.180	0.816	0.175	0.189
INT2	0.232	0.103	0.187	0.112	0.797	0.170	0.137
LP2	0.211	0.121	0.116	0.133	0.064	0.835	0.096
LP3	0.108	0.144	0.154	0.166	0.203	0.801	0.109
LP1	0.131	0.196	0.207	0.193	0.153	0.787	0.208
GP1	0.037	0.143	0.142	0.145	0.061	0.110	0.793
GP2	0.168	0.108	0.071	0.112	0.227	0.051	0.768
GP3	0.112	0.113	0.131	0.054	0.106	0.180	0.762

注：提取方法：主成分分析法。
旋转方法：最大方差法。
旋转在 6 次迭代后已收敛。

由表 3-7 可知，各题项的因素荷载量均大于 0.5，且交叉荷载均小于 0.4，题项均落在相应的因素中，说明量表具有良好的结构效度。本节将应用 AMOS 进行结构方程的分析与检验，用验证性因子分析对问卷数据和理论模型进行初步拟合，以此来验证假设。分析结果如表 3-8 所示。

模型拟合指数表　　表 3-8

拟合指数	可接受范围	测量值
CMIN		191.152
DF		168
CMIN/DF	<3	1.138
GFI	>0.9	0.944

续表

拟合指数	可接受范围	测量值
AGFI	＞0.9	0.924
RMSEA	＜0.08	0.021
IFI	＞0.9	0.994
NFI	＞0.9	0.950
TLI(NNFI)	＞0.9	0.992
CFI	＞0.9	0.994

如表 3-8 所示拟合指标均符合 SEM 的研究标准，因此可认为该模型有不错的适配度。

工业化建筑创新与标准化联动运行动力分析模型如图 3-16 所示，分析结果如表 3-9 所示。

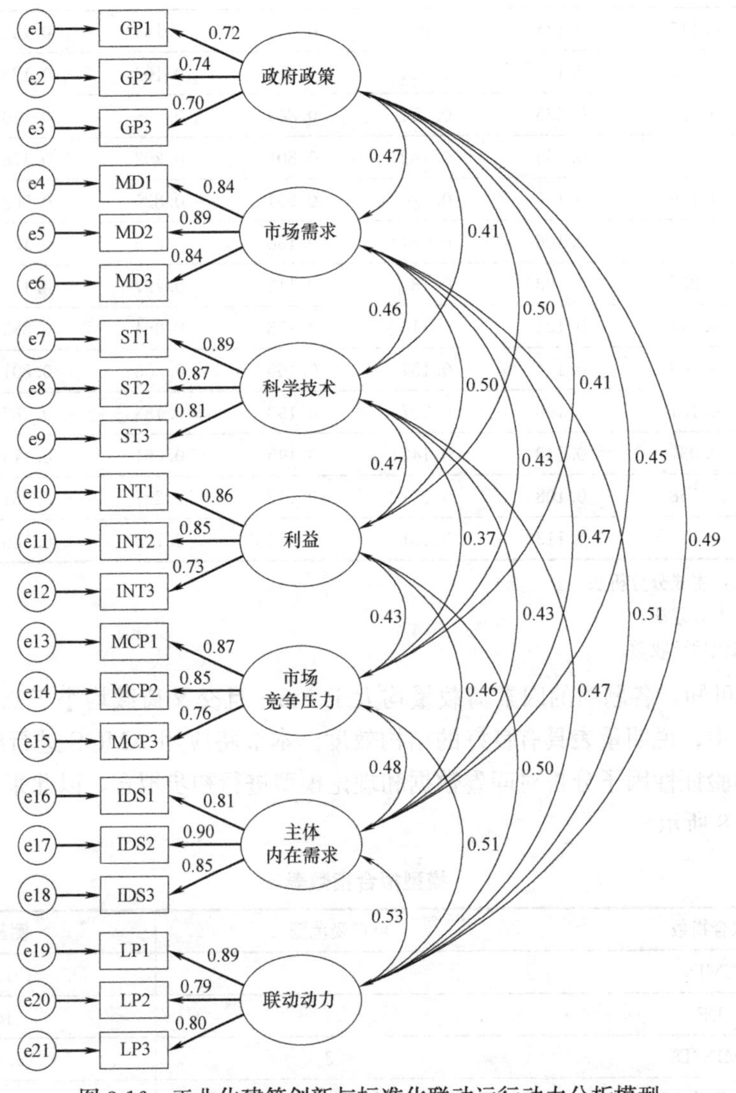

图 3-16　工业化建筑创新与标准化联动运行动力分析模型

工业化建筑创新与标准化联动动力模型分析结果　　**表 3-9**

维度	题项	非标准化因素负荷	标准化误差 S. E.	临界比率值 C. R.	P	标准化因素负荷	CR	AVE
政府政策	GP	1				10.717	0.765	0.520
	GP2	1.029	0.101	10.205	* * *	0.744		
	GP3	0.982	0.099	9.905	* * *	0.702		
市场需求	MD	1				10.843	0.894	0.737
	MD2	1.132	0.062	18.335	* * *	0.889		
	MD3	1.051	0.061	17.267	* * *	0.842		
科学技术	ST	1				10.891	0.890	0.731
	ST2	1.031	0.055	18.845	* * *	0.865		
	ST3	0.953	0.055	17.183	* * *	0.807		
利益	INT	1				10.864	0.857	0.668
	INT2	0.989	0.06	16.459	* * *	0.854		
	INT3	0.75	0.054	13.78	* * *	0.727		
市场竞争压力	MCP	1				10.868	0.866	0.684
	MCP2	0.941	0.057	16.513	* * *	0.846		
	MCP3	0.783	0.053	14.784	* * *	0.764		
主体内在需求	IDS	1				10.806	0.889	0.729
	IDS2	1.219	0.07	17.318	* * *	0.899		
	IDS3	1.178	0.071	16.536	* * *	0.853		
联动动力	LP	1				10.894	0.839	0.538
	LP2	0.893	0.056	16.004	* * *	0.79		
	LP3	0.908	0.056	16.221	* * *	0.71		

由表 3-9 可知，标准化因素负荷均大于 0.7，残差均为正而且显著，组合信度 CR 均大于 0.7 且平均变异萃取量均大于 0.5，所有的数据均在可接受的范围内，可以进行下一步的分析。

工业化建筑创新与标准化联动动力路径图如图 3-17 所示，路径系数如表 3-10 所示。

如表 3-10 所示，在执行 SEM 时得到路径图发现各个路径均具有显著影响，原假设全部成立。从表 3-11 中可以看出市场需求、政府政策和利益对联动运行动力影响较大，其中市场需求影响最大，为保障持续的驱动力的产生，应当从上述三个方面考虑。

3. 结果分析

根据上述对驱动力因素的理论及实证分析，创新与标准化联动动力系统是非常复杂的，驱动力包括市场需求、市场竞争、政府政策、科学技术、主体内在需求和利益等，主体各方长期稳定的合作关系来源于驱动力的作用，推动协同创新的进步，促进创新与标准化联动机制的运行。

市场需求是对联动动力影响最大的因素；政府政策是仅次于市场需求，对联动动力影响较大的因素；科技进步则是对联动驱动影响最小的因素。本节将对出现上述结果的原因

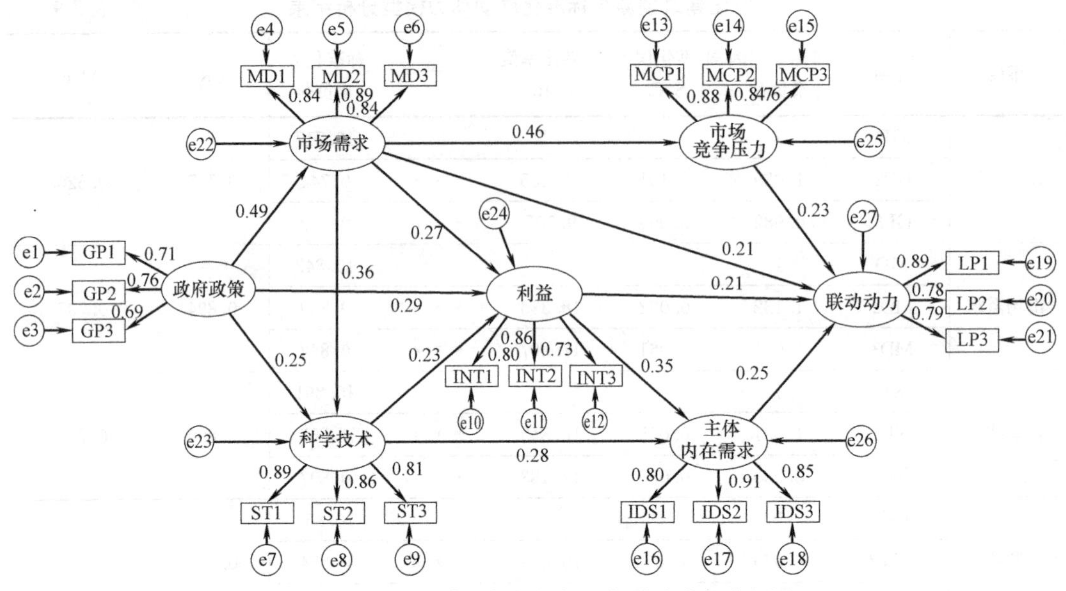

图 3-17 工业化建筑创新与标准化联动动力路径图

工业化建筑创新与标准化联动运行动力模型路径系数 **表 3-10**

路径关系			标准化估计值	非标准化估计值	标准误 S. E.	临界比率值 C. R.	P
市场需求	<—	政府政策	0.488	0.672	0.101	6.63	* * *
科学技术	<—	政府政策	0.247	0.331	0.102	3.249	0.001
科学技术	<—	市场需求	0.358	0.348	0.069	5.053	* * *
利益	<—	政府政策	0.293	0.351	0.091	3.842	* * *
利益	<—	市场需求	0.272	0.237	0.062	3.838	* * *
利益	<—	科学技术	0.226	0.202	0.06	3.376	* * *
市场竞争压力	<—	市场需求	0.457	0.439	0.061	7.247	* * *
主体内在需求	<—	科学技术	0.28	0.259	0.063	4.141	* * *
主体内在需求	<—	利益	0.348	0.359	0.072	4.99	* * *
联动动力	<—	市场需求	0.213	0.223	0.077	2.91	0.004
联动动力	<—	利益	0.205	0.248	0.089	2.794	0.005
联动动力	<—	市场竞争压力	0.231	0.252	0.069	3.673	* * *
联动动力	<—	主体内在需求	0.249	0.29	0.074	3.904	* * *

进行分析，更好地保证创新与标准化联动。

创新成果标准化的有效动力不足，也就大大降低了创新成果标准化的数量。市场需求的存在才能保障利益的实现。在创新成果转化和标准化过程中均要进行信息反馈，特别是潜在市场需求的识别需要信息的支撑，但就目前工业化发展现状来说，没有一个专门的信息平台提供给各主体进行交流，在创新成果研发过程中企业和科研院所之间信息沟通不畅并且关于成果和风险的分摊问题表述不详，上述问题都会引起联盟之间的合作关系。在对中介组织的电话访谈中发现金融组织对科技界知之甚少，投资态度极其谨慎，参与积极性不高，成果标准化的中介机构发展不够全面，无法提供全方位、高质量、大批量的服务支撑。市场需求的存在有效促进主体间的联盟，但是市场需求识别不足和主体间信息反馈缺失将影响市场需求的有效传递，阻碍创新与标准化的联动。

标准化总效应 **表 3-11**

	政府政策	市场需求	科学技术	利益	主体内在需求	市场竞争压力
市场需求	0.488	0	0	0	0	0
科学技术	0.422	0.358	0	0	0	0
利益	0.521	0.353	0.226	0	0	0
主体内在需求	0.299	0.223	0.359	0.348	0	0
市场竞争压力	0.223	0.457	0	0	0	0
联动动力	0.337	0.446	0.135	0.292	0.249	0.231

市场需求的存在致使更多的主体参与到联动过程中，增加市场竞争压力使得主体之间寻求优势互补，增强自身竞争力，但是目前标准化组织与科技管理部门之间缺乏有效互动支持机制，从创新成果产出到纳入标准的过程没有专门的组织管理机构，缺少管理部门、研发机构、高等院校、企业等创新主体及科技人员的协同推进组织。

在动力机制路径研究中，政府政策对市场需求的影响最大，政府政策是市场需求的主要推动力。目前查阅关于工业化建筑创新成果转化为标准的政策，显示无，也就是说对科技成果转化为技术标准化过程中的相关政策支持存在明显的不足，保障和推动创新成果转化离不开政府政策的支持。

在标准化过程之中，政府不能做到对创新成果有一个全面的了解，只是单单依靠政府的“偏好喜爱”来对成果进行选择，政府在将成果转化为标准后，标准被强制推广，这样产生出来的标准的实用性可能会大大降低，甚至没有实用性。这样的成果标准化运行机制处于不成熟阶段，是导致创新成果的标准化率低的一个很大的因素。

市场在运行过程中总会出现一些问题，即便是借助科技的手段，依然会出现一定的局限性。这时就需要政府站在宏观的角度对市场和科技做出一定的引导。政府可以出台一系列的政策对市场的不足进行调控，比如鼓励联合体和保护创新等。政府对于技术创新的引导则可以从多个方面入手，政府首先作为执政的角色，在投入大量的基础设施和项目的时候，为技术创新提供很好的诞生环境。其次政府应能够在保护技术创新的环境上做出很大的贡献，比如通过政策和法律的手段来净化市场环境，对市场竞争中存在的非法竞争和侵犯他人知识产权的行为做出严肃处理。最后政府可以做好引导技术创新的工作，对知识和技术创新的企业和个人进行奖励和宣传，鼓励全民创新，政府也可以加大对市场的投资力度，着重加大对科技研发的投资，呈现出政府、市场和科技相辅相成的局面。

科技创新成果有别于传统技术成果，缺乏成熟的转化渠道和途径，受到传统技术体系的禁锢难以进入市场，导致科研成果转化形成“死循环”，从而阻碍了相关领域的成果转化率。一项科研成果是不是能够顺利转化为产品，自始至终都离不开相关成果转化机构的服务支撑。有市场前景和产业应用基础的创新成果缺乏政策引导和支持，使得大量含金量高、利于产业发展的创新成果难以转化为现实生产力。

科学技术对联动动力的影响最小，究其原因主要是由于科学技术中包含知识产权问题，知识产权主要是指专利，专利具有私有性而标准是公有性，二者有不可调和的矛盾，知识产权将直接影响所有者的利益。首先专利权是一种私权，具有排他性，专利权人可以利用信息不对称打击竞争对手，主要来源于相较于其他专利有竞争优势，再者将专利纳入标准，借此得以推广，以求达到占领市场的目的。标准化组织代表社会大众的利益，其致力于为市场参与者提供最低廉最有效的技术信息，两者之间存在相应的矛盾需要进行调和。

现在知识产权的利用方式多种多样，但最有效益的方式就是标准。假如知识产权能够利用标准化过程得以推广甚至控制标准，那么产生的效益将是无法估量的，绝对实现知识产权利益最大化。利益的驱动使得操作过程难免出现不择手段的情况，因此在标准化过程中要遵循相关的规则，否则会造成市场的混乱。

第三节　技术成果转化与标准规范联动实现机理与措施

在对创新与标准互动机理进行梳理和联动过程路径设计以及参与主体动力路径识别的基础上，提出技术创新与标准化联动运行的理论框架并针对运行过程中可能存在的问题提出相应的保障措施，包括组织架构、信息化平台建设和政策建议等。

一、技术创新与标准化联动机制理论框架

1. 目标原则

本书构建技术创新与标准化联动机制的目标主要包括以下三点：

（1）厘清创新和标准的关系以及主体在创新、标准制修订过程中角色和功能，明确各主体的责任以及标准与创新的相互作用机理，提高标准制定的合理性和市场适应能力。

（2）标准的改变离不开创新的推动和技术的进步，联动运行机制的构建可以有效促进标准与技术创新的协同发展，改善技术标准创新滞后性，促进标准的完善和标准体系的构建与完善，发挥标准体系宏观指导作用。

（3）建立联动机制的框架，完善标准制修订的流程，加强创新和标准的管理，建立信息系统和交流平台，开展对创新和标准的监控与评估并建立起有效识别和决策机制，使创新成果的产生能够及时得到标准的认可。

联动机制构建要遵循以下原则：

（1）精简高效原则

联动机制的精简高效主要体现在：一是机制设计合理，运行效率高；二是组织机构精简，工作质量高；三是整个机制运转灵活高效。在考虑这一原则时，要注意整体把握，全面考虑整个机制的效率，常设机构应精简不宜臃肿，这样才能既做到对标准体系的补充和完善，又能够迅速应对标准和技术之间的矛盾。

（2）科学合理原则

科学合理的原则是指在联动机制时，机制的设计要方便、合理。不仅要便于信息的流动和共享，还能够及时根据问题的发展态势做出相应的调整对策，并杜绝类似问题的出现，形成一个机制内部处理的微循环状态。

（3）协同发展原则

标准体系的建立和优化完善，要贯彻落实当前及今后一个时期国家标准化深化改革和

工程建设标准化深化改革精神。推动建立政府制定的标准与市场形成的标准协调发展的标准体系，建立运行高效的标准化管理体制，让标准促进工业化建筑的发展，推动我国建筑业的持续健康发展。

（4）整体性原则

整体性的原则要求主体与政府各部门之间、技术标准创新之间相互配合相互协调，共同实现工业化建筑标准体系良好的运行状态。机制中各主体的不协调、不配合就会使得该机制目标实施的效果大打折扣。

2. 基本思路

本书按照理论研究—机理阐述—路径设计—机制设计的框架构建，理论研究主要是确定本书研究对象并对关键词进行概念界定和关系梳理，接着梳理创新与标准的互动机理，将技术创新与标准化联动运行过程分为两个阶段即创新成果转化和标准化阶段，分别针对这两个阶段进行路径设计，设计联动机制理论框架，为保证机制处于动态过程，从组织架构、信息化平台等方面给出联动保障措施。

本书从创新成果的含义、分类以及技术标准的含义、分类出发，找到创新成果转化为标准的对应关系，主要研究共性技术类创新成果转化为技术，形成联盟标准并且对现有标准造成作用。根据本书确定的研究对象共性技术类创新成果，共性技术类创新成果在转化过程中多个技术融入一个领域最终纳入到标准，分担标准形成风险、减少交易成本同时加快标准扩散速度。共性技术类创新成果根据是否可转化又分为可转化为标准的创新成果和不可转化为标准的创新成果，并非每一类创新成果均可转化为标准，因此本书要对共性技术类创新成果建立相应的指标体系评价创新成果是否具有可转化性，只有具有可转化性的共性技术创新成果才能转化为标准。本书在理论部分已给出创新成果转化为标准的研究对象即共性技术类创新成果，在下文中将对创新成果的可转化性进行界定。

技术创新与标准化联动是以创新与标准的互动机理为基础的联动，创新与标准的互动机理是创新成果转化为技术，纳入标准的前提条件。如果创新与标准毫无关联，则创新与标准化不存在实现联动的可能性。因此在研究创新与标准化联动过程中，首先厘清创新与标准的互动机理，再在此基础上设计联动路径。

技术创新与标准的联动包含两个阶段，一是创新成果转化阶段，二是标准化阶段，本书对这两个阶段分别进行讨论。创新成果转化为技术标准以市场为驱动力，并且充当共性技术组合的基础。技术创新与标准联动主要包括三个过程，创新成果的转化过程、技术的选择过程和标准的评估过程，本书将主要针对这三个过程提出联动运行实现的路径以及在这三个过程中信息反馈的路径。

联动运行机制涉及三个方面，首先是参与主体，包括政府、企业、科研院所和中介机构等，参与主体众多且利益诉求不同；再者关系，包括创新、技术和标准之间的关系，关系复杂；最后是要素，包括信息、资金、人才、知识等要素。在进行机制设计时要将上述设计内容全部考虑并且实现关系的互动、要素的转移和主体的协同。针对联动过程中存在的问题分析，提出组织架构、信息化平台和政策制度建议等，旨在保证技术创新与标准的协同发展，以及主体在联动过程中形成良性循环。

3. 理论框架

根据技术创新与标准化联动运行的整个过程，根据第三章对创新、技术与标准关系的研究，确定创新成果转化阶段和技术标准化阶段的路径，明确在这两阶段中信息反馈的过程，对技术创新和标准化过程中涉及主体的角色和功能的定位，厘清主体之间在创新成果转化和标准化阶段的联结关系，找出主体在政府政策、市场需求、技术进步、市场竞争、利益和主体内在需求等因素作用下的驱动力来源和路径，构建技术创新与标准化联动运行机制的理论框架，针对运行过程中可能存在的问题提出保障措施。

联动运行机制是在主体在技术标准和创新之间形成的关系链条和主体相互之间的影响和互补以及各要素在主体和关系之间流动的前提下运行。联动运行机制主要涉及三个方面，一是主体，包括政府、企业、中介机构和科研院所四类主体；二是要素，包括信息、资金、人才、知识四个要素；三是关系，包括技术与标准的关系、标准与创新的关系、技术与创新的关系等，这三个方面贯穿于联动运行的整个过程。要素在技术创新与标准化的联动过程中在主体之间进行转移，主体促进各种关系的联结和转化。

在工业化建筑起步阶段，主体创新研发获得成果，申请专利形成技术，获得市场认可后转化为标准。在上述循环往复的过程中，创新、技术、标准呈现螺旋上升的趋势，即创新—技术—标准异步递进联动循环。随着标准的增多以及市场的需要，标准体系应运而生。当工业化建筑发展到一定阶段，主体对于工业化建筑的发展有更明确的意识，主体利用标准体系检测标准的适用性和完善性以及标准体系内部的矛盾。在标准体系宏观调控下修订标准，促进新一轮的创新。比如填补技术标准的空白或者修订不适用条款引发标准—创新—技术的异步递进联动模式，如图 3-18 所示。

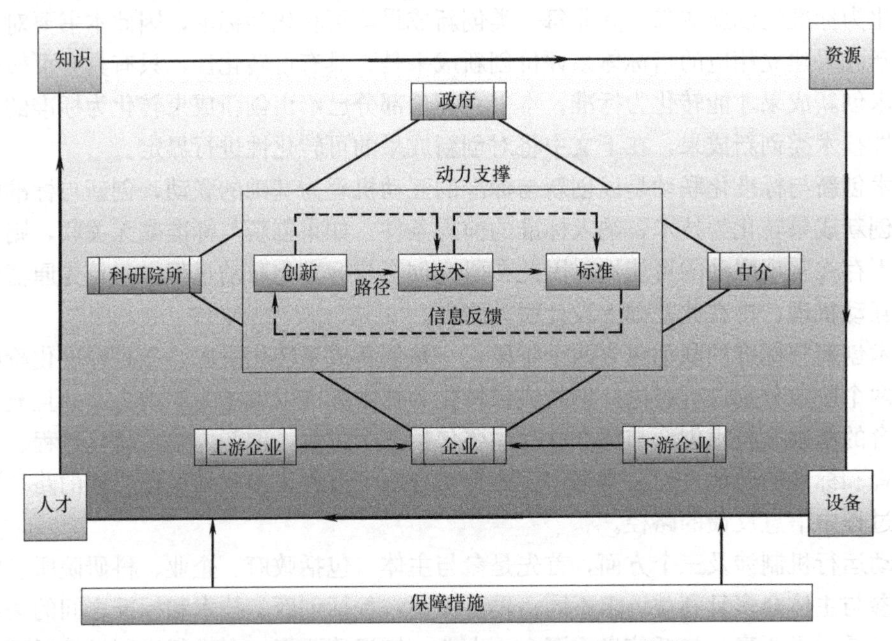

图 3-18　技术创新与标准化联动运行理论模型

联动运行机制的框架模型如图 3-18 所示，政府不直接从事创新和标准活动但对活动具有宏观指导的作用，政府在除企业标准外的其他标准的制修订过程中具有直接的决定权。政府促进企业、科研院所和中介机构的联合，研究机构利用自身科研活动产生创新成果推动技术的发展，中介机构承担企业、科研院所、政府之间的信息沟通职责和主体间的协调作用。主体的各项行动促使技术标准创新的转化，要素是随着主体之间的链条关系以及技术标准创新的转化关系进行转移，贯穿于联动运行机制的全过程。运行动力的剖析和信息化平台的建设都对联动运行起到保障作用，信息反馈机制的构建改善创新、技术和标准转化过程中存在的滞后性，也促进主体之间的联结，防止信息不对称对运行机制造成的不良影响。

二、技术创新与标准化联动保障措施

1. 组织架构

目前标准化组织与科技管理部门之间缺乏有效互动支持机制，从创新成果产出到纳入标准的过程没有专门的组织管理机构，缺少管理部门、研发机构、高等院校、企业等创新主体及科技人员的协同推进组织，联动运行机制要求政府在公众需求做出变化时及时发觉并作出响应。这要求政府部门具有灵活的组织架构，突破以往组织结构和管理方式，注重成员关系的动态管理，最终提升组织整体功能。本书采用的是理事会领导下的主任负责制的组织架构，有决策部门、监督部门和执行部门组成，如图 3-19 所示：

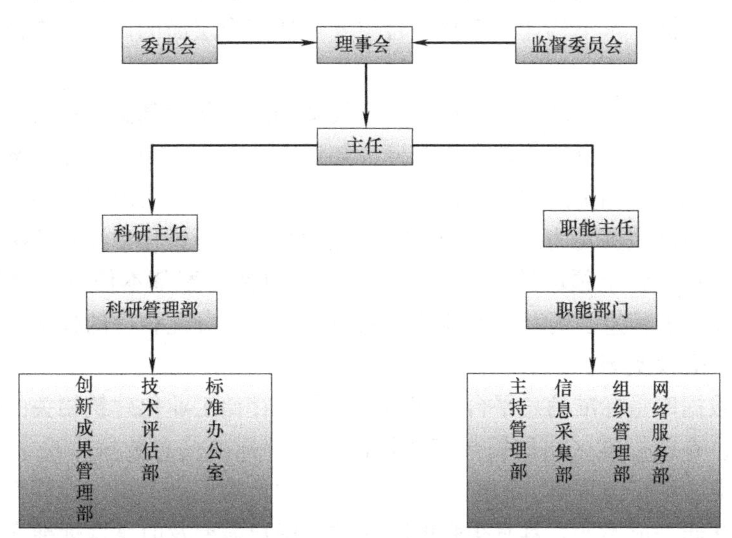

图 3-19　组织架构图

联动运行机制的决策机构是理事会，主要负责审定工业化建筑相关长期战略发展规划、年度科研计划，传达工业化建筑技术研究任务等。理事会的共同治理能够综合各个单位的利益。对于重大事项的决策要求三分之二以上成员同意才可通过。理事会实行决策权和执行权分立，理事会只有决策权，不参与具体实施过程。由于联动机制运行时参与成员较多，代表不同利益单位同时多学科交叉的特点使得联动机制运行过程中出现难以调和的矛盾，需要更专业的团队对出现的矛盾提出意见帮助调和，这就需要设立委员会。该组织结构中还设立专门的监督委员会，其委员由政府代表、企业代表以及有关专家代表组成。监督委员会主要是负责监察平台经费的使用情况以及决策的落实情况，负责平台运行期间的考核工作等。主任下面会有许多具体的执行部门去执行具体的任务，它们的工作主要分为两块，科研管理部最主要的职责是开展标准相关活动，职能部门的作用是辅助标准活动开展。

职能部门中的信息采集部主要负责日常反馈信息的收集整理，从各个反馈渠道收集信息并做好信息的整理摘录；负责保证已开通反馈渠道的通畅性、突破功能的局限性。主持管理部负责研讨会议的管理，决定研讨会议的时间、地点，并对整个研讨流程全程监控，对最终的研讨结果存档发布等。组织管理部负责各专家的管理，基本信息的输入等。网络服务部主要负责信息化平台的日常维护工作。

2. 信息化平台

主体协同创新成果转化率低，究其原因主要是科研院所、企业和中介机构之间缺乏理想的对接点。科研院所的理论性成果不符合市场需求，企业的需求找不到基础研发成果，信息的传播缺乏基础的平台。标准的实施情况、条款的解释等信息也无法准确及时传递给市场，主体对于标准的意见也无处传达。

本书构建的信息化服务平台是为了整合信息资源、增强信息共享水平、提高信息资源利用率。功能定位主要是整合重组和优化科技资源，充分利用数据库技术和信息化平台，为主体提供创新供给需求相关的信息，集成各种资源促进各主体组成创新网络，针对市场上的技术的选择和标准的制修订等问题做出决策，目的就是在标准体系的宏观指导下，使标准技术和创新协调。本书构建信息化平台主要包括四个层面的内容，支持层、基础资源层、服务层和研发层。

基础资源层主要是指标准信息数据库和研发基础库。研发基础库是为保障研发层讨论顺利进行所需的基础性的资料，包括专家库、知识库、案例库和模型库。案例库主要是搜集近期关于工业化建筑相关的案例，比如工业化建筑建造过程中出现的相关问题，一些重点的项目等。模型库主要是为决策提供支持，包含联动运行过程中涉及的决策问题所需的模型。专家库中包含各个领域的专家，涵盖的信息包括专家基本信息、擅长领域、职务等，并对专家库中的信息及时新增和删除，对每一位专家分配相应的权限，使其能够查询和使用案例库、会议室等。

标准信息数据库是标准信息平台的核心，主要是存储工业化建筑相关的标准，还包括标准指标数据、专题标准（比如模数相关标准）等。标准信息数据库最主要的两部分功能：第一，标准文献资源采集。标准信息平台包括大量的标准资源，能够充分满足用户需求，但是标准并非一成不变，具有很强的时效性，用户需要及时掌握标准变更和废止的信息，这要求数据库可以及时采集相关的信息并发布到平台上。标准文献的采集分为原始采集、日常采集和补充采集。标准信息采集时还应重点关注已出台实行的标准与现实发展状况不相适应的内容，及时进行研发修改。第二，标准资源加工。标准文献资源采集后需要对相关信息进行加工，是标准信息的采集、分类、存储、传递和检索挖掘等业务逻辑实现平台，通过标准资源加工形成各标准数据库，如图 3-20 所示。

研发层主要指通过聚集科研院所、行业协会等主体单位的研究人才，根据经济和社会发展需求，对特定专业领域开展系统的标准研究，如标准制修订转化、技术的选择、创新成果的转化、战略制定等工作。

支持层主要包括数据库技术应用、研讨专家的选择、研讨决策室和研讨工具、会议管理等，标准信息的采集需要数据库技术的支撑，实现对数据库中数据的处理分析。在发现问题后确定是否需要进行讨论决策，如果需要则确定决策问题和参与决策专家，每一轮参与研讨的专家都是从建立的专家库中严格筛选得到，确定专家后需要研讨空间即研讨决策

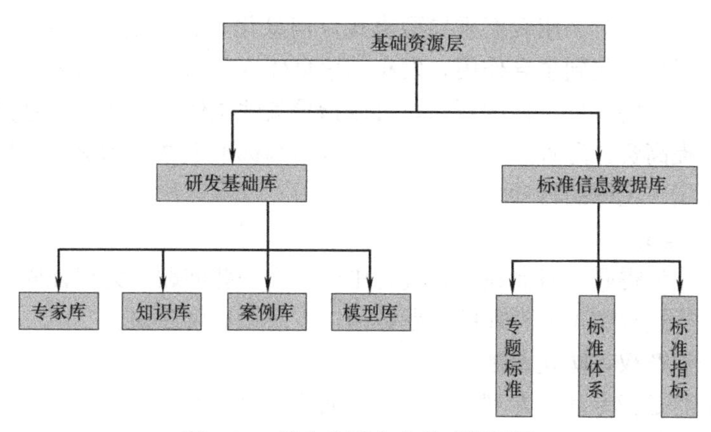

图 3-20 信息化平台中基础资源层

室的确定，根据研讨内容和形式准备支持工具。支持工具包括音视频、文字聊天、研讨白板、文件传输等，在研讨过程中可能还需要调用案例库等。会议管理主要是会议的批准、研讨室的分配和历史会议的记录。

服务层主要是基于供给需求建立，是主体发布信息的平台。有关创新成果转化、技术选择、标准和标准体系制修订的决策结果和通知发布到服务层，为主体在创新和标准方面的相关活动指明道路。各主体也可以在平台上发布信息，寻找合作伙伴，比如科研院所的科研成果介绍等可以发布到此页面上，以寻求企业的合作；企业同样可以寻找科研院所作为合作伙伴。其在创新成果转化方面起到连接作用，主体也可以将工业化建筑相关的问题反馈到服务层，如图 3-21 所示。

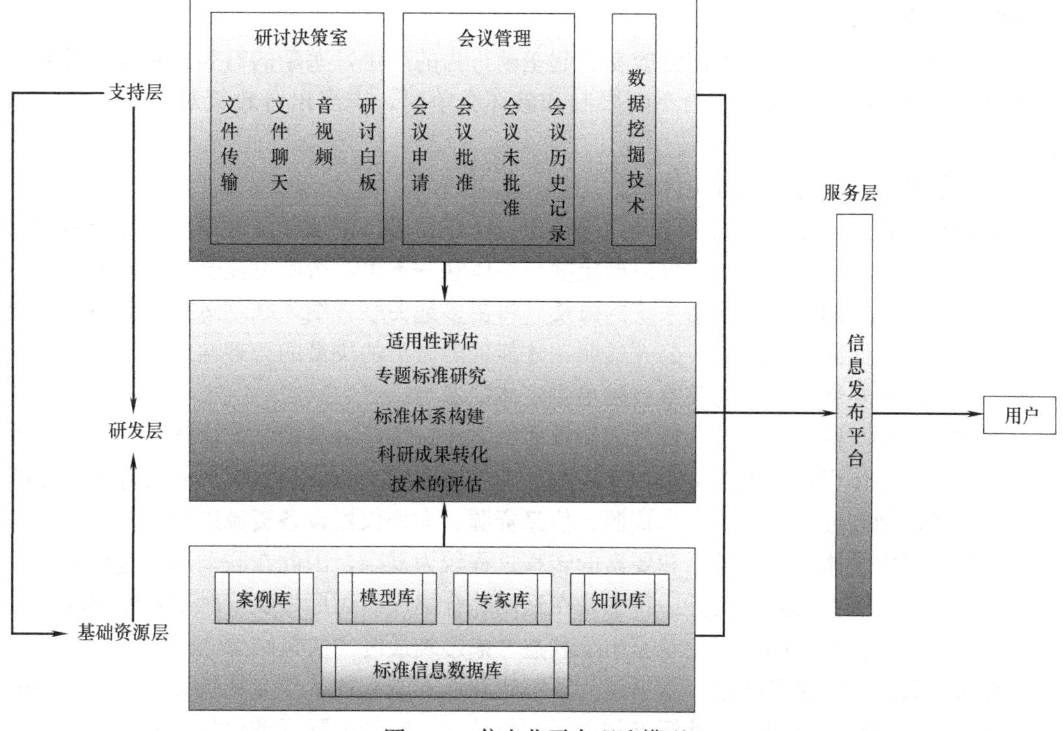

图 3-21 信息化平台理论模型

信息化平台在运行时采用政府主导型模式，信息化平台的运行需要专门的网站支撑，政府在公共信息服务上起到主导作用，发布的信息体现政府的意志力和发展战略，政府在技术和标准方面发布的信息可信度更高，可以指导其他主体的协作。信息具有时效性，提升信息可信度，提高资源配置效率，使政府在技术和标准上做出的决策直接影响标准体系的发展，最终作用于主体的行动。

3. 政策制度建议

主体的多元化使得联动机制在运行过程中会存在一些问题。为保证联动机制的高效运行，本书针对运行过程中可能存在的问题提出以下政策制度建议：

（1）保护知识产权，防止垄断行为

知识产权主要是指专利，专利具有私有性而标准是公有性，从表面上看二者有不可调和的矛盾。但是随着社会的发展，知识产权纳入标准的实例一再出现，这种现象证明知识产权与标准是可以结合的。

从主观上看，因为如果某项知识产权被纳入某一技术标准中，就意味着接受该标准的所有成员都必须获得该项知识产权的使用许可从而达到市场垄断的意图，客观上是因为科技的发展造成标准必须要与知识产权结合[40]。既然知识产权与标准的结合是必然趋势，那么在征用知识产权时要保证产权所有人的利益，制定相关的政策保护知识产权，以免挫伤创新积极性。

现代科技的飞速发展，标准利益相关者均已意识到现代的竞争是标准的竞争，而标准的竞争实质上是知识产权的竞争，因此知识产权政策对于标准竞争具有非常重要的影响。企业为了在竞争中取得绝对的地位，都会想方设法将知识产权纳入标准中，比如企业的专家会参与知识标准的制修订过程。为防止企业瞒报，应当做好在标准制修订过程中的知识产权审查工作[41]。

标准的网络效应使得标准非常容易引起垄断行为的产生，垄断的行为会破坏市场的公平竞争，严重影响市场活力，当垄断限制和破坏竞争时，应当出台政策对垄断采取限制措施。

（2）鼓励多元参与，规范主体行为

企业在创新成果转化过程中起到主导作用。在联动运行中还伴随着信息、资金和资源等要素的转移，在前文的阐述中可以确定参与主体缺一不可，否则可能会导致由要素、主体、各种关系组成的行动者网络系统的瘫痪。将更多地关联者纳入联动运行过程中，才能保证运行过程是面向社会需求、公开透明，才能保障做出的决策的合理性，提高标准工作的科学性，因此要制定相关的政策鼓励更多主体的参与。

在技术创新与标准化联动运行过程涉及多个主体和多条链条关系，应该明确每个主体在链条中的具体作用，做到权责利相互匹配。各主体要明确自身资源优势和劣势以及在链条中的义务，做到分工明确，人力资源、信息资源、大型仪器设备资源进行有效共享。在联动运行过程中主体之间的关系和要素的转移过程较为复杂，因此在联动运行过程中要科学地界定主体的职责权限和义务，特别是在运用综合集成研讨厅做决策时要对专家的行为进行规范，制定相关的制度以免专家出于利益考虑影响最终的决策结果[42]。

针对专家队伍的建设问题，本书认为要组建和培养既有技术专业特长又懂得标准知识的人才队伍，同时注重把握国外标准与创新的新动向，吸纳国际标准化的人才。加强标准体系联动运行的培训工作，使从业人员能够及时跟上创新和标准的发展要求。

（3）沟通协调，信息传递

联动机制的运行离不开信息的保证，创新环境的高度不确定性使得信息准确获取尤为重要。信息与创新不确定性呈反向关系，信息量越大，创新的不确定性就越小，越有利于降低风险做出决策。沟通能够有效整合主体并且搭建合作意愿和目标的桥梁，增强双方合作的意愿，加深彼此的了解和对目标的理解。创新与标准体系联动运行过程实质就是创新成果转化为技术，纳入标准并且开始新一轮的创新过程，无论哪个环节缺乏沟通交流都会导致系统的难以运行，因此必须建立高效的沟通机制，旨在消除冲突和误解，保证运行的顺畅。

沟通伴随着信息交流和知识的扩散，显性知识可以通过规范形式来传递，隐性知识则需要通过意会，难以共享和具体化。那么明确和规范信息和知识传递方式，需要良好的交流平台的支撑，比如专题会、研讨会等形式各异的交流方式，加强信息的交流整合，及时发现问题，调整偏差。

（4）利益分配，风险共担

由于参与主体类型多、数量多，各方的诉求不一致，其核心利益关注点不同，利益分配直接影响合作关系的稳定。在最终的利益分配阶段难免会存在纠纷，此时需要政府制度的安排和规制，这些制度和规制主要包括政府政策、法律规章、产权保护等，积极引导产学研协同创新顺利形成和稳定运行。

所谓利益不单单是指资金，还包括创新成果、荣誉、技术转移效益、学习机会和经验等。运行过程中的高失败率主要是因为利益分配不合理。创新是新技术研发和转移的过程，技术成果的归属问题直接影响运行的稳定性和持续性。利益分配需坚持平等互利、动态协商、科学透明、多投多得、与风险挂钩的原则，应当体现双方共同的意愿最终达成共识。

在创新成果产生、技术转化到纳入标准，企业作为主要投入主体成为风险的主要承担者，联动过程中企业往往由于风险原因放弃收益的可能。此时需要其他主体分担风险，还可以引入风险投资机构，使参与主体多样化，从而共同承担发生的损失。

针对可能发生的损失，技术创新与标准化联动主体应当从客观上对风险有一个全面的认识，并且采取一定的措施测度和控制风险。主体应当明确自身的权责利，从客观上对风险保持谨慎的态度，采用专业的方法测度风险的大小并对风险作出应对措施，制定主体间风险分担的条款并按照约定履行义务。

第四章 工业化建筑标准化多主体协同

第一节 工业化建筑系统分析

一、工业化建筑产业链结构

工业化建筑产业链结构图（图 4-1）反映了建筑工业化产业链系统的结构特点，将建筑工业化产业链条的链式结构转化为系统中的网络结构，对于有着物质、信息、资金等交流的两者之间的联系显示得更加清楚。可以看出，建筑工业化产业链系统由生产系统、消费系统、分解系统和环境系统四个子系统组成。生产系统中，开发商、设计单位、总承包商、构配件供应商、材料设备及劳务供应商、销售代理机构、勘察单位、监理单位以及物业管理公司作为建筑工业化项目的生产方，都为项目的顺利完成付出各自的努力。而用户作为住房的最终购买者处于消费系统之中。作为产业链条末端的部品回收企业，处于整个系统的分解系统中，通过回收废旧部品，为系统实现新的循环。科研机构、融资机构、政府部门为整个系统的顺利运行提供了技术环境、金融环境、政策法律环境的支持。同时，我们可以看到，整个系统中的各个子系统也是联系紧密的，体现了其整体性、全生命周期的特征。

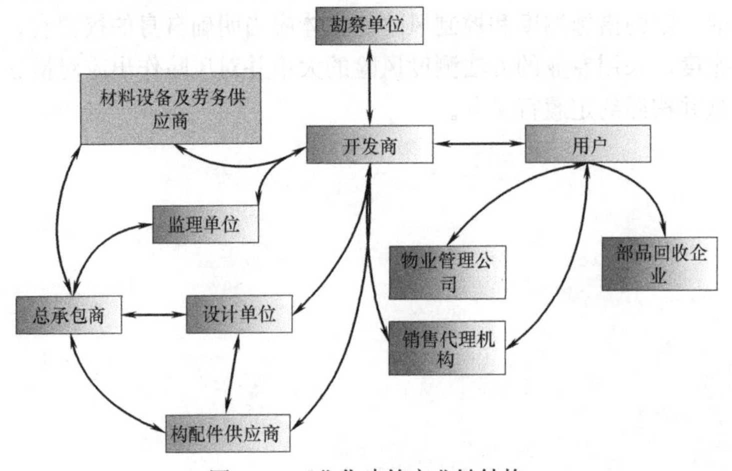

图 4-1　工业化建筑产业链结构

二、建筑工业化与标准化的关系

1. 标准化是建筑产业链中各环节的连接纽带

随着建筑工业化走向的逐渐清晰，那种把分散、分割的经营行业联合起来，形成整体的经济利益共同体，共同把产品推向市场，按市场的需求组成的工业化建筑经营的一条线，就是工业链。在工业链中，各专业分工越细，相互依赖程度越大，其协作就越密切。每一环节与其他环节连接的纽带就是有关的技术标准和法规。

2. 标准化降低建筑工业化的交易成本

交易成本包括用于制度和组织的创造、维持、利用、改变等所需资源的费用。当考虑到存在的财产和合同权利时，交易成本包括界定、测量资源和索取权的成本，并且还要加上使用和执行这些权利的费用，当设计合同权利在个人或法律实体之间建立和转移时，交易成本还包括信息、谈判和执行费用[43]。在建筑工业化中实行标准化时，这种对契约的监管成本部分由企业转嫁到社会，使企业在生产组织过程中降低成本，从而提高企业的积极性和持续性。

3. 标准化促进建筑工业化科技发展

先进经验、科研成果、新技术等只有运用标准化的“简化、统一、协调、选优”的原则，用标准的形成加以规定，像工艺流程一样，从生产管理到销售，使整个过程规范化，从而促进科技在生产中的普及推广，促使劳动者素质提高[44]。

第二节　工业化建筑标准化系统运行机理与动态模型

系统运行是在分析标准化系统发展中若干动力因子之间的相互关系的基础上，为保持工业化建筑标准化系统可持续发展和保持内部动力因子所产生的激励方式所形成的系统化的经济和制度关系，所以对工业化建筑标准化系统驱动力形成机理以及作用机理进行分析是十分关键的。工业化建筑标准化系统运行受到系统相关多主体的驱动力作用，其运行动力来源于工程建设领域各个主体以及主体之间的交错关系，互相融洽的合作关系是标准化系统高效运行的前提，并且通过动态运行模型分析出动力因子对标准化水平提升的作用机理，同时发现标准化系统运行中所产生的一系列问题。

一、工业化建筑标准化系统内涵

1. 工业化建筑标准化过程分析

目前我国大力推进工业化建筑的发展，通过借鉴国外建筑工业化的发展经验以及考虑现阶段我国建筑业的发展现状，发现提高工业化建筑全过程的标准化水平和标准化效率才能更好地实现工业化建筑又快又好的发展。以工业化建筑为研究对象，按照系统工程方法论将工业化建筑标准化过程分为准备阶段、标准制定阶段、标准实施阶段、标准监督评估和优化调整五个阶段

（1）准备阶段

目标分析是标准化工作的首要任务，首先要明确标准化的目的，标准化的目的是通过各种手段使标准实施的主体获得最佳秩序，是为了使工业化建筑的设计和施工过程顺利进

行，使各个环节及过程达到有序化，从而创造更多社会效益以及经济效益。通过分析标准化需要达到的各项要求，才能提出有针对性的方案，从而对方案进行合理的计划和选择。

（2）标准制定阶段

制定标准是装配式建筑标准化的基础性工作。根据标准作用的不同把建筑标准分为技术标准、经济标准、管理标准和工作标准，见表4-1。

标准按作用分类 **表4-1**

技术标准	基础技术标准、产品标准、工艺标准、检验和试验方法标准、设备标准、原材料标准、安全标准、环境保护标准、卫生标准等
经济标准	人工、材料、机械消耗定额、生产率标准等
管理标准	对管理目标、管理项目、管理业务、管理程序、管理方法和管理组织所作的规定
工作标准	工作内容、工作程序和工作方法、业务分工和业务联系（信息传递）方式、职责权限、质量要求、对岗位人员的基本技术要求、检查考核办法等内容

国家标准制定过程分为九个阶段：

1）预研究阶段。组织标准化编制组或标准化专家进行前期调研，对工业化建筑标准的必要性、特殊性以及可行性进行分析，并通过网络、媒体等渠道征求社会各界意见。

2）立项阶段。通过预研究阶段的标准草案进行立项工作，标准立项组织需要不断优化立项程序，加快立项进度。

3）起草阶段。主要起草单位需要组织企业、科研机构、高等院校、行业协会以及其他相关单位进行标准草案的拟定工作。

4）征求意见阶段。向标准委员会和其他相关方发出征求意见稿，必要时在公开的网络和媒体上征求意见。若反馈的意见分歧较大，要进行重大技术修改的，需要返回到起草阶段。

5）审查阶段。对标准草案进行技术内容审核，形成审查文件，审查方式有会议审查和函审两种。

6）批准阶段。标准化行政主管部门对报批稿及相关工作文件进行程序审核和协调，批准后在国家标准委网站上发布。

7）出版。对批准稿进行编辑性修改并出版。

8）复审。在标准实施后进行适用性评价，对需要调整的内容进行修改，需要更新的项目进行修订。

9）废止。对于已经不适用的标准进行废止。

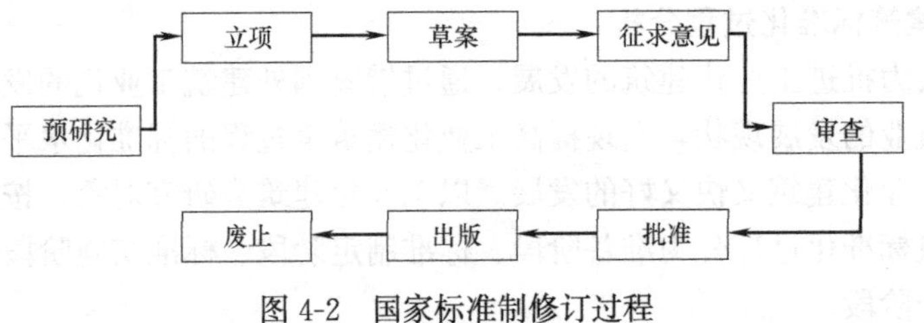

图4-2 国家标准制修订过程

团体标准的制定在立项、编写、审定、出版、实施等环节都由组织内部自主决定，具有改善管理的灵活性。团体标准化工作以团体为依托，团体成员单位参与编制，结合行业、产业需求及其发展趋势，并参考相关国家标准、行业标准、地方标准、国际标准等，经过研制、评审、验证、发布四阶段。如图 4-3 所示。

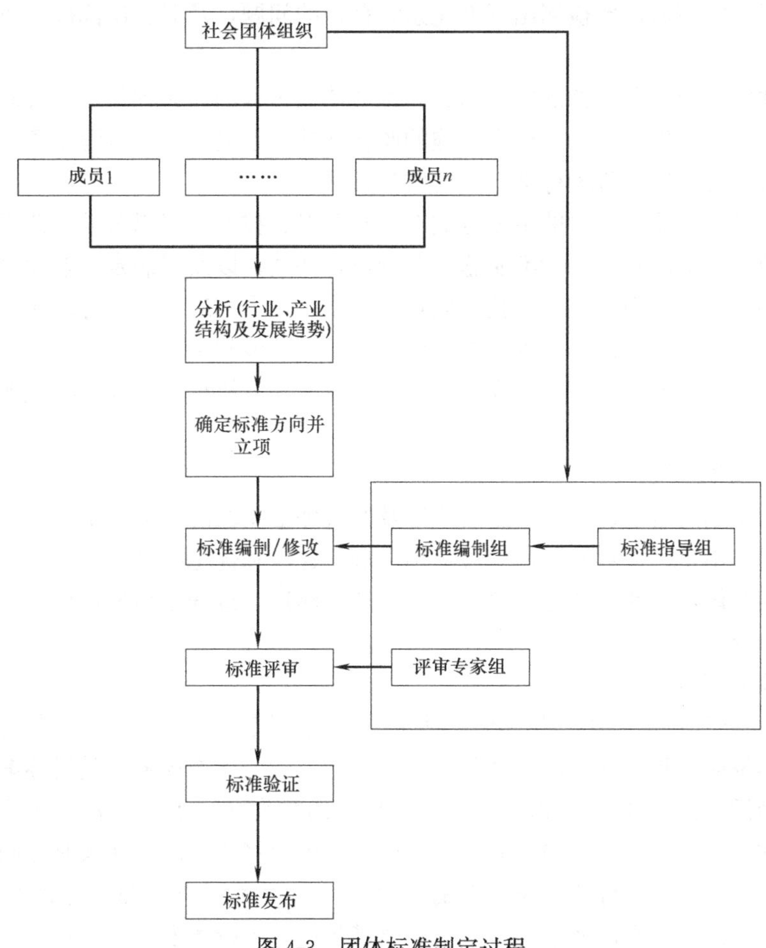

图 4-3 团体标准制定过程

（3）标准实施阶段

标准实施是工业化建筑标准化的核心工作，是将标准植入依存主体的过程。标准是对实践经验的总结，而标准实施是对标准的检验。由于信息的不对等以及标准编制人员主观因素等影响，导致标准可能存在一些缺陷，只能在标准的实施过程中发现问题，然后将问题反馈回去再进行标准的修改修订，进一步完善标准，使标准更好地指导实践。

标准化实施阶段采用 PDCA 循环原理，实施步骤为计划（Plan）、执行（Do）、检查（Check）、处理（Action），在标准实施过程中不断循环往复，层层递进。首先制定标准实施计划，针对工业化建筑全过程各个阶段制定不同的实施计划，有了计划要通过组织措施和管理措施将标准应用于实际的生产中，而且在标准执行的过程中要进行监督检查，对于低于标准规定或违反标准规定的行为，有偏差的进行纠偏，偏差过大的进行调整处理。

（4）标准监督评估阶段

标准监督评估主要是指对标准建立以及标准实施情况的监督与评估，是工业化建筑标准化的必要工作。工业化建筑标准监督评估的主要目的是为了促进标准更好的实施，保证工程建设过程中的质量、安全、施工进度，在实施的过程中按照标准实施计划、执行、检查、纠偏和总结的程序将标准逐步植入依存主体；最后对标准系统及实施系统进行全面的监督评价。通过实施后评价检测出标准化系统存在的问题，及时解决问题，进而推进标准化进程。

工业化建筑标准监督评估的主要内容有标准建立过程的监督评估、设计阶段标准实施的监督评估、预制构件生产阶段标准实施的监督评估、运输和堆场过程中阶段标准实施的监督评估、现场装配安装阶段标准实施的监督评估。

工业化建筑标准监督评估的主要方式有行政监督、技术监督以及社会监督。行政监督是指建设行政主管部门对国家标准实施情况的监督评估，以及对制定工业化建筑团体标准的社会团体的标准化行为的监督。技术监督主要指企业内部对于技术标准实施的监督，包括勘察设计单位、建设单位、监理单位及施工单位等其他相关单位对标准的监督，属于内部监督。社会监督主要指用户、公众以及社会第三方评价机构对标准化实施的监督，属于外部监督。

(5) 优化调整阶段

通过对标准制定阶段、组织实施阶段以及监督评估阶段的全面评价，识别出标准化系统存在的问题与不足，针对不同的阶段提出合理化建议和优化措施，使标准化系统能够更好地植入依存主体，促使工业化建筑设计、生产、建造全过程获得最佳秩序，提高工业化建筑的经济和社会效益。

2. 工业化建筑标准化系统

“标准化系统”可以看作是整个概念体系中的最高层，这一概念的由来经历了一段契合现实逻辑的发展过程：开始的标准积累形成特定功能的标准体系，随后逐渐演化出与标准相关的行为活动的集合（标准化），活动过程中的行为又受到参与者属性的影响，进而发现标准化的过程从始至终都包含着以上的要素，因此将要素的存在及其之间的相互关系与整体运行过程集成为“标准化系统”的概念[45]。工业化建筑标准化系统具有经济和社会双重属性：系统既有经济效益的诉求，又能满足社会可持续发展的需要。

(1) 工业化建筑标准化系统是一个经济系统

根据M·曼内斯库的定义：各种控制系统是由处在一个复杂结构中互相制约的有序元素组成的各种集合。这些集合以合乎逻辑的方式形成一个统一的整体，它们像一个均质的整体，从运动的角度看，因为具有独特的特征和功能，而与组成它们的元素有着本质的区别。工业化建筑标准化系统的主体——建筑企业，它们实施标准化是以获得效益为目的，希望降低成本，提高效率，提高企业竞争力。标准化系统内部包含很多影响因素，包括未来国家的发展战略、建筑行业的发展方向，政府对标准化的支持力度、企业用于标准化资金的投入、市场对标准化需求等，都影响着建筑企业的收益。此外，系统内部因素之间相互作用，产生了一系列的经济行为，所以工业化建筑标准化是一个经济系统。

(2) 工业化建筑标准化系统是一个社会系统

工业化建筑标准化系统和经济社会发展的很多方面都相互联系，与很多因素共同组成了复杂的社会系统。一方面，为了提高企业效率，提高企业的竞争力，以满足建筑企业获利的要求；另一方面，标准化系统要能够增强建筑行业的可持续发展能力，有效协调经济增长和资源消耗的矛盾，实现经济社会和企业的可持续发展。因此，工业化建筑标准化系统同时也是一个社会系统。

（3）工业化建筑标准化系统的活动过程

工业化建筑标准化活动由系统主体相互协作共同推进，涉及相关主体有：国家标准化管理机构、行业协会、标准化组织机构、高校及科研单位、工业化建筑相关企业等，这些主体参与标准化活动的整个过程，包括：标准预研究阶段、标准制定、标准实施、标准监督评估等阶段。工业化建筑标准是由相关主体合作进行标准化的结果。

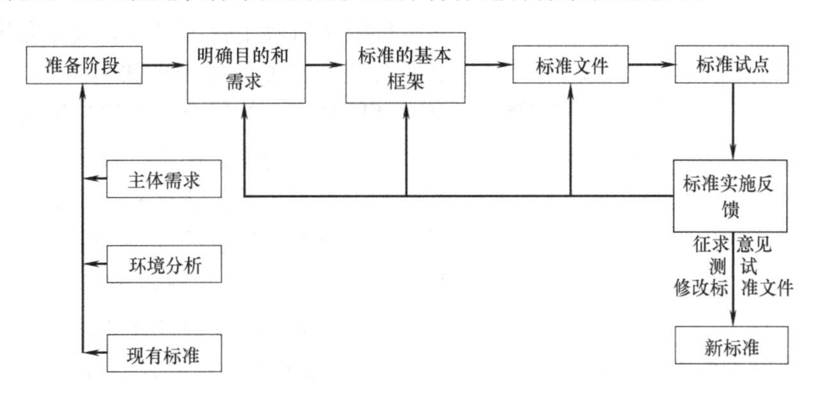

图 4-4　基于标准形成的工业化建筑标准化系统的协作过程

3. 工业化建筑标准化系统的目标

工业化建筑标准化为各项建筑生产实践活动建立了活动准则，使建筑生产活动有序化、规范化，并且从低级的有序提升到高级的有序。工业化建筑标准化系统是一个不可分割的整体，但组成整体的各个单元或子系统都是互相独立又相互依存、相互作用的，其中任何一个单元或子系统的活动，都必然对其他单元或子系统产生影响，它们必须同步协调活动，才使整个系统发挥最佳功能，达到整体最佳目标。工业化建筑标准化系统既要满足可持续发展对企业的要求，又要符合建筑企业利益需要，是系统追求的目标，也是需要解决的最大难题。工业化建筑标准化系统内部包含很多影响因素：国家的发展战略、建筑行业的发展方向、政府对标准化的支持力度、市场对标准化的需求、社会对标准化的认可、企业对标准化的资金投入等，都影响着工业化建筑标准化系统的目标实现。

4. 工业化建筑标准化系统的构成要素

要素是系统的各个组成部分或成分，决定着系统的结构。马克思主义哲学中，生产力包含三要素：劳动者、生产工具和劳动对象。对于工业化建筑标准化系统而言，主体要素对应着生产力的劳动者要素；客体要素和标准要素对应着生产力的劳动对象要素；资源要素和信息要素对应着生产力的生产工具要素。而任何一个系统都要以目标为导向，只有明确系统目标，才能够避免盲目性，防止各种可能的损失、错误和浪费的发生。因此，工业化建筑标准化系统具有六个基本要素，分别是：主体要素、客体要素、标准要素、信息要素、资源要素和目标要素，如图 4-5 所示。

（1）主体要素

由上节可知，工业化建筑标准化行为受到政府、社会团体、第三方机构、企业和公众等的影响，形成了指导者、监管者、组织者、制定者和实施者五类主体角色。如图 4-6 所示，监管者对整个工业化建筑标准化过程进行监督管理，组织者是工业化建筑标准的制

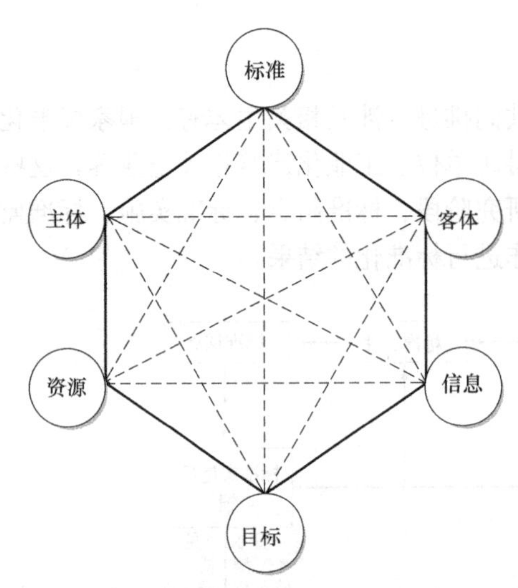

图 4-5　工业化建筑标准化系统要素

定、发布机构，在监管者的监督管理和指导者的指导之下，组织制定者进行标准的制定工作，最后由实施者对发布的标准进行贯彻实施。这五类主体角色的协同合作能够保障工业化建筑标准化工作的顺利开展。

1）政府

标准化行政主管部门（国家标准化管理委员会）及地方有关行政管理部门。新《标准化法》规定“国务院有关行政主管部门依据职责负责强制性国家标准的项目提出、组织起草、征求意见和技术审查”，“国务院有关行政主管部门可以委托标准化技术委员会承担强制性国家标准的起草和技术审查工作”，可见，国务院标准化行政主管部门并不对强制性国家标准的制定过程进行实质性参与。政府主要为工业化建筑标准化提供良好的发展环境，并对标准化过程进行规范、引导和监督。

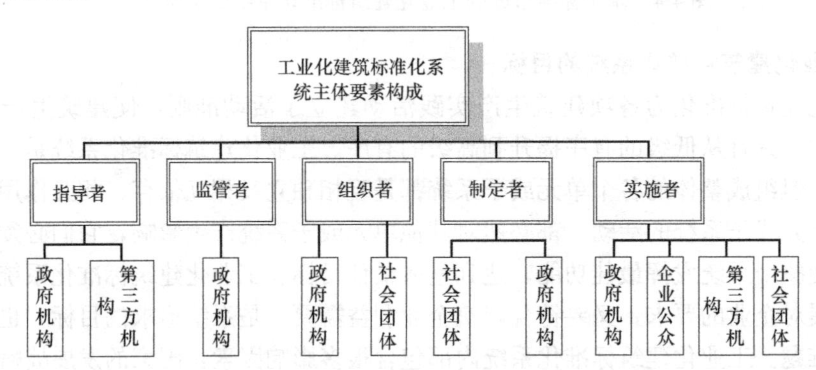

图 4-6　工业化建筑标准化系统主体要素

2）社会团体

根据《社会团体登记管理条例》，“中国公民自愿组成，为实现会员共同意愿，按照其章程开展活动的非营利性社会组织”，在“经其业务主管单位审查同意，并依照本条例的规定进行登记”后，即属于“社会团体”的范畴。常见的社会团体有学会、行业协会、科研机构及高校、商会、联合会、产业技术联盟等，如中国工程建设标准化协会（CECS）、中国勘察设计协会（CEDA）、中国土木工程协会（CCES）、北京绿标建材产业技术联盟（IAGM）等。其中部门学会、行业协会、科研机构及高校、商会、联合会是中立的，制定的团体标准用于公益；而产业技术联盟是非中立的，制定的团体标准用于推广联盟的技术，维护联盟成员和专利权人的利益。

3）第三方机构

第三方机构指根据制定的评价标准对工业化建筑标准的制定主体、制定过程以及标准成果等进行评估的具有权威性的专业标准化中介组织或机构。国务院《关于深化标准化工作改革方案》中提到对团体标准不设行政许可，势必造成团体标准鱼龙混杂，质量不一。

引入第三方机构来评价团体标准的标准化能力，可提高标准的公信力，引导工业化建筑标准化有序健康地发展。同时，第三方机构负责组织协调标准化过程中技术矛盾和利益冲突，提供标准研究、检测、信息等服务。如美国设立了国家标准协会（ANSI）和国家标准和技术研究院（NIST），NIST 负责制定标准化战略及政策，对标准及标准化组织的认定工作和协调标准制定中的各方工作。

4）企业和公众

工业化建筑标准化建设过程中参与主体较多，分工细致和专业，有前期投资开发的建设方、建筑产品规划和设计的设计方、生产和提供部品部件企业、部品部件现场装配及一体化装修的装配施工企业、软件开发企业（如 BIM）。标准化为企业技术创新的扩散提供了有效的信息传播渠道，减少了技术采用的不确定性。但是同时，由于标准化需要大量的投入、存在一定的风险，客观上有一定概率失败，单个企业往往要在放弃知识产权的机会成本和标准化的获益之间衡量，只有当技术标准对自身的好处大于放弃知识产权的机会成本时，才会有动力将自身技术成果转化为标准。标准化工作就是要将制定的标准进行贯彻、升级，目的就是为了改善工业化建筑建设现状，实现企业内部系统的互联互通。因此，如果要将标准落实到技术开发、硬件接口等过程中，就需要各方实施者分工协作。

信息不对称的情况下，社会公众对质量不一的团体标准认知除了通过政府的宣贯外，主要是借助第三方机构的专业评价认证成果及大众媒体的普及宣传，而社会公众以消费行为的选择结果又能通过市场淘汰机制筛选出符合社会需求的高水平团体标准，社会团体则根据团体标准实施效果的反馈及时修正、调整不合宜之处，从而以相对于制定主体外部的治理机制来规范治理团体标准的制定、实施与有序竞争，可见，社会力量的参与治理主要以第三方评价机制为协作起点，故社会力量治理的开展应以第三方评价为着力点。

（2）客体要素

由标准化系统工程理论可知，标准化是对重复性的概念或事物进行规范、贯彻实施，这些重复性的概念或事物就是标准的依存主体，标准化活动围绕着依存主体开展，脱离依存主体，标准化就无的放矢了[46]。工业化建筑标准化系统的客体就是其依存主体。判断工业化建筑标准化系统依存主体对象的原则是优化目标及服务对象。工业化建筑系统是一个开放的社会系统，具备系统的基本特性，是工业化建筑标准化系统工程研究的优化目标和主要对象，也是工业化建筑标准化系统服务、约束和赖以存在的对象[47]。因此，工业化建筑标准化系统中的重复性概念和事物就是工业化建筑标准化系统依存主体，也即工业化建筑标准化系统的客体。

（3）标准要素

工业化建筑标准是对建筑工业化建设过程中重复使用的概念和事物进行统一规定，也是建筑工业化标准化的结果。标准即是以目标要素做指导，以资源要素做保障，以信息要素做媒介，由主体要素对客体要素进行统一规范而形成。标准要素能够带动其他各要素相互协作、共同工作，是建筑工业化标准化系统的重要组成部分。

（4）资源要素

工业化建筑标准化系统的资源是为建筑工业化标准化提供人力、物力、财力等物质要素的总和，包括：专业人才、设施设备和资金。

二、工业化建筑标准化系统运行环境分析

系统存在于环境之中，对工业化建筑标准化系统所处环境进行分析是研究系统框架重要的一步。系统的环境就是与系统紧密相关的，系统与其会发生物质、能量和其他信息交换的环境。工业化建筑标准化系统环境分析就是把工业化建筑标准化作为一个整体系统，然后分析它如何与周围环境相互作用。系统环境分析的主要目的就是了解工业化建筑标准化系统和环境之间的相互关系，以及环境会对系统产生的影响和作用。管理学中比较成熟的环境分析方法有：PEST 分析、SWOT 分析、AHP 分析、SPACE 分析、价值链分析和波特五力分析等，适用于管理的不同方面。其中，PEST 分析比较适用于外部环境的分析[48]。因此本书选择 PEST 分析法，从政治、经济、社会和技术四个方面进行分析。

1. 政治环境分析

工业化建筑标准化离不开政策的支持和引导，宏观政策能为建筑工业化标准化指明方向，为工业化建筑标准化系统提供资源。由国务院办公厅发布的《国家标准化体系建设发展规划（2016—2020 年）》明确指出加快制修订绿色建筑业关键技术和管理标准。2013 年，发展改革委和住房城乡建设部发布了《绿色建筑行动方案的通知》（国办发［2013］1 号），在该行动方案中，首次将建筑工业化融入了绿色建筑概念中，通过国内比较热门的绿色建筑带动建筑工业化的发展[49]。2014 年，住房和城乡建设部发布了《住房城乡建设部关于推进建筑业发展和改革的若干意见》（建市［2014］92 号），提出了促进建筑业向建筑产业现代化转变的方式，以及建筑工人向建筑产业工人转变的方法，同时也提出了提升建筑技术能力的方向，进一步发挥政府投资项目的试点示范引导作用并适时扩大试点范围，积极稳妥推进建筑产业现代化[50]。2016 年，《建筑产业现代化发展纲要》提出：到 2020 年，装配式建筑占新建建筑的比例 20%以上，到 2025 年，装配式建筑占新建建筑的比例 50%以上[51]。

2. 经济环境分析

工业化是经济转型发展的重要引擎。国家、地方各级政府、建筑行业相关部门及企业已经从战略高度上，充分认识到工业化建筑标准化工作的重要性。中国标准化研究院、中国建筑科学研究院、国家自然科学基金委员会等对建筑工业化方面的研究投入了大量的人力、物力和财力，并取得一定的进展。

3. 社会文化环境分析

社会对工业化建筑标准化的意识，既包括工业化建筑企业的标准化意识，又包括外界对建筑工业化标准化的意识。张惠锋[52]（2016）、纪颖波，付景轩[53]（2013）、李国强[54]（2017）、孙智[55]（2013）等对建筑工程标准化进行研究，但鲜有学者进行工业化建筑标准化研究。李忠富（2017）采用文献计量和共词分析方法，对 2006—2015 年间工业化建筑领域的研究热点（表 4-2）进行分析，发现我国工业化建筑领域的研究热点主要偏重于建造过程的研究，强调施工技术，而以工业化建筑作为研究整体的研究较少[56]。由此可以看出，社会对工业化建筑标准化有一定认识，但是对工业化建筑标准体系的运行机制研究还处于空白状态。

工业化建筑领域研究热度　　表 4-2

序号	关键词	相对度数中心度	序号	关键词	相对度数中心度
1	建筑工业化	0.49	6	抗震性能	0.34
2	住宅产业化	0.47	7	预制	0.32
3	施工技术	0.42	8	设计	0.32
4	混凝土	0.38	9	安装	0.28
5	预制装配式	0.36	10	剪力墙	0.26

4. 技术环境分析

工业化建筑标准化系统需要的技术、人才都来自外部环境。技术环境包括工业化建筑标准化领域相关的专业人才培养情况和科技水平等。2003 年 1 月 7 日，科技部提出了实施人才、专利、技术标准三大战略，并将技术标准列为 12 个重点专项之一，由此可见我国对技术标准和标准化工作高度重视。叶浩文[57]（2016）、朱维香[58]（2016）认为目前工业化建筑从设计、部品件生产、装配施工、装饰装修到质量验收的全产业链关键技术缺乏且系统集成度低，并应推广 BIM 平台的应用。

三、工业化建筑标准化系统运行机理分析

动力机制是保持工业化建筑标准化系统运行可持续发展的动力产生机理，是在分析标准化系统发展中若干动力因子之间的相互关系的基础上，为保持动力因子所产生的激励方式所提供的系统化的经济和制度关系。工业化建筑标准化受到多方驱动因素的影响。通过工业化建筑标准化系统驱动力形成机理与作用机理的研究，可以识别工业化建筑标准化系统运行中的障碍因素。

1. 工业化建筑标准化驱动力内涵界定

在管理学上，驱动力是指影响组织或使系统实现某个目标的力量；在机械工程学上，驱动力是使主动件运动的力。本书认为工业化建筑标准化系统驱动力就是对工业化建筑标准化运行产生影响的动力要素。这些动力要素会随时间的变化而变化，具有动态性。

根据库尔特·勒温提出的社会行为的一般规律，可将工业化建筑标准化系统驱动力分为外部驱动力以及内部驱动力。外部驱动力是指工业化建筑外部如政策、市场、技术等因素，对工业化建筑标准化系统运行产生的影响力，这是工业化建筑本身无法控制的力量；内部驱动力是工业化建筑通过标准化的制定、实施提升建筑工业化水平，建筑工业化水平的提高反过来对标准化产生影响的动力。根据驱动力的施力主体，可将工业化建筑标准化系统驱动力分为政府、行业、社会和企业驱动力。其中，政府驱动力、行业驱动力以及社会驱动力是外部驱动力；政府驱动力是政府相关部门对工业化建筑标准化施加正式或非正式的压力，具有强制性；行业驱动力是工业化建筑行业相关部门对工业化建筑标准化建设给予的指引力，具有规范性；社会驱动力来自于社会各行各业心理压力，使工业化建筑行业向其他多数行业看齐，具有模仿性。企业驱动力是内部驱动力，是开展工业化建筑标准化工作对工业化建筑建设产生积极作用而对企业行为产生的反作用力。根据驱动力的作用效果，可将工业化建筑标准化系统驱动力分为运行动力和运行阻力。运行动力是指促使工业化建筑标准化系统运行的影响因素；运行阻力是指阻碍工业化建筑标准化系统运行的影响因素。

2. 工业化建筑标准化驱动力形成机理

由牛顿定律可知，力会改变物体的运动状态。工业化建筑标准化系统运行受到来自多个施力主体从不同的方向施加的力。本书依托牛顿力学对工业化建筑标准化驱动行为进行受力分析，分析工业化建筑标准化系统驱动力的形成机理，构建工业化建筑标准化系统驱动力模型。

(1) 基本假设

假设一：地面不光滑，物体受到外力的作用时，与地面有相对运动趋势，在水平方向产生摩擦力，摩擦力与物体相对运动方向相反；

假设二：垂直方向上力达到平衡状态；

假设三：滑动摩擦力小于最大静摩擦力。

(2) 形成机理

工业化建筑标准化系统受到各种驱动力的作用，其中有促使工业化建筑标准化系统运行的动力，也有阻碍工业化建筑标准化系统运行的阻力，工业化建筑标准化系统驱动力分析图如图 4-7 所示。

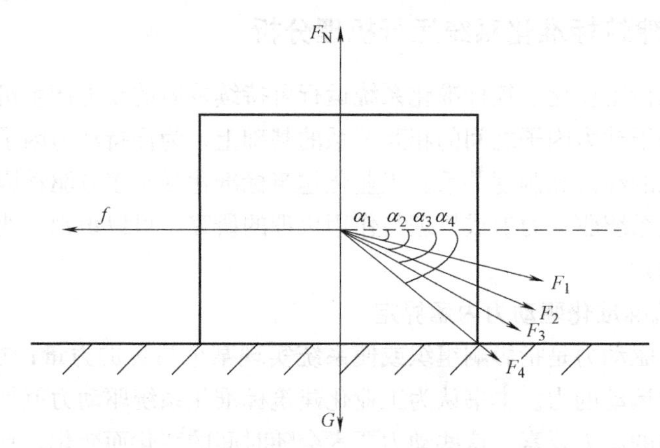

图 4-7　工业化建筑标准化系统驱动力的分解

根据假设二可知：

$$\begin{aligned} F_N &= G+F_1\sin\alpha_1+F_2\sin\alpha_2+F_3\sin\alpha_3+F_4\sin\alpha_4 \\ &= mg+F_1\sin\alpha_1+F_2\sin\alpha_2+F_3\sin\alpha_3+F_4\sin\alpha_4 \end{aligned}$$

根据假设一和假设三可知：

当工业化建筑标准化系统保持原状，即物体处于静止状态时

$$f_{静}=F_1\cos\alpha_1+F_2\cos\alpha_2+F_3\cos\alpha_3+F_4\cos\alpha_4 \quad (0\leqslant f_{静}\leqslant f_{max})$$

当 $F_1\cos\alpha_1+F_2\cos\alpha_2+F_3\cos\alpha_3+F_4\cos\alpha_4>f_{max}$ 时，物体开始做加速运动，滑动摩擦力取代静摩擦力，此时

$$\begin{aligned} f &= \mu F_N=\mu(G+F_1\sin\alpha_1+F_2\sin\alpha_2+F_3\sin\alpha_3+F_4\sin\alpha_4) \\ &= \mu(mg+F_1\sin\alpha_1+F_2\sin\alpha_2+F_3\sin\alpha_3+F_4\sin\alpha_4) \end{aligned}$$

由牛顿第二运动定律，设水平加速度为 a，则

$ma=F-f=F_1\cos\alpha_1+F_2\cos\alpha_2+F_3\cos\alpha_3+F_4\cos\alpha_4-\mu(mg+F_1\sin\alpha_1+F_2\sin\alpha_2+F_3\sin\alpha_3+F_4\sin\alpha_4)$

$$a=\frac{F_1(\cos\alpha_1-\mu\sin\alpha_1)+F_2(\cos\alpha_2-\mu\sin\alpha_2)+F_3(\cos\alpha_3-\mu\sin\alpha_3)+F_4(\cos\alpha_4-\mu\sin\alpha_4)}{m}-\mu g$$

其中，$\cos\alpha-\mu\sin\alpha=\sqrt{\mu^2+1}\left(\frac{1}{\sqrt{\mu^2+1}}\cos\alpha+\frac{-\mu}{\sqrt{\mu^2+1}}\sin\alpha\right)$

由于$\left(\frac{1}{\sqrt{\mu^2+1}}\right)^2+\left(\frac{-\mu}{\sqrt{\mu^2+1}}\right)^2=1$，令 $\sin\beta=\frac{1}{\sqrt{\mu^2+1}}$，$\cos\beta=\frac{-\mu}{\sqrt{\mu^2+1}}$

则 $\cos\alpha-\mu\sin\alpha=\sqrt{\mu^2+1}\sin(\alpha+\beta)$

得到工业化建筑标准化系统驱动力“力学模型”表达式：

$$a=\frac{\sqrt{\mu^2+1}}{m}[F_1\sin(\alpha_1+\beta)+F_2\sin(\alpha_2+\beta)+F_3\sin(\alpha_3+\beta)+F_4\sin(\alpha_4+\beta)]-\mu g$$

式中：F_1——政府对工业化建筑标准化系统运行的强制性推动力；
F_2——行业对工业化建筑标准化系统运行的规范性拉动力；
F_3——社会对工业化建筑标准化系统运行的可持续发展的伦理约束力；
F_4——收益和竞争优势使企业对工业化建筑标准化系统运行的牵引力；
α_1，α_2，α_3，α_4——实际作用效果与期望效果之间的偏差；
μ——标准化意识对工业化建筑标准化系统运行的阻碍；
m——能力缺陷对工业化建筑标准化系统运行的阻力。

其中，F_1、F_2、F_3、F_4 为工业化建筑标准化系统行为的正向影响因素；α_1、α_2、α_3、α_4、μ、m 为工业化建筑标准化系统行为的负向影响因素。由上述公式可见，决定工业化建筑标准化系统水平提升速度的加速度，除了受推动力、拉动力、牵引力及其效果偏差影响，还受到企业工业化建筑标准化意识和能力缺陷对工业化建筑标准化系统运行的阻力的影响。

要使工业化建筑标准化系统运行具有正向的加速度，需要使 $a>0$，而$\frac{\sqrt{\mu^2+1}}{m}>0$，$F>0$，$\mu>0$，$g>0$，那么 $\sin(\alpha+\beta)$ 必须大于0，得 $0<\alpha+\beta<\pi$，又因为 $\sin\beta=\frac{1}{\sqrt{\mu^2+1}}>0$，$\cos\beta=\frac{-\mu}{\sqrt{\mu^2+1}}<0$，则 $\pi/2<\beta<\pi$，$0<\alpha<\pi/2$，此时 a 可能会出现负数的情况。故要使模型成立需要对 α、μ 限定条件。

α 代表实际作用效果与期望效果之间的偏差，如果偏差过大将使驱动力失效，故限定 $0<\alpha<\pi/4$；μ 代表工业化建筑标准化意识对工业化建筑标准化系统运行的阻碍，如果行业标准化意识薄弱，同样会使驱动力失效，故限定 $0\leqslant\mu\leqslant1$。

此时$\frac{\sqrt{2}}{2}\leqslant\frac{1}{\sqrt{\mu^2+1}}\leqslant1$，$\frac{\sqrt{2}}{2}\leqslant\sin\beta\leqslant1$，得 $\pi/2<\beta\leqslant3\pi/4$，那么 $0<\alpha+\beta<\pi$，$\sin(\alpha+\beta)\in[0,1]$。

由上述分析可以看出，工业化建筑标准化系统运行的必备条件是〔$0<\alpha<\pi/4$，$0\leqslant\mu\leqslant1$〕。

3. 工业化建筑标准化系统运行作用

作用机理是指事物内在的联系和运行规律，它不以人的意志为转移而客观存在。工业化建筑标准化系统运行动力作用机理，是建筑工业化产生与发展所必需的动力的产生机理，以及保障和改善这种作用机理的各种组织制度、经济关系等所构成的复杂巨系统的总和。本节将从政府推力、行业拉力、社会引力和企业动力四个层面分析工业化建筑标准化系统运行动力的作用机理。

（1）政府推力 F_1 作用机理分析

政府推力是进一步规范工业化建筑标准化的核心力量。一方面，政府可以为工业化建筑标准化建设提供技术、资金、人力、物力等资源支撑，完善法律法规和加强政策扶持来调控国内市场的需求状况。另一方面，由于工业化建筑标准化组织属于自治性团体，难免会出现违背道德规范、侵害公共利益的行为，政府需通过颁布如《标准化法》《反垄断法》《反不正当竞争法》等法律法规，以政府强制力确保标准间的竞争在法律法规允许的范围内进行。但考虑到标准化活动的市场导向，为了塑造工业化建筑标准化组织的自治能力，政府需协同好政府与市场治理的关系，创设一些非直接的管控工具，如《团体标准化 第1部分：良好行为指南》GB/T 20004.1—2016，健全团体标准的评价机制，出台团体标准的转化政策，完善团体标准的政府采购制度，为团体标准化活动指明方向，从而实现公平与有序竞争以及提高市场与标准化效率，达到保持团体标准化组织活力又同时给予必要约束的目的。

（2）行业拉力 F_2 作用机理分析

行业拉力是行业内社会团体和企业之间相互教育的过程，是指行业标准化机构和其他企业对工业化建筑标准化系统的规范性驱动力。行业标准化机构为了提高工业化建筑在社会和政府中的名誉，制定一系列规章制度，要求相关经济主体进行标准化建设。而行业内龙头企业的标准化活动，也会为其他企业开展标准化活动提供示范效应。未开展标准化的企业为了避免失去竞争优势也会进行标准化建设，从而形成推动工业化建筑标准化系统运行的驱动力。

（3）社会约束力 F_3 作用机理分析

社会约束力是指社会对工业化建筑标准化系统运行的作用力，包括伦理约束和技术引力。工业化建筑标准化是可持续发展战略在建筑业的体现，如相关建筑企业和机构不执行标准或没有动力制定和遵循相关标准，便会收到来自社会公众、媒体和中介机构施加的压力，这对企业和机构声誉带来巨大冲击。市场中如出现先进的建造技术、信息管理技术等，也会对工业化建筑标准化系统运行起到一定的带动作用。

（4）企业牵引力 F_4 作用机理分析

工业化建筑标准化系统中的企业，是标准化的主体，也是标准的最大用户。上文中政府、行业、社会对于企业来说是外部驱动力，在一定程度上影响着企业标准化的行为，但不决定企业采取的行为[59]。而来自于企业内部的驱动力却会影响企业的行为，这里从收益、成本和竞争优势三方面来阐述企业牵引力的作用机理。

第一，收益增加。工业化建筑企业标准化的收益主要包括有形收益和无形收益，有形收益指标准化建设给企业带来的利润增加和技术革新；无形收益指提高企业管理水平、提高企业社会形象和拓展融资。

第二，降低成本。波特认为，企业的竞争战略有三种，即总成本领先战略、差异化战略和目标集聚战略。成本领先战略要求企业积极建立达到有效规模的生产设施，全力以赴降低成本，实现资金成本和管理费用的控制，最大限度地减少研发、生产、服务、销售、广告等方面的成本费用。标准化对降低企业成本的作用体现在企业竞争力的全方面，且十分明显。通过实施标准不仅可以使企业实现规模生产以降低成本，而且可以加强企业内外部的沟通协作，使接口更为顺畅，从而直接减少企业的多方面成本，这样就极大提高了企业的竞争力。

第三，竞争优势。波特在《竞争优势》一书中提出，企业持续的“技术创新”活动，是形成成本优势，进而在产业内具有差异型竞争优势的前提。没有创新能力的企业，只能处于价值链的底端，很难成为行业内领跑者。一方面标准化可以提高技术研发的效率和成功率；另一方面，创新的成果也能通过标准化固化下来，以标准的形式成为行业内的准入门槛，标准中蕴含的自主知识产权是企业实现利益最大化的有力武器[60]。

4. 工业化建筑标准化系统运行阻力

(1) 运行驱动力效果偏差 α 作用机理分析

α 是指关于工业化建筑标准化系统运行驱动力的实际效果与期望效果间的偏差。这种偏差由多种因素导致，如信息不完全和信息不对称、各主体利益诉求不同和管理、技术局限性等。

政府由于对工业化建筑产业的信息掌握不完全，导致出台的政策力度不够或不适应当时市场的需求，导致驱动力产生偏差；行业内也会由于标准化能力低下，利益诉求或标准执行主体的缺陷导致驱动力产生偏差；社会约束力也会在对工业化建筑标准化系统运行的作用中，由于信息不完全等主、客观的因素，使驱动力与期望效果间产生偏差；企业在工业化建筑标准化建设中产生的收益增加、成本降低和竞争优势也会由于信息不完全、信息失真和政府和企业间信息不对称等使驱动力产生偏差。

(2) 标准化意识 μ 作用机理分析

组织惰性是企业完全依赖其在适应环境的基础上构建的一种组织模式，从而察觉不到或不能及时察觉外部环境的变化，进而失去适应这种变化的能力的一种现象。组织中存在着不知（抵制）变化与变革、安于现状、行动迟缓、对环境反应迟钝的第一层次的组织惰性，还存在着忽视环境变化，进而导致其路径依赖与模式固化的第二层次的组织惰性[61]。

在工业化建筑标准化系统中，业内成员对于工业化建筑标准化的态度对系统运行的效果产生影响。组织惰性表现为：组织领导对工业化建筑的认识不到位，认为工业化建筑产品性能差，是低端产品[62]；组织领导层厌恶变化与变革，趋于保守，害怕风险与承担责任，缺乏创新与冒险精神，习惯于传统的建筑建造与管理方式，滋生组织惰性；组织基层同样对工业化建筑产业变革意识不到位，不愿适应变革后的新环境，学习能力有限，不愿付出精力学习新知识等。

(3) 能力缺陷 m 作用机理分析

为了实现工业化建筑标准化系统更好地运行，自身的硬件条件是推动工业化建筑标准化建设的重要保障。人力、资金、技术是推动工业化建筑标准化建设发展的必要条件。人力指工业化建筑标准化专业人才，能对工业化建筑标准化过程中制定、实施、评价和改进进行指导。资金是开展工业化建筑标准化的有力支撑，财税激励政策、人才培训补贴和利率优惠政策等能够增加工业化建筑标准化建设的活力。技术是工业化建筑建造技术及基础设施配套等建筑工业化建设的现状是否具备开展工业化建筑标准化的条件。

四、工业化建筑标准化系统运行动态模型

1. 工业化建筑标准化系统运行模型

工业化建筑标准化系统运行是一个复杂的、动态的过程，涉及工业化建筑领域各个主体以及主体之间的关系。工业化建筑标准化活动是系统运行动力与运行阻力相互关联，相互作用的结果。工业化建筑标准化系统前进动力由前进驱动力和前进阻力组成，其中前进驱动力包括政府推力、行业拉力、社会约束力、企业牵引力，前进阻力包括运行驱动力效果偏差，组织惰性和能力缺陷。同时，工业化建筑标准化系统驱动力也可划分为内部驱动力和外部驱动力，政府推力、行业拉力、社会约束力和运行动力效果偏差构成外部驱动力，企业牵引力、企业组织惰性和能力缺陷构成内部驱动力。外部驱动力使工业化建筑标准化系统行为趋于同化，内部驱动力使工业化建筑企业在相同制度环境下异化。

同时，可持续发展观作为国家长期发展战略，是推动工业化建筑标准化系统的根本驱动力。可持续发展既包括社会经济的可持续发展又包括环境与资源的合理利用与保护，它所体现的是一种协调的发展观[63]。从我国建筑工业发展历史来看，可持续发展是建筑行业发展过程中的重点和必由之路，建筑业是能源消耗“大户”，工业化建筑标准化必须以可持续发展的思想为依托，成为建筑工业化的导向，起到有效保护和利用资源的目的。

由上文分析可知，工业化建筑标准化系统驱动力模型如图 4-8 所示。

系统内部各子系统之间始终存在着两个既相互矛盾又相互补充的方面。一方面是子系统间的协同；另一方面是子系统间的竞争。没有协同，子系统会四分五裂，难以构成一个有机的整体；没有竞争，子系统会处于一种平衡状态，既不分化，又不分工和分层，系统同样难以生存和发展[64]。深入研究工业化建筑标准化系统运行模型，需要解决三个问题：一是驱动工业化建筑标准化系统运行的力有哪些，如何产生作用；二是阻碍工业化建筑标准化系统运行的力有哪些，如何产生作用；三是如何计算工业化建筑标准化系统运行速度。

2. 系统动态运行模型构建

为了识别出哪些变量对工业化建筑标准化系统的发展和系统水平的提升起到关键作用，下面分析内部组成因素结构，试描述各因素与系统之间的关系。对工业化建筑标准化系统结构进行分析：系统各要素直接或间接地作用于工业化建筑标准，标准具有凝聚系统所有要素的功能，是系统不可或缺的重要组成部分，且标准体系的性能直接影响到工业化建筑标准化系统水平；工业化建筑标准化的制定、贯彻两大环节直接受到各主体的控制，每个环节受到多主体的影响，主体的协同情况直接决定着标准体系性能的好坏、标准实施的效果以及标准化系统水平；外部环境对工业化建筑标准化系统的目标、客体、资源和信息要素产生影响，从而影响工业化建筑标准化系统水平；客体以及专业人才、设施设备和资金等资源为工业化建筑标准化系统提供保障；目标和信息要素影响工业化建筑标准的制定情况，从而也在一定程度上影响工业化建筑标准化系统水平。由此可知，工业化建筑标准化系统受到系统各要素以及外部环境的影响。

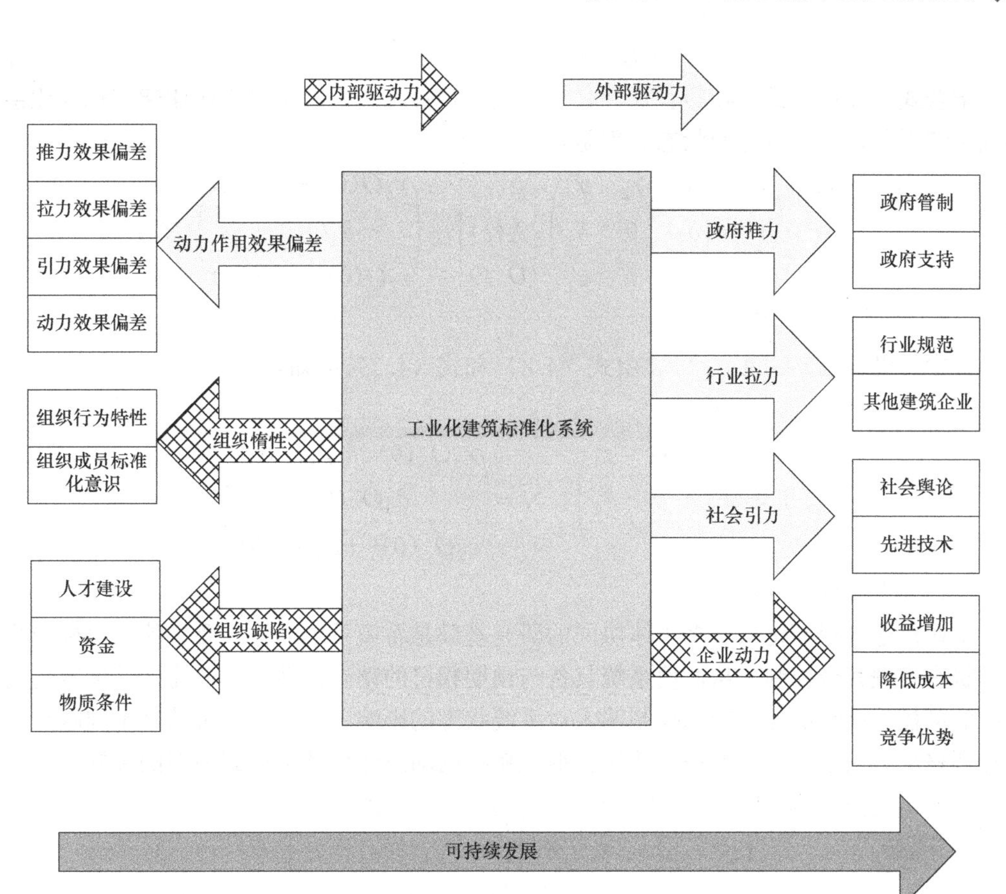

图 4-8 工业化建筑标准化系统驱动力作用模型

(1) 动态模型构建

设时间序列为 t，将工业化建筑标准化系统水平及影响因素用以下变量表示：$B(t)$ 为工业化建筑标准化系统水平；$A(t)$ 为工业化建筑标准体系的性能；$D(t)$ 为各主体实施标准化的协同程度；$I(0)$ 为市场需求对工业化建筑标准化系统的作用；$U(t)$ 为国家对标准化系统的控制和干预；$O(0)$ 代表标准化资源、客体、目标和信息的现状水平。

上述各因素之间的关系包括以下几个方面：标准化系统水平由各工业化建筑标准体系的性能、各主体实施标准化的协同程度、市场对标准化的需求以及标准化资源、课题、目标和信息的现状水平决定的；工业化建筑标准体系的性能由系统水平和各主体实施标准化的协同程度共同决定；各主体实施标准化的协同程度由上一阶段状态、市场需求以及标准化系统资源、客体等现状决定。据此，可得到如下标准化系统内部的动态模型：

$$B(t+1)=\gamma_1 D(t)+\gamma_2 A(t)+\gamma_3 O(0)+\gamma_4 I(0) \tag{4.1}$$

$$A(t+1)=\delta_1 B(t)+\delta_2 D(t)+\delta_3 O(0) \tag{4.2}$$

$$D(t+1)=\varepsilon_1 D(t)+\varepsilon_2 O(0)+\varepsilon_3 A(0) \tag{4.3}$$

式中 γ_i、δ_i、ε_i 表示各变量之间的影响系数，此动态模型是线性定常系统，所以 γ_i、δ_i、ε_i 是不随时间的变化而变化的正常数 $O(0)$、$I(0)$、$D(0)$ 代表各特征变量的初始值。

根据经济控制论原理，工业化建筑标准化系统运行状态方程可表示为：

$$X(t+1)=CX(t)+NU(t) \tag{4.4}$$

结合式（4.1）、式（4.2）、式（4.3）、式（4.4），由于国家对工业化建筑标准化系统的控制和干预，系统运行的状态方程是：

$$\begin{bmatrix} B(t+1) \\ A(t+1) \\ D(t+1) \end{bmatrix} = \begin{pmatrix} 0 & \gamma_2 & \gamma_1 \\ \delta_1 & 0 & \delta_2 \\ 0 & 0 & \varepsilon_1 \end{pmatrix} \begin{bmatrix} B(t) \\ A(t) \\ D(t) \end{bmatrix} + \begin{pmatrix} \gamma_3 O(0)+\gamma_4 I(0) \\ \delta_2 O(0) \\ \varepsilon_2 O(0)+\varepsilon_3 A(0) \end{pmatrix} U(t) \tag{4.5}$$

其中，设 $X(t)=\begin{bmatrix} B\ (t) \\ A\ (t) \\ D\ (t) \end{bmatrix}$，由式（4.4）和式（4.5）可知：

$$C=\begin{pmatrix} 0 & \gamma_2 & \gamma_1 \\ \delta_1 & 0 & \delta_2 \\ 0 & 0 & \varepsilon_1 \end{pmatrix},\ N=\begin{pmatrix} \gamma_3 O\ (0)\ +\gamma_4 I\ (0) \\ \delta_3 O\ (0) \\ \varepsilon_2 O\ (0)\ +\varepsilon_3 A\ (0) \end{pmatrix}$$

（2）模型可控性分析

工业化建筑标准化系统多主体协同的研究基础是希望系统的输入要素能够对标准化系统的状态实现完全控制，从而使系统具备与预期相符的动态特性。工业化建筑标准化动力系统的可控性反映的是系统的控制输入对系统状态的影响。可控性分析的基本问题是能否通过调整动力因子变量的方法，使得标准化系统的动态运行结果达到理想的目标。

$$CN=\begin{pmatrix} 0 & \gamma_2 & \gamma_1 \\ \delta_1 & 0 & \delta_2 \\ 0 & 0 & \varepsilon_1 \end{pmatrix} \begin{pmatrix} \gamma_3 O(0)+\gamma_4 I(0) \\ \delta_3 O(0) \\ \varepsilon_2 O(0)+\varepsilon_3 A(0) \end{pmatrix} =$$

$$\begin{pmatrix} \gamma_2\delta_3 O(0)+\gamma_1[\varepsilon_2 O(0)+\varepsilon_3 A(0)] \\ \delta_1[\gamma_3 O(0)+\gamma_4 I(0)]+\delta_2[\varepsilon_2 O(0)+\varepsilon_3 A(0)] \\ \varepsilon_1[\varepsilon_2 O(0)+\varepsilon_3 A(0)] \end{pmatrix}$$

$$C^2N=\begin{pmatrix} \gamma_2\delta_1[\gamma_3 O(0)+\gamma_4 I(0)]+(\gamma_2\delta_2+\gamma_1\varepsilon_1)[\varepsilon_2 O(0)+\varepsilon_3 A(0)] \\ \delta_1\gamma_2\delta_3 O(0)+(\delta_1\gamma_1+\delta_2\varepsilon_1)[\varepsilon_2 O(0)+\varepsilon_3 A(0)] \\ \varepsilon_1\varepsilon_1[\varepsilon_2 O(0)+\varepsilon_3 A(0)] \end{pmatrix}$$

$$(N\ CN\ C^2N)=\begin{pmatrix} \gamma_3 O(0)+\gamma_4 I(0) & \gamma_2\delta_3 O(0)+\gamma_1[\varepsilon_2 O(0)+\varepsilon_3 A(0)] & \gamma_2\delta_1[\gamma_3 O(0)+\gamma_4 I(0)]+(\gamma_2\delta_2+\gamma_1\varepsilon_1)[\varepsilon_2 O(0)+\varepsilon_3 A(0)] \\ \delta_3 O(0) & \delta_1[\gamma_3 O(0)+\gamma_4 I(0)]+\delta_2[\varepsilon_2 O(0)+\varepsilon_3 A(0)] & \delta_1\gamma_2\delta_3 O(0)+(\delta_1\gamma_1+\delta_2\varepsilon_1)[\varepsilon_2 O(0)+\varepsilon_3 A(0)] \\ \varepsilon_2 O(0)+\varepsilon_3 A(0) & \varepsilon_1[\varepsilon_2 O(0)+\varepsilon_3 A(0)] & \varepsilon_1\varepsilon_1[\varepsilon_2 O(0)+\varepsilon_3 A(0)] \end{pmatrix}$$

γ_i、δ_i、ε_i 系数代表对系统水平的影响程度，通过制度设计，使各要素具有相关性。若 γ_i、δ_i、ε_i 全为0，工业化建筑标准化系统不可控。而在实际情况下，由于系统的复杂性，γ_i、δ_i、ε_i 不会都为0，所以矩阵（$N\ CN\ C^2N$）行列式不为0，该矩阵为满秩矩阵，即 $\mathrm{rank}(N\ CN\ C^2N)=3=n$（状态空间的维数）。

因此，该系统是可控的。

由经济控制论中系统可控性的定义可知，在国家的干预和控制 $U(t)$ 作用下，可有效使系统水平达到预定目标。能够通过加强标准体系性能建设、合理协调各主体之间的关系、提高资源充沛度、信息有效度来达到控制工业化建筑标准化系统的目的。

(3) 模型稳定性分析

对于经济系统而言，稳定性关系到一个实际的经济系统在运行中能否实现预定的目标，其实质是考察系统由初始状态扰动引起的受扰运动能否趋近或返回到平衡状态，它是经济控制论研究的重要问题之一。对工业化建筑标准化系统进行稳定性分析目的在于了解系统的动态运行规律，预测发展方向，分析系统中各因素之间的相互关系和对系统的影响。

根据 Lyapunov 稳定性判别方法，在模型的状态方程中，$C=\begin{pmatrix}0 & \gamma_2 & \gamma_1 \\ \delta_1 & 0 & \delta_2 \\ 0 & 0 & \varepsilon_1\end{pmatrix}$，$\lambda$ 是 C 的特征值的充要条件是 $\det(C-\lambda I)=0$，可得特征方程

$$(\lambda_2-\delta_1\gamma_2)(\lambda-\varepsilon_1)=0$$

γ、δ、ε 均为实数，且大于 0，因此，解得特征值 $\lambda_1=\sqrt{\delta_1\gamma_2}$，$\lambda_2=-\sqrt{\delta_1\gamma_2}$，$\lambda_3=\varepsilon_1$。

根据 Lyapunov 理论可以得到以下结论：

1) 当 $\delta_1\gamma_2<1$，$\varepsilon_1<1$ 时，工业化建筑标准化系统存在稳定的平衡状态。这意味着系统发展的动力不足，工业化建筑标准体系的性能与系统之间没有形成有效的正反馈模式，无论市场和社会的需求多大，工业化建筑标准化系统没有形成源动力，无法达到预期的目标，从而失去发展的动力。

2) 当 $\delta_1\gamma_2>1$，或 $\varepsilon_1>1$ 时，工业化建筑标准化系统不存在平衡点。这意味着工业化建筑标准化系统会随着各因素的变化而发展。工业化建筑标准体系性能的完善与系统的水平形成相互促进的关系，进而进一步推进标准化工作；$\varepsilon_1>1$，说明通过资源、信息等条件的提高和工业化建筑标准体系的完善，各主体实施标准化的协同程度会得到提升。

3) 当 $\delta_1\gamma_2=1$，$\varepsilon_1=1$ 时，工业化建筑标准化系统处于临界状态，系统的稳定性会受到系统构成要素和初始条件的变动的影响。

通过以上分析，可以看出工业化建筑标准化系统发展的动力在于：系统水平和标准体系能否形成正反馈的关系以及各主体实施标准化协同程度对系统水平提升的影响，因此，下文将重点研究工业化建筑标准化相关主体协同问题。

第三节 工业化建筑标准化主体协同

工业化建筑标准化不是一个孤立的事物，而是多个主体参与下的工业化建筑标准制定、贯彻使用进而修订的动态过程。通过第三章的工业化建筑标准化系统运行的动力机制研究分析，根据系统动态运行模型可以得出工业化建筑标准化系统相关主体协同性是影响工业化建筑标准化系统水平的关键因素。开展工业化建筑标准化活动受到政府、社会团体、第三方机构、企业等多主体的影响，各主体利益诉求不同，采取的行为不同，会使标准化达不到预期效果，所以要将各方主体的行为抽象为在不同环境中的博弈问题，以试图解决这一过程中各方主体间的相互协同关系，并最终提出使得标准化系统中各方要素达到理想状态的协同机制。建筑产业是我国重要的经济支柱和能源消耗产业，因此建筑行业要

严格遵守国家发布的相关规章、制度。2011年12月，为了规范工程建设领域标准化管理工作，中华人民共和国住房和城乡建设部印发了《工程建设国家标准化管理办法》和《住房和城乡建设部标准编制工作流程（试行）》。该办法及规定所定义的工程建设行业标准化工作包括工业化建筑，因此工业化建筑标准化工作要遵守该办法及规定。“办法”中明确规定：住房和城乡建设部标准定额司（以下简称标定司）全面负责标准的编制管理工作。住房和城乡建设部标准定额研究所（以下简称标定所）协助标定司做好标准编制工作。住房和城乡建设部各专业标准化技术委员会（以下简称标委会）负责标准编制全过程中技术文件质量和进度的日常管理。主编单位按照要求完成标准编制工作及相关文件的起草工作。各地方标准化管理部门要履行组织制定、实施工程建设领域行业标准，并对标准实施情况进行监督检查；可委托行业标准化管理机构（行业标准化管理职能的联合会、协会以及集团公司等相关机构）进行行业标准制定的具体组织管理工作。“办法”中规定：任何政府机构、行业社团组织、企事业单位以及个人都可以提出制定行业标准的立项申请；标准起草单位应按申请人立项要求组织科研、生产、用户等方面人员成立工作组共同起草。

结合前文工业化建筑标准化系统主体要素分析以及从世界标准化发展范围来看，按照政府干预的程度来划分，工业化建筑标准体系建设理论上可以分为三种模式：政府主导的拉动模式，社会团体自治模式以及混合模式。本书所提到的模式只是一个粗略的勾画，现实中很难说非常确切地符合其中的某一种模式，更多地可以认为是与其中某一种模式相近。因此，这样的划分仅仅起一个理论上的参考坐标的作用[65]。本书重点研究标准制定、实施两个环节存在的主要主体协同问题。

一、工业化建筑标准制定的三种模式

1. 政府引导的拉动模式

在政府引导性管理模式中，政府作为引导者、监督者和服务者，在工业化建筑团体标准化活动中承担的主要功能有三点：一是制定工业化建筑标准的相关政策以及符合市场环境的标准化战略。营造良好的工业化建筑团体标准发展氛围，及时更新标准化战略，奠定工业化建筑标准的发展方向。二是促进工业化建筑团体标准的实施与扩散。首先鼓励政府机构采购并使用团体标准，其次建立团体标准转化为国家标准、行业标准和地方标准的机制，再次是通过政治谈判推动工业化建筑标准的国际扩散，最后加大对团体标准的宣传，提高公众以及企业对工业化建筑团体标准的认知度。三是监督团体标准制定的全过程，避免市场垄断与市场失灵等问题，并为公众提供高技术产业团体标准信息服务，建立信息平台，要求团体标准组织在平台上公布团体标准信息，政府对标准有关信息进行统计并公开，方便公众查询及监督。该模式的优点一是在于给予团体标准组织极大的自主空间，能促进团体标准组织的快速成长，提高团体标准组织的标准制定能力。政府不过多干预，减少了烦琐的行政化程序，提高了团体标准制定的工作效率。二是在于政府营造了筹备阶段良好的政策环境，并且提供了多种团体标准扩散的渠道，以引导者和服务者的角色为工业化建筑团体标准的发展保驾护航，有利于我国高技术企业在国际标准竞争中取得先机。该模式也存在以下两个缺点，一是团体标准的开发阶段缺乏协调机制。工业化建筑团体标准制定过程中存在多方利益集团，如果利益冲突得不到有效的协调，会降低团体标准的制定效率。二是团体标准制定过程中缺乏政府的有效监管。这一模式中政府的介入程度较浅，治理方式大多是从宏观层面进行调控，因此存在政府监管力不足的情况。而团体标准的实施和扩散过程中容易出现技术垄断、技术锁定等市场失灵问题，如果政府不进行有效的监管，这些问题会严重损坏公共利益，扰乱工业化建筑产业的市场秩序，阻碍我国经济的整体发展。

拉动模式往往在行业标准化发展初期得到较多应用，对政府提出了更高的要求。当行业以及相关标准化发展与其他行业或者国家有着较大差距时，拉动模式是标准化快速协调发展的有效手段。在拉动模式下，政府行为主要包括：

(1) 提供自愿性规范、指南、框架、愿景等。政府采用这一自愿性方式对团体标准化组织的行为进行引导，以规避违规行为和消除不公平竞争。

(2) 构建有效的第三方评价机制。政府应积极进行制度设计，健全团体标准的第三方评价机制，加强宣传力度，鼓励团体组织积极参与三方评价，形成有效的、覆盖面广的评价机制。

(3) 完善政府采购制度。政府重视通过第三方认证或经市场广泛运用并且与公共利益相符合的团体标准，将使用这些团体标准的产品或服务纳入政府采购清单。

(4) 出台具体的团体标准转化政策。政府应确定团体标准转化的主管机构，明确团体标准转化的条件和团体标准转化的程序。

2. 社会团体自治模式

2015 年 3 月国务院印发的《深化标准化工作改革方案》明确提出要培育和发展团体标准，将团体标准定位于市场自主制定的标准，侧重于提高竞争力。团体标准的制定主体是具有法人资格和相应专业技术能力的学会、协会、商会、联合会以及产业技术联盟等社会团体（一般由行业领域龙头企业组成，其制定的标准能反映最新的技术变化和市场需求），可协调相关市场主体自主制定发布供社会自愿采用的团体标准。团体标准制定在参加性质上具有自愿性，这种自愿性来自于各方间共同利益的自愿性。政府不参与团体的标准化活动，但在初期会给予资金支持，或在团体参与国际标准制定时给予支持。团体制定的标准为组织中的成员共同使用，但如果成员存在“搭便车”思想，会导致团体标准制定过程中形成集体行动困境。同时，一旦团体标准被市场所认可，团体标准的排他性可能引发垄断问题，从而阻碍技术创新的开展。而参与团体标准制定的成员会对团体标准组织进行游说，让其制定符合自身利益的标准，将与其标准不一致的竞争对手从市场排挤出去。因此，这些行为都可能造成工业化建筑标准化工作无法正常运行，需要有效的机制进行协调。

3. 混合模式

混合模式是工业化建筑相关企业主导的内生模式和政府主导的拉动模式结合的产物，政府和企业主导地位不明确。根据国家及建筑行业发展实际情况，选择政府或企业作为标准化活动的主体，产业界、科研院所等中介机构共同参与标准的制、修订等全过程，共同推动标准化的协调发展。混合模式适用于当行业以及标准化发展落后于其他国家及行业的时候。政府进行干预时既要促进各主体之间的良性互动，还要保护市场竞争机制的基础作用。实际上混合模式是根据实际的协调发展需要而形成的两种模式的结合，政府要通过经济和法律手段引导建筑企业积极参与到建筑工业化标准化过程中来。混合模式适合建筑行业及其标准化发展的过渡期。

混合模式属于标准化发展的一个重要的过渡期。在这个过程中政府既要积极地营造标准化的氛围，同时要逐步减少对标准化工作的干预。工业化建筑企业要将标准化同自身战略紧密结合，不仅短期有利于企业提高竞争力，而且在长期能够有效促进可持续发展中介结构逐步形成独立发展的态势，为政府和企业服务，提供专业化的技术技能和管理技能。

从建筑行业以及工业化建筑标准化发展历史来看，自 20 世纪 50 年代的发展初期，经历了产生、起步、国际接轨和高速发展四个阶段[66]，当前我国工业化建筑资源开发利用标准化发展呈现以下几方面特点：

(1) 行业发展较快，但在标准化方面与国内其他行业以及发达国家仍有较大差距。

(2) 过去一直由政府主导的建筑行业标准化工作，仍然在很多地方继承了下来，政府干预程度较高。

(3) 建筑行业标准化相关法律法规和制度环境逐步完善。

(4) 由于受大环境的影响，工业化建筑行业已经步入市场化轨道，市场竞争的逐步增加，逐步催生企业对标准的需求，尤其在建筑产品的质量标准上，建筑企业已经有了较高的积极性。

(5) 随着资源的趋紧，对行业可持续发展的认识越来越深，标准已经逐步被认识到其对于行业可持续发展的重要意义，其逐步与企业的战略相联系。

(6) 行业内标准化中介机构数量较少，真正意义上独立的中介机构很少。

从以上当前我国工业化建筑标准化发展的特点可以看出，目前标准化的发展处于一个承前启后的关键时期，市场和企业逐步认识到标准的重要意义，并且已经和企业战略相联系，作为提高竞争力的一种手段，但是，由于历史的原因，不能完全脱离政府而独立发展，很大程度上依赖政府的工作去推动标准化的发展。这些客观现实条件决定了目前工业化建筑标准化中其协调模式只能选择混合模式。一方面，政府继续支持工业化建筑标准化的发展，但由主导的地位逐步向监督管理转变，同时，鼓励成立职能完善的、相对独立的中介机构。另一方面，企业积极参与标准化，利用有利政策，在标准化过程中为企业发展赢得先机。工业化建筑标准化协调发展模式如图 4-9 所示。

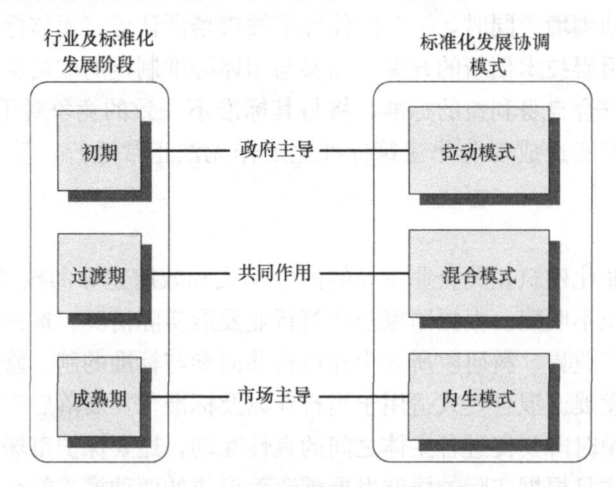

图 4-9　工业化建筑标准化模式

二、工业化建筑标准化标准制定环节的主体协同问题

政府、社会团体、第三方机构、企业等多方主体共同参与工业化建筑标准实施过程。政府除了制定国家标准外，主要是对标准实施过程进行监督管理，并制定团体标准政策体系。社会团体是独立法人或非法人状态的产业技术联盟和行业商会，负责制定高效具有市场活力的团体标准并对团体内部进行治理。第三方机构，一是可代替政府履行部分监管职能，节约政府资源；二是评估团体标准是否合法合规，是否符合市场需求以及是否具有垄断倾向；三是为消费者提供参考依据。企业既参与标准制定，同时也是标准实施对象，是标准的践行者。

首先分析政府、第三方机构和企业之间的协同问题。在工业化建筑标准实施中，由于专业知识或能力等因素的限制，政府会委托第三方对企业标准践行情况进行评估、管理、推动，形成政府和第三方机构的委托代理关系。但是第三方机构是理性的“经济人”，也有自身的利益追求，其以追求工业化建筑行业的总体利益为职责，由于政府和第三方机构的信息不对称，会出现政府不能够完全观察到第三方机构行为的情况，此时第三方机构在利益最大化的驱动下充分利用信息优势，推动标准贯彻实施时隐藏作为偷懒，抑或是滥用代理权，推动标准贯彻实施时与企业“合谋”进行非生产性的寻利活动，如默许该企业不进行标准的实施，合谋获取政府奖励等，从而产生针对政府的寻租活动。第三方机构的寻租行为严重阻碍工业化建筑标准的落实，影响建筑工业化标准化建设。在这种情况下，政府要对第三方机构进行监督管理，因此第三方机构的寻租行为成了政府、第三方机构和企业相互协作的最大问题。为了有效治理第三方机构的寻租行为，本书接下来运用博弈论，构建政府、第三方机构与企业的三方博弈模型，对第三方和企业间的寻租行为进行博弈分析，并提出三方协同的建议。

第四节　工业化建筑企业之间动态博弈分析

市场中有多少工业化建筑产品企业就有多少种技术标准，在国家标准的制定中，标准制定者和企业是一对多的关系，如果标准制定者选择一家企业的技术标准作为国家标准的一部分，那么其他企业也会被迫执行这种标准，会大大增加这些企业的负担，因此，企业之间就会产生竞争，企业间的协同问题就浮出水面。

一、网络效应下的产品效用函数

具有网络效应的产品的效用主要由产品的单独效用和网络效用两部分组成。单独效用是指在没有其他用户使用该产品的情况下，该产品自身发挥的效用。网络效用是指由于其他用户的使用而使该产品增加的附加效用，网络效用应是用户数量的函数[67]。工业化建筑系统中同样存在产品的网络效用，如部品部件供应商和BIM开发商研发的产品，会随着全产业链的覆盖，对工业化建筑相关企业产生网络效用。

产品效用函数可表示为：

$$U=I+E(n) \tag{4.6}$$

U 表示产品效用，I 表示产品的单独效用，E 表示产品的网络效用，n 表示用户数

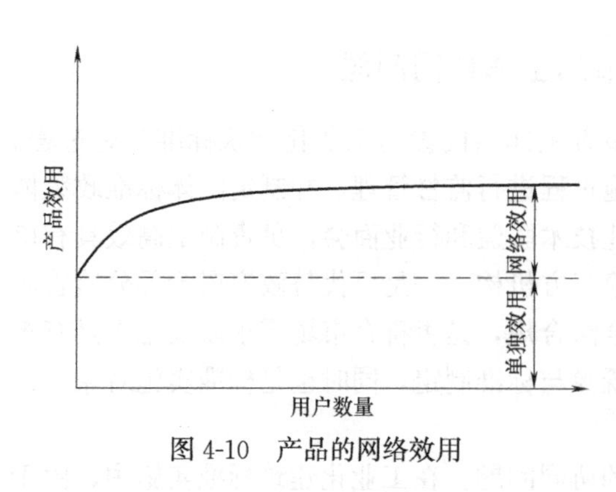

图 4-10　产品的网络效用

量，E 是 n 的函数。

产品效用函数如图 4-10 所示。

由图 4-10 可知，产品的单独效用不随用户数量的变化而改变，是固定的；而产品的网络效用随着用户数量的增多而增大，是正相关关系；产品的边际效用随着用户数量的增多，网络规模的增大而递减。此外，不同用户对产品网络效用的评价很可能会不同，如喜欢交流、共享的用户，其所获得的网络效用会比较高。很多因素对产品网络效用产生影响，但为了处理时比较简单，本书把网络效用的函数表达成用户数量的简单的线性关系，即 $E(n)=b\cdot n$，b 表示网络效益系数。式（4.6）就转换为：

$$U=I+b\cdot n \tag{4.7}$$

二、动态博弈模型的建立

本书意在给出博弈模型的基本分析思路，为了简化分析过程，会提出各种假设，虽然可能和实际情况不完全相同，但是可依据这种分析思路进行复杂的扩展分析。

假设企业分阶段进入工业化市场，进入市场后，国家标准制定者只能选择一家工业化建筑产品企业的产品，选择后不可更改。假设建筑工业化市场上有两家相互竞争的企业：A 和 B，这两家企业的产品所采用的技术标准互不兼容，二者竞争结果取决于标准制定者的选择。对于国家标准制定者而言，要选择能够使其获得最大产品效用的企业，而这取决于选择的产品带来的效用是否最大。由式（4.7）可知，产品效用函数可写为：

$$U=I+E \tag{4.8}$$

其中，网络效用 $E=b\cdot n$，n 表示企业数量，b 表示网络效益系数。为了简化分析，本书用企业数量的线性关系表示网络效用函数。

假设在一定时间内，企业和预制部品部件等产品的寿命足够长，新企业不断进入工业化建筑市场，而且老企业仍还在该市场，即产品的市场容量不断扩大，产品的网络效用因企业数量的增多而不断增加。企业是连续进入工业化市场的，可将企业进入工业化建筑市场的阶段划分为无限多个，假设每个阶段进入工业化市场的企业数量为 n_j（$j=1$、2、3…），那么企业获取的网络效益受到各个阶段企业的选择。

供应商之间是完全且完美信息动态博弈，也就是说标准制定者在第 j 阶段工业化市场时，完全了解企业 A 和企业 B 的部品件产品的单独效用 I_A 和 I_B，以及上一个阶段的企业数量 n_j-1；另外标准制定者还需要考虑下一个阶段企业的选择。所以，可以运用动态博弈分析方法，构建完全且完美信息动态博弈模型，然后利用逆推归纳法，从最后一个阶段的标准制定者的选择行为开始进行博弈分析，逐步逆推到前一阶段标准制定者的选择行为，一直分析到本阶段的选择行为。

根据式（4.6）和式（4.7）可知，选择企业 i（$i=$A、B）的标准制定者在 j（$j=1$、2、3…）阶段获得的效用函数是：

$$U_i=I_j^i+E_j^i=I_j^i+b\cdot n_j^i \tag{4.9}$$

其中，E_j^i 和 I_j^i 分别表示在第 j 阶段选择企业 i 的软件产品的网络效用与单独效用，n_j^i 表示在第 j 阶段选择使用企业 i 的产品标准的数量。

为了方便分析，最大程度上简化动态博弈模型，本书只分析第 1 阶段、第 2 阶段和第 3 阶段标准制定者的选择行为，即 $j=1$、2、3。将在第 1 阶段进入工业化市场的企业称为首批企业，第 2 阶段进入工业化市场的企业称为二批企业，第 3 阶段进入工业化市场的企业称为三批企业。为了方便计算，假设每个阶段进入工业化市场的企业数量是相同的，即 $n=n_1=n_2=n_3=n_4$。

假设 A、B 两家企业的产品的单独效用在所有阶段都一样，即 $I_1^A=I_2^A=I_3^A=I^A$，$I_1^B=I_2^B=I_3^B=I^B$。

假设企业 A 的产品采用的技术标准比较成熟，在第 1 阶段工业化建筑市场上只有企业 A 的产品，所以在第 1 阶段的标准制定者只选择企业 A，此时在企业 B 进入工业化建筑市场前，企业 A 已经具有一定的网络效用 bn_1。假设企业 B 的产品采用的技术标准比较新颖，技术含量高于企业 A，即企业 B 的产品的单独效用大于企业 A 的产品的单独效用，$I^B>I^A$，但是企业 B 不具有第 1 阶段的网络效用。

三、动态博弈中标准制定者的收益分析

国家标准制定者的目标在于选择一家能够实现其产品效用最大化的企业，产品效用最大化也就是收益最大化。下文中将以国家标准制定者的选择为主线，研究标准制定者的选择策略，标准制定者选择策略博弈就是企业 A 和企业 B 的竞争博弈，通过比较分析不同选择策略下标准制定者的收益，然后推导出对选择策略博弈结果产生影响的要素。

由以上分析，能够得到标准制定者选择策略的博弈扩展形。图 4-11 最下方的函数表示标准制定者在不同选择策略下的最终收益，前面的表示二批企业的收益函数，后面的表示三批企业的收益函数。本书以下详述企业收益的计算过程。

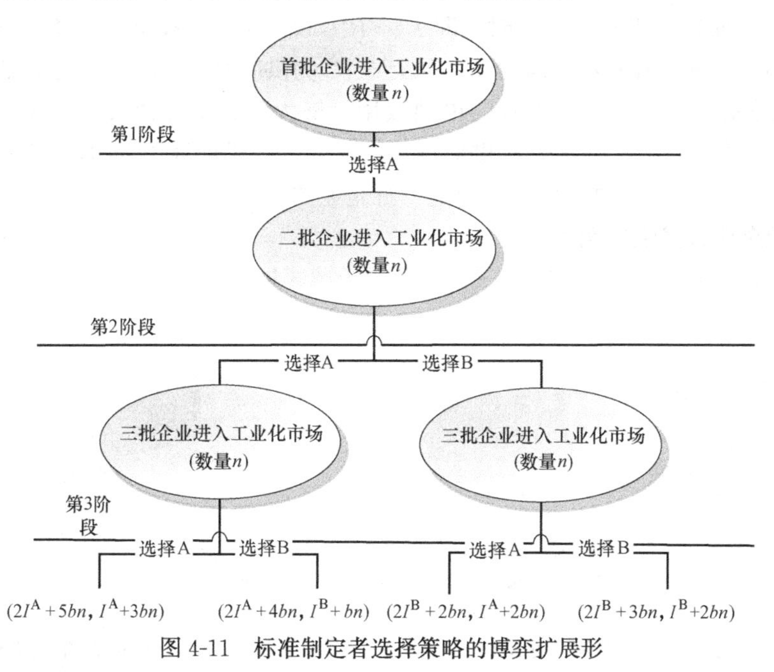

图 4-11　标准制定者选择策略的博弈扩展形

在第 2 阶段，二批企业的单独效用是 I^{A}，网络效用是 $b \cdot (n_1+n_2+n_3)=3bn$，则总效用 $U_1^{二}=I^{A}+2bn$，在第 3 阶段，二批企业的单独效用仍是 I^{A}，网络效用随着三批企业的加入而增加，网络效用是 $b \cdot (n_1+n_2+n_3)=3bn$，则总效用 $U_2^{二}=I^{A}+3bn$。由此可知，二批企业两个阶段的总效用是 $U^{二}=U_1^{二}+U_2^{二}=2I^{A}+5bn$。由于三批企业只在第 3 阶段获得效用，单独效用是 I^{A}，网络效用是 $b \cdot (n_1+n_2+n_3)=3bn$，所以三批企业的总效用是 $U^{三}=I^{A}+3bn$。

同理，其他三个策略的得益计算以此类推。

综上所述，能够得到二批企业和三批企业的最终得益矩阵，如表 4-3 所示。

最终得益矩阵 **表 4-3**

		三批企业	
		选择 A	选择 B
二批企业	选择 A	$2I^{A}+5bn, I^{A}+3bn$	$2I^{A}+4bn, I^{B}+bn$
	选择 B	$2I^{B}+2bn, I^{A}+2bn$	$2I^{B}+3bn, I^{B}+2bn$

四、动态博弈的逆推分析

由逆推归纳法可知，当三批企业进入工业化市场时二批企业的选择已经明确，根据二批企业的选择，三批企业能够选择使自身得益最大化的工业化建筑产品企业，因此先讨论三批企业的得益。

1. 二批企业选择供应商 A

当二批企业选择供应商 A 时，三批企业的子博弈扩展形如图 4-12 所示。

由图 4-12 可知，三批企业选择供应商 A 时得益为 $I^{A}+3bn$，选择供应商 B 时为 $I^{B}+bn$。当 $(I^{A}+3bn)-(I^{B}+bn)<0$ 时，即 $I^{B}-I^{A}<2bn$ 时，三批企业选择供应商 B；反之，$I^{B}-I^{A}>2bn$，三批企业选择供应商 A。令 $I^{B}-I^{A}$ 为供应商 B 单独效用的增加值。

由上述分析可知：当供应商 B 的单独效用足够大，其增加值大于 $2bn$ 时，三批企业为了使自身得益最大化，必然选择供应商 B；反之，当供应商 B 的单独效用增加值小于 $2bn$ 时，三批企业会选择供应商 A，跟随二批企业的选择。

2. 二批企业选择供应商 B

当二批企业选择供应商 B 时，三批企业的子博弈扩展形如图 4-13 所示。

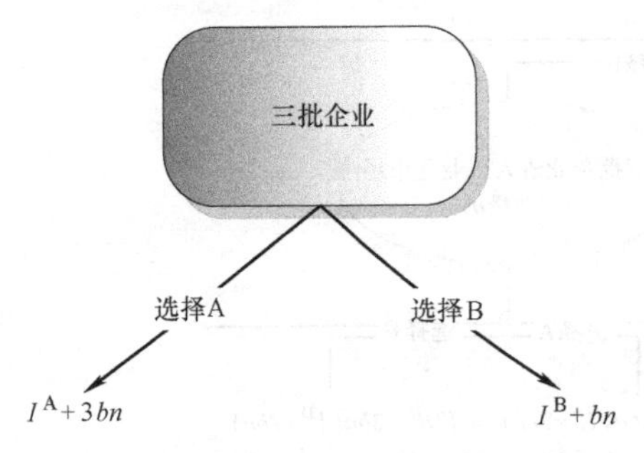

图 4-12　三批企业的子博弈扩展形 1

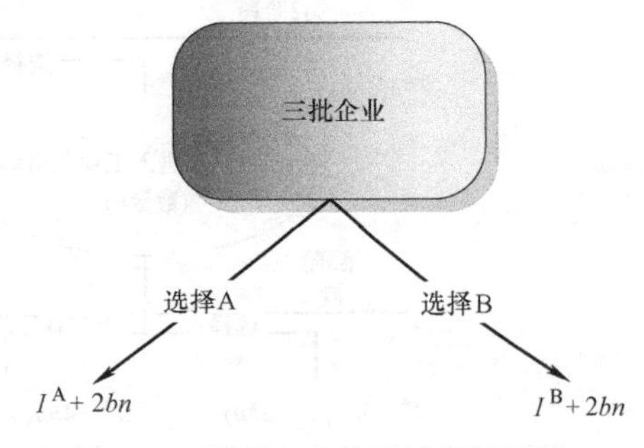

图 4-13　三批企业的子博弈扩展形 2

由图 4-13 可知，三批企业选择供应商 A 时得益为 I^A+2bn，选择供应商 B 时得益为 I^B+2bn。由前文假设可知，$I^B>I^A$，所以（I^A+2bn）−（I^B+2bn）<0，说明当二批企业选择供应商 B 时，三批企业选择供应商 B 是上策，此时三批企业选择跟随策略。

综合上述两种情况，三批企业的选择如表 4-4 所示。

不同条件下三批企业的选择策略 **表 4-4**

条件	三批企业的选择
二批企业选择 A 时，且 $I^B-I^A<2bn$	供应商 B
二批企业选择 A 时，且 $I^B-I^A>2bn$	供应商 A
二批企业选择 B	供应商 B

3. 二批企业的选择策略分析

假设二批企业完全知晓自己的选择对三批企业的影响，因此二批企业要根据三批企业的选择，选择使自身两阶段获取最大效用的供应商。根据对三批企业选择策略的得益分析，二批企业明晰如果其选择供应商 B，三批企业必然选择供应商 B，因此二批企业的子博弈扩展形简化为图 4-14。

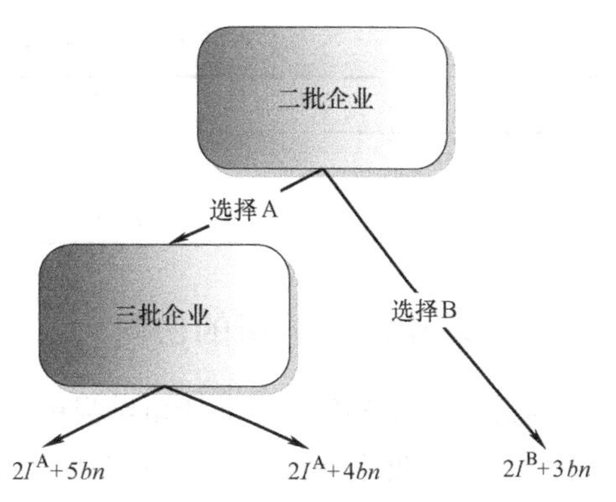

图 4-14 二批企业的子博弈扩展形简化

由图 4-14 可知，二批企业有两种策略选择，却有三种不同的得益函数。二批企业选择供应商 A 时，得益是 $2I^A+5bn$，此时三批企业选择供应商 A，或者得益是 $2I^A+4bn$，此时三批企业选择供应商 B；选择供应商 B 时，得益是 $2I^B+3bn$。

分以下三种情况比较分析：

（1）当 $2I^B+3bn>2I^A+5bn$ 时，即 $I^B-I^A>2bn$

不管三批企业如何选择，二批企业选择供应商 B 获得的效用大于 A，此时二批企业必然选择供应商 B。

（2）当 $2I^B+3bn<2I^A+4bn$，即 $I^B-I^A<bn$

不管三批企业如何选择，二批企业选择供应商 B 的效用小于 A，此时二批企业必然会选择供应商 A。

（3）当 $2I^A+4bn<2I^B+3bn<2I^A+5bn$ 时，即 $bn<I^B-I^A<2bn$

此时需要考虑三批企业的选择，由表 4-4 可知，当“二批企业选择供应商 A，且 $I^B-I^A<2bn$”时，三批企业必然选择供应商 A。因此当 $bn<I^B-I^A<2bn$，二批企业的子博弈扩展形简化为图 4-15。

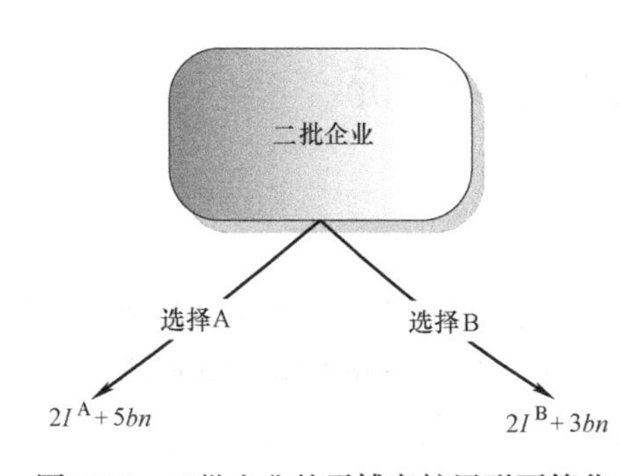

图 4-15 二批企业的子博弈扩展形再简化

比较 $2I^A+5bn$ 和 $2I^B+3bn$ 的大小，由于是在 $bn<I^B-I^A<2bn$ 条件下进行讨论，因此

$2I^{A}+5bn<2I^{B}+3bn$，即选择企业 A 的得益比 B 大。此时，标准制定者必然选择企业 A。

综合以上三种情况，二批企业的选择如表 4-5 所示。

不同条件下二批企业的选择策略 **表 4-5**

条件	二批企业的选择
$I^{B}-I^{A}<2bn$	供应商 A
$I^{B}-I^{A}>2bn$	供应商 B

综合以上分析，可得到在不同条件下，二批企业和三批企业的纳什均衡策略，如表 4-6 所示。

不同条件下二批企业和三批企业的纳什均衡策略 **表 4-6**

条件	二批企业的纳什均衡策略	三批企业的纳什均衡策略
$I^{B}-I^{A}<2bn$	供应商 A	供应商 A
$I^{B}-I^{A}>2bn$	供应商 B	供应商 B

五、基于博弈分析的协同

由表 4-6 可知企业标准竞争结果的影响因素，如果企业足够理性，在完全且完美的信息条件下，三批企业必然会跟随二批企业的选择。因此企业 A 和企业 B 产品的单独效用的差值与网络效用的大小决定着竞争结果。由于企业 A 的产品采用的技术标准比较成熟，具有首批网络效用的优势，企业 B 要想战胜 A，就必须使其单独效用增加值 $I^{B}-I^{A}$ 足够大，大过企业 A 的网络效用，由表 4-6 可知，至少大于 $2bn$ 才能使企业 B 在竞争中获胜。另外，企业数量 n 和网络效应系数 b 也会影响供应商间竞争结果，首批企业数量越多，网络效应系数越大，企业 A 的优势越大，企业 B 获得竞争胜利的困难就越大。

由上述分析可知，$I^{B}-I^{A}<2bn$ 时，标准制定者选择企业 A；$I^{B}-I^{A}>2bn$ 时，标准制定者选择企业 B。对于企业而言，要努力提高其自身的单独效用，如采用最新且成熟的开发技术，增加产品的技术含量等，使自己在竞争中胜出；而一旦标准制定者选择了使其得益最大化的企业采用的技术标准作为工业化建筑标准的一部分，为了供应商之间更好地协同工作，其余未被选中的供应商要尽快地学习选中企业的技术标准，改造自家的产品，不至于被排除在市场之外。

第五节　第三方机构寻租博弈分析

一、博弈模型的假设与形式

政府、第三方机构和企业之间进行博弈过程中，第三方机构和企业有两种策略：寻租或者不寻租；根据第三方机构和企业的选择，政府可供参考的选择策略：监督或者不监督；监督结果：查出或者没查出，查出第三方机构和企业的寻租行为，将进行惩罚。

设 a 是权力委托变量，是政府和第三方机构之间通过契约形成的由第三方机构作为政府的代理人，负责工业化建筑标准的实施，a 的市场价值是 C，在第三方机构实施工业化建筑标准期间，以 D 的价格让渡 a 给企业，那么，当 $C-D=0$ 时，说明第三方机构尽职尽责；当 $C-D>0$ 时，说明第三方机构不尽职，具有寻租行为，$C-D$ 表现为政府的损失；$C-D<0$ 的情况不存在，因为企业是理性经济人，不会以大于市场价值 C 的价格购入 a。

假设第三方机构由于腐败而得到企业的行贿，收入为 H，一般情况下 $D+H\leqslant C$，政府的监督成本是 I，则：

(1) 当第三方机构和企业进行寻租活动，且政府不监督时，第三方机构、建筑企业和政府的支付分别是：H，$C-D-H$ 和 $-(C-D)$；

(2) 当第三方机构和企业进行寻租活动，政府进行监督但不成功时，行业协会、企业和政府的支付分别是：H，$C-D-H$ 和 $(C-D)-I$；

(3) 当第三方机构和企业进行寻租活动，政府进行监督且成功时，政府对行业协会进行惩罚 J_1，对企业也进行惩罚 J_2，此时第三方机构、企业和政府的支付分别是：$H-J_1$，$C-D-H-J_2$ 和 $J_1+J_2-(C-D)-I$；

(4) 当第三方机构和企业不进行寻租活动，且政府不监督时，第三方机构、企业和政府的支付分别是：0，0，0；

(5) 当第三方机构和企业不进行寻租活动，但政府监督时，第三方机构、企业和政府的支付分别是：0，0，$-I$。

假设第三方机构和企业进行寻租的概率是 P_D，政府实施监督的概率是 P_I，政府实施监督且成功的概率是 P_J，即政府监督效率。根据上述分析和假设，第三方机构、企业和政府三方博弈模型如表 4-7 所示。

三方博弈模型　　　　**表 4-7**

第三方机构和企业	政府监督		不监督($1-P_I$)
	成功(P_J)	不成功($1-P_J$)	
寻租(P_D)	$H-J_1$	H	H
	$C-D-H-J_2$	$C-D-H$	$C-D-H$
	$J_1+J_2-(C-D)-I$	$-(C-D)-I$	$-(C-D)$
不寻租($1-P_D$)	0	0	0
	0	0	0
	$-I$	$-I$	0

二、三方博弈分析

1. 当给定第三方机构和企业进行寻租活动的概率为 P_D 时

政府进行监督和不监督的预期收益是：

$$K_1=P_D\{P_J[J_1+J_2-(C-D)-I+(1-P_J)(-(C-D)-I)]\}+(1-P_D)(-I)$$

$$K_2=P_D[-(C-D)]+(1-P_D)\times 0$$

令 $K_1=K_2$，即

$$P_D\{P_J[J_1+J_2-(C-D)-I+(1-P_J)(-(C-D)-I)]\}+(1-P_D)$$

$$(-I)=P_D[-(C-D)]+(1-P_D)\times 0$$

$$P_D^*=\frac{I}{P_J(J_1+J_2)}$$

由以上分析可知，当政府监督和不监督的期望收益相同时，企业和第三方机构进行寻租活动的概率是 P_D^*。当第三方机构和企业进行寻租活动的概率 $P_D>P_D^*$ 时，政府的最优选择是监督；当第三方机构和企业进行寻租活动的概率 $P_D<P_D^*$ 时，政府的最优选择是不监督；第三方机构和企业进行寻租活动的概率 $P_D=P_D^*$ 时，政府的最优选择是监督或不监督。

2. 当给定政府监督的概率为 P_I 时

第三方机构参与和不参与寻租的收益分别是：

$$K_3=P_I[P_J(H-J_1)+(1-P_J)H]+(1-P_J)H$$

$$K_4=0$$

令 $K_3=K_4$，即

$$P_I[P_J(H-J_1)+(1-P_J)H]+(1-P_J)H=0$$

$$P_I^*=\frac{H}{J_1P_1}$$

由以上分析可知，当第三方机构参与和不参与寻租的期望收益相同时，政府进行监督的最优概率是 P_I^*，当政府监督的概率 $P_I>P_I^*$ 时，第三方机构的最优选择是不参与寻租；当政府监督的概率 $P_I<P_I^*$ 时，第三方机构的最优选择是参与寻租；政府监督的概率 $P_I=P_I^*$ 时，第三方机构的最优选择是寻租或不寻租。

3. 当给定政府监督的概率为 P_I 时

企业参与寻租和不参与寻租的期望收益分别是

$$K_5=P_D\{P_J[(C-D)-H-J_2]+(1-P_J)(C-D-H)\}+(1-P_D)(C-D-H)$$

$$K_6=0$$

令 $K_5=K_6$，即

$$P_D\{P_J[(C-D)-H-J_2]+(1-P_J)(C-D-H)\}+(1-P_D)(C-D-H)=0$$

$$P_I^{**}=\frac{C-D-H}{J_1P_1}$$

由以上分析可知，当企业参与和不参与寻租的期望收益相同时，政府进行监督的最优概率是 P_I^{**}，当政府进行监督的概率 $P_I>P_I^{**}$ 时，企业的最优选择是不参与寻租；当政府进行监督的概率 $P_I<P_I^{**}$ 时，企业的最优选择是参与寻租；政府进行监督的概率 $P_I=P_I^{**}$ 时，企业的最优选择是参与或者不参与寻租。

综合上述三种情况，可知第三方机构、企业和政府三方博弈模型的混合战略纳什均衡是：(P_D^*，P_I^*) 或者 (P_D^*，P_I^{**})。

三、基于博弈分析的协同建议

第三方机构和企业之间的寻租行为的博弈分析说明，第三方机构作为理性的经济人，因为信息的非对称性和特有的代理权，使其进行寻租活动是不可避免的，这也正是政府、第三方机构和企业三方博弈均衡的必然结果。所以，为了更好地实现工业化建筑标准的贯彻落实，为了三方之间的协同工作，政府在委托第三方机构对企业进行监督指导的同时，必须加强对第三方机构和企业之间的寻租活动的管理和监督。

由 $P_D^* = \dfrac{I}{P_J(J_1+J_2)}$ 以及 $P_I^* = \dfrac{H}{J_1 P_1}$ 或 $P_I^{**} = \dfrac{C-D-H}{J_1 P_I}$ 可知：第三方机构和企业之间寻租的最优概率是 P_D^* 以及政府监督的最优概率是 P_I^* 或 P_I^{**} 均与政府监督效率 P_J、对寻租行为的惩罚 J_1、J_2 成反比；第三方机构和企业之间寻租行为的最优概率 P_D^* 和政府的监督成本 I 成正比，为了实现政府、第三方机构和企业之间的协同，政府必须加强内部管理，提高监督效率，增大监督查处成功率，并采取相关措施施加对第三方机构和企业之间寻租行为的惩罚力度。

第六节　工业化建筑标准化协同机制构建

通过以上各个主体间的演化博弈分析，为了使得标准化系统中各方要素达到理想状态。我国工业化建筑团体标准化可以采用"团体标准"＋"认证"＋"品牌建设"的模式。首先，政府引导整合工业化建筑领域相关利益主体，形成一个连接建设方、施工方、设计方、监理方、部品制造商、软件开发商、大学和科研院所等全产业链的标准团体，研制同类企业都适用的产品标准，大家执行统一的标准，统一技术口径，互相监督，共同开发市场，避免标准质量参差不齐。然后，政府授权具有良好信誉和标准化能力的第三方机构（如中国工程建设标准化协会）作为标准认证机构，可将团体标准划分为若干等级，团体可以团体标准作为使用集体商标的商品或者服务质量标准，进行产业品牌建设。在这种模式下，团体可以通过标准认证等级的标准知识产权交易获得收益，也可以吸引更多成员加入团体，收取会员费用。由此可构建团体标准的运行模式理论模型（图 4-16）。

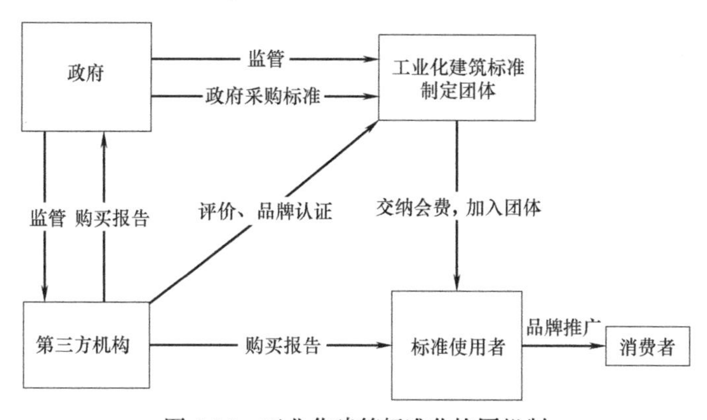

图 4-16　工业化建筑标准化协同机制

本书通过大量的文献研究，运用系统工程的方法、经济控制论、博弈论等经济管理相关方法，将工业化建筑标准体系作为整体进行系统的研究。在对工业化建筑标准化系统的构成和环境进行分析的基础上，提出工业化建筑标准体系运行的动力机制、协同机制和保障机制。

(1) 通过对工业化建筑标准化系统的环境、要素和内涵的分析，运用力学模型，分析政府推力、行业拉力、社会引力和企业动力对工业化建筑标准化系统的作用机理，并构建工业化建筑标准体系的运行模型。通过运用经济控制论，构建工业化建筑标准体系运行的动态模型，分析了可控性和稳定性，发现了工业化建筑标准体系性能、主体之间的协同和标准化资源条件对工业化建筑标准化体系水平提高的作用机理。

（2）通过标准制定模式和工业化建筑主体在制定和实施间的协作关系的分析，提出了协同建议，如政府必须加强内部管理，提高监督效率，增大监督查处成功率，并采取相关措施加大对第三方机构和企业之间寻租行为的惩罚力度；提高企业产品不达标受到的惩罚、惩罚系数等减少企业的寻租活动。

第五章

工业化建筑企业标准化演化及其影响因素

在工业化建筑产业市场需求增加和竞争日趋激烈的背景下，工业化建筑企业应该不断增强企业建造和管理水平。不断提高企业标准化水平成为工业化建筑企业取得市场竞争优势的关键。但是关于工业化建筑企业标准化的研究还缺乏深度的探讨分析，本书对于工业化建筑企业如何开展建造和管理标准化工作有重要价值。

住建部在 2017 年印发了《“十三五”工业化建筑行动方案》指出，到 2020 年，全国工业化建筑占新建建筑的比例达到 15%以上。鉴于工业化建筑前景的预期，许多公司都致力于开发相关装配化的产品，但大多致力于某一方面产品的研发，缺乏系统性的研究和管理制度，相关设计、管理标准欠缺，相关工艺等的规程也尚未完善，需要行业或建筑企业集团牵头制定相应的技术和管理标准，规范引导装配式建筑行业发展的方向。目前工业化建筑市场较小、标准修订滞后等问题突出，特别是成本方面的矛盾。我国尚未建立完善的工业化建筑标准规范体系和定额体系，标准更新不及时、标准化程度不高等问题突出。这使得企业使用标准时矛盾重重，贯彻执行过程中出现问题。

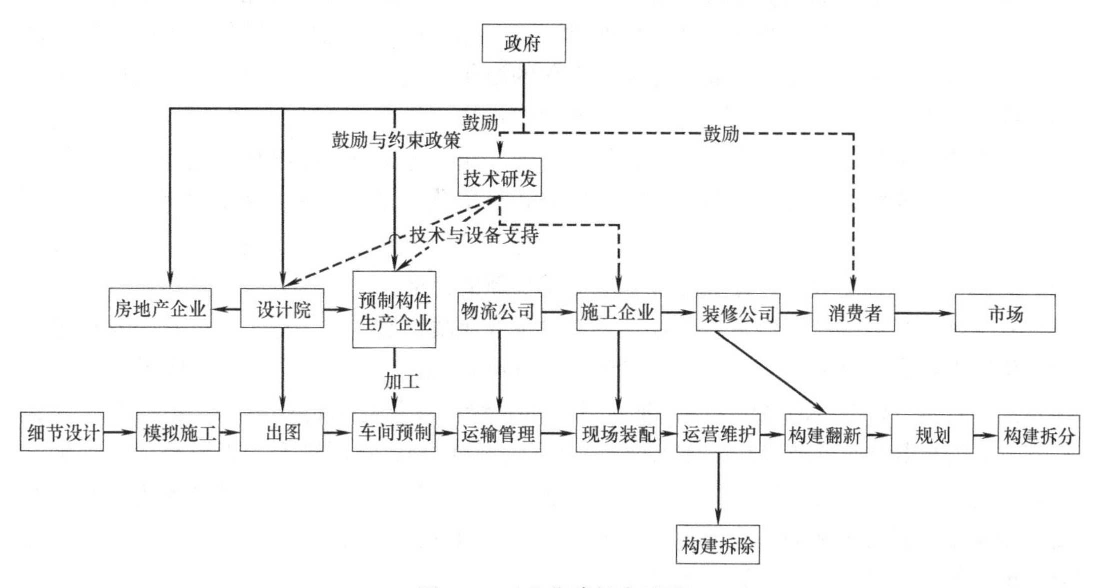

图 5-1　工业化建筑全过程

随着知识经济时代的到来，世界范围内的技术标准竞争越来越白热化，谁制定的标准为世界所用，谁就会从中获得巨大的收益，谁的技术成了标准，谁就掌握市场的主动权和制高点[68-69]。

综上所述，工业化建筑企业标准化工作迫在眉睫，越来越受到社会的关注，在理论领域工业化建筑企业标准化研究成为众多学者的研究对象。目前，国内的工业化建筑企业标准化研究尚处于起步阶段，其中以工业化建筑企业标准化的技术标准与政策制定研究居多。从长远与深度发展看，工业化建筑企业标准化演化发展影响因素的研究将是技术标准与政策制定的基础，是工业化建筑企业标准化中首先需要研究的问题。

第一节　工业化建筑企业标准化演化内涵与过程

科学的学术研究需要明确界定研究对象和内容。本书以工业化建筑企业标准化演化为研究对象，基于访谈对象以及目前工业化建筑企业发展重点，主要研究装配式混凝土（PC）建筑方向，研究其演化的影响因素。以标准化理论和演化理论为基础，分析工业化建筑企业标准化演化过程，包括工业化建筑企业标准化演化的关键影响因素和作用路径。本节介绍工业化建筑企业标准化演化内涵、过程和特点，加深对工业化建筑企业标准化演化的认知，为后文进行研究奠定理论基础。

1. 工业化建筑企业标准化内涵

关于工业化建筑企业标准化演化，可以这样理解：从事工业化建筑行业的企业（这其中有各种分包企业，还有覆盖整个产业链的企业），从企业大力推行国际/国内技术和管理标准，到重视企业标准的正确使用和企业内部标准化系统制度建设，再到企业要密切关注标准制订和发展的动向，争取将有利于本企业的标准发展成行业通用甚至全球通用的标准制度，这一整个发展的过程，它是工业化建筑企业发展的重要模式。

与工业化建筑标准化演化的概念相比，工业化建筑企业标准化演化是以企业为主体的一个理论概念，可以包含企业的技术标准化、管理标准化以及工作标准化，可以说是包含工业化建筑标准化的，并且工业化建筑标准化的演化必须要靠工业化建筑企业的标准化来加以执行和发展，这样才能更好地实现工业化建筑行业的快速飞跃。

标准化水平是标准化演化发展的表征，判断工业化建筑企业标准化演化发展的水平是一个较新的理论概念，可以参照各个行业的企业标准化水平标准来判断，见表5-1。企业标准化可能在某种状况下是高标准化的，但它可能已经被其他企业应用很久并且加以改进完善，创造出更好的效益。标准化并不一定要是新的标准，而是可以从其他行业中引进一些企业标准并加以改进，促进本企业发展就是标准化演化发展的目标。国家对工业化建筑的评价标准也在不断变化，《装配式建筑评价标准》GB/T 51129—2017 取代了《工业化建筑评价标准》GB/T 51129—2015 成为新标准，给工业化建筑行业带来了新的变化。从表5-1可以看出企业标准化水平评判标准，包括企业机制、管理制度、资源利用、企业标准制订情况与国家标准的对比等。演化是企业标准化过程，以产生最佳的效益为目的，主要是新制度、新技术和新标准不断产生的过程，标准化演化不仅仅是处于技术方面的发展，也包括其他诸如国家政策、市场等方面。

本研究认为，工业化建筑企业标准化演化是为解决工业化建筑行业发展过程中的各种难题，通过企业标准化演化中的各种改变，例如标准机构建立与发展、人员标准化培训与发展、领导者对标准化的重视、基层施工人员的技术熟练度和标准了解程度，这些都是影响工业化建筑企业标准化演化的重要方面。工业化建筑企业标准化演化是以工业化建筑企业为主体，受国家政策、市场发展影响的一个过程。

企业标准化水平判断标准　　**表 5-1**

<table>
<tr><th>国家或地区</th><th>判断标准</th><th>提出人或组织</th></tr>
<tr><td>美国</td><td>标准化目标、意识与支持程度，企业相关标准文件，企业标准的制修订，企业标准与国际、国家、行业标准的关系，企业标准化部门合理化，标准化物资的合理利用</td><td>约翰·迪尔(集团)公司提出</td></tr>
<tr><td>中国台湾</td><td>(1)标准化推进机制，包括组织，机制，实施状况，启蒙
(2)标准管理，包括确立标准体系，管理工厂标准，制订标准，标准的修订与作废状况
(3)标准化活动状况，包括产品、零件材料、工作方法、业务处理、设计、情报的标准化
(4)标准化技术方法，包括技术方法的开发状况和适用状况标准化评价，包括评价方法的开发和评价的实施</td><td>企业标准化书籍《如何推行公司标准化》</td></tr>
<tr><td rowspan="6">中国大陆</td><td>产品标准化水平；技术标准、管理标准和工作标准；标准的检测；经受国家质量检验</td><td rowspan="2">刘乃民</td></tr>
<tr><td>产品标准覆盖率、产品实物质量、主要产品的标准化水平</td></tr>
<tr><td>产品的标准水平、实物质量水平、标准体系建立情况、标准化管理水平</td><td>黄东松</td></tr>
<tr><td>工作条件；评审；实践效果</td><td>张锡纯</td></tr>
<tr><td>标准的数量、标准的技术水平，标准化投入，标准化效益，标准的适用性，参与制定通用标准情况</td><td>于欣丽</td></tr>
<tr><td>标准化组织、人员、激励制度、标准制修订情况</td><td>浙江省标准化研究院2011年完成《浙江省工业和信息化领域标准化现状及对策》</td></tr>
</table>

2. 企业标准化演化过程

工业化建筑企业标准化演化是一个复杂的发展过程。理解工业化建筑企业标准化演化过程对于演化促进具有重要意义。对工业化建筑企业标准化演化过程进行描述的目的在于归纳出演化发生过程的普遍规律。从不同的角度出发，一般的标准化演化过程可以用很多不同的模型进行描述，例如技术、政策、市场推动发展模型等。

根据文献综述可以对工业化建筑企业标准化演化阶段进行划分，可以划分为：初始、缓慢积累、快速发展、成熟和优化五个阶段。标准化演化方向分为三类：标准模仿、标准参与和标准制订，如图 5-2 所示。

在企业标准化初始阶段，大多数企业多是被动地贯彻执行国家强制性标准、行业标准和地方标准，可能有些企业标准，但是质量和数量都不堪考验，影响程度微乎其微。企业受到国家政策和企业自身实力的影响较大，此时跟随和模仿是企业发展和累积自身资源的最佳时期。

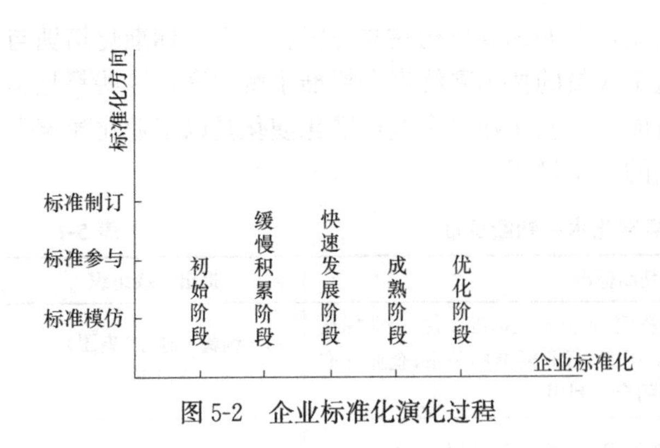

图 5-2 企业标准化演化过程

在企业标准化演化的缓慢积累阶段，对大型企业到中小型企业都是一个关键性阶段，决定着工业化建筑企业的未来，企业标准化如果不能从缓慢积累走向快速发展，这将导致企业未来道路发展受到严重的阻碍。在这期间，受到标准化成本等方面的影响，企业的资源和市场的发展程度对企业标准化的影响较大，并且企业家如果不能及时地制订企业标准化战略，积极地寻找合作企业，凭借自身企业有限的资源，很难在激烈的竞争中生存下来。这期间企业标准化受到企业资源实力、市场发展情况以及行业协会组织的影响较大。

在快速发展阶段，企业积极地进行技术引进、人才引进，建立企业的标准化体系制度，学习先进企业的经验，在标准化方面从技术标准化到管理和工作均标准化。在上个阶段还处于模仿阶段的企业可能在此阶段灵活转换，通过学习新的技术和管理方式，取得更大的成功，成为行业主导型企业。在这阶段主要受企业家的策略影响和行业组织以及国家政策影响较大，同时受国家标准制订的变动影响也较大。

在企业标准化成熟阶段，工业化建筑企业会对标准化有更加深入的理解和认识，企业拥有成熟的标准化体系、专业标准化机构、人员以及资金支持，并且行业组织协会也会分享各个成员企业的资源，互惠互助，共享成果。在此期间，企业标准化受行业组织、企业实力、企业人员以及企业家战略等方面的影响。

在优化阶段，工业化建筑企业的标准化体系已经完备，但是为了应对时代变革以及技术发展，企业标准化也需要不断地优化创新。在此期间拥有强大的科研创新能力、企业资金支持和企业各级员工对企业标准化的重要性认识通透，企业将通过标准化演化到影响行业的程度，甚至整个世界的工业化建筑的发展，获取利益的最大化。任何一个企业都必须紧随技术和国家的标准化的发展，优化为主，模仿为辅。在标准的优化阶段，企业受到行业组织协会、国家政策、国内外技术发展、企业技术创新能力和企业人员的素质等多方面的影响。

综合标准化初始、缓慢积累、快速发展、成熟和优化这五个阶段的标准化过程，可分析我国工业化建筑企业标准化各阶段演化发展的影响因素和路径。

第二节 工业化建筑企业标准化演化的影响因素访谈分析

鉴于工业化建筑企业的特殊性，为准确地提取企业标准化演化的影响因素，并对第二章节归纳出的变量的合理性进行分析，本章采用了深度访谈和赋权法对其工业化建筑企业标准化演化的影响因素进行探索，初步验证指标并通过德尔菲法测量指标合理性和指标调整，见表 5-2。

研究初测指标和提取　　表 5-2

	一级指标	二级指标
工业化建筑标准化发展影响因素	政府政策 行业组织 技术创新 消费者偏好 企业员工素质 行业竞争 企业规模 国家标准规范发展状况	访谈提纲见附录 2

本章主要是通过访谈和赋值法分析企业对工业化建筑标准化的影响因素，为后续的实证研究奠定基础。

一、研究设计

首先，通过文献整理，将采用专家赋值方法对工业化建筑企业标准化影响因素进行确定，研究借助李克特五级量表（Likert scale），让受访专家对这些影响变量进行评分。受访专家都是工业化建筑标准化研究者或是工业化建筑工作从业人员，能够提出相对专业而权威的意见。

然后，用平均值来对各个专家的意见的集中程度进行判定，运用平均值标准差的离散系数作为指标。根据研究经验，离散系数大于 0.25 的或者平均值低于 3.0 的指标不符合要求，予以剔除。

最后，对影响变量进行赋值和访谈探讨其合理性，分别是政府政策、行业组织、技术创新、消费者偏好、企业员工素质、行业竞争以及企业规模。

二、访谈程序

整个访谈程序如下：

(1) 告知受访者研究的基本信息；

(2) 询问受访者的相关信息；

(3) 询问受访者是否参照过工业化建筑标准，按照是否参照过工业化建筑标准进行分类。

参照过工业化建筑标准的受访对象回答以下问题：

(1) 您使用过哪些工业化建筑标准？

(2) 您使用工业化建筑标准的时候遇到过什么问题？

(3) 驱使您高于标准使用的原因是什么？

(4) 什么会影响工业化建筑标准参照程度？为什么？

(5) 国家或者行业组织对标准化有无影响？为什么？

(6) 企业内部什么方面对参照标准产生影响？

没有参照工业化建筑标准的受访对象回答如下问题：

（1）您以及您所在的企业为什么不参照工业化建筑标准？

（2）您有想过尝试参照工业化建筑行业标准吗？

（3）如果同行向您推荐工业化建筑标准，您会尝试参照吗？

所有受访者共同的问题：

（1）您认为使用工业化建筑标准有意义吗？

（2）您认为哪些因素会影响您对工业化建筑标准的参照？

（3）关于工业化建筑标准，您还有什么要表达和说明的吗？

（4）您在应用工业化建筑标准的过程中，市场需求会让您产生提高标准的意愿吗？

三、访谈结果分析

1. 关于国家政策环境影响的访谈

“国家或地方强制性政策是否影响企业制定执行标准”和“政策红利是您制定使用企业标准的影响因素”这两个问项中，专家评分的算术平均值分别为 3.667 和 3.833，离散系数为 0.203 和 0.234，符合条件。详见表 5-3。

关于国家政策环境影响的访谈发现 **表 5-3**

序号	是否使用过工业化建筑标准	国家或地方强制性政策是否影响企业制定执行标准	政策红利是您制定使用企业标准的影响因素	
A	是	3	3	重要性 1～5(非常不重要～非常重要)
B	是	5	5	
C	是	3	4	
D	是	4	3	
E1	否	4	5	
E2	否	3	3	

在后续访谈中，

A 认为：“国家或地方强制性政策会影响企业制定执行标准，因为现在国家或者地方政策中均有拿地要求，部分地区如北京、浙江部分城市通过招拍挂方式获得的地上建筑规模 5 万平方米（含）以上国有土地使用权的商品房开发项目必须全部使用工业化建筑。而政策红利对于工业化建筑企业标准的制定影响就微弱了，目前国家政策奖励仍是针对企业工程装配率，如北京市：凡自愿采用工业化建筑并符合实施标准的，按增量成本给予一定比例的财政奖励，同时给予实施项目不超过 3%的面积奖励；增值税即征即退等优惠。”

B 觉得国家或地方强制性政策会影响企业制定执行标准，“通过强制性政策会大大促进整个行业的发展速度，促进工业化建筑管理水平和技术创新，届时将影响企业制定符合市场发展水平并且符合自己企业水平的标准。政策红利对房地产企业来说有一定影响，吸引企业不断进步与发展，走上行业发展前沿。”

D 提出，强制性政策和政策奖励都会影响企业发展，强制性政策迫使企业不得不使用工业化建筑标准，政策奖励鼓励企业加快创新，技术领先企业有参加编制行业标准的名额，成为标准参编单位，将自己企业独有的技术写入标准中，这有利于企业市场发展。

2. 关于行业组织规范影响的访谈

“行业组织对您使用标准的培训会影响您对企业标准的制定和使用”和“行业组织定期检查您的标准应用水平会提升您对标准的学习积极性”这两个问项中，专家评分的算术平均值分别为 4.167 和 3.667，离散系数分别为 0.165 和 0.203，符合条件。详见表 5-4。

关于行业组织规范影响的访谈发现　　表 5-4

序号	是否使用过工业化建筑标准	行业组织对您使用标准的培训会影响您对企业标准的制定和使用	行业组织定期检查您的标准应用水平会提升您对标准的学习积极性	
A	是	5	4	重要性 1～5(非常不重要～非常重要)
B	是	4	3	
C	是	3	3	
D	是	4	4	
E1	否	4	4	
E2	否	5	5	

在后续访谈中，

A 认为：“行业组织对使用标准的培训会影响企业标准的制定和使用，但是目前来看行业协会组织的培训还很少，不足以支持企业对标准的学习实践，大多数企业靠跟行业龙头企业学习他们的使用方法，派遣员工去兄弟单位学习，以及询问相关政府和相关部门寻求解释。行业组织定期检查标准应用水平会提升对标准的学习积极性。行业目前还没有对工业化建筑相关的考核，还是依靠原有的建筑方面的证书，比如品控证书和实验室证书，这方面亟待行业发展来弥补空缺。”

C 认为：“行业组织使用标准的培训会影响对企业标准的制定和使用。行业组织要鼓励培养企业标准化人员，对他们要进行培训，以适应技术知识飞速发展更新的需要。行业组织目前的发展仍存在龙头企业牵头现象，标准参编单位在其中有较大的话语权。”

D 认为：“行业组织定期检查标准应用水平会提升对标准的学习积极性，行业组织现今会多次组织人员去各个工业化建筑企业考察访问，了解其发展状况，促先进，求发展。现在部分城市有专门的工业化建筑质量检测机构（PC），检测合格方可投入产出使用。”

3. 关于技术创新影响的访谈

“技术的更新换代会影响您企业对标准的使用和制定”和“您会根据技术创新来制定适合本企业的标准”这两个问项中，专家评分的算术平均值分别为 4.333 和 4.000，离散系数分别为 0.109 和 0.144，符合条件。详见表 5-5。

在后续访谈中，

A 认为：“技术的更新换代会影响企业对标准的使用，这是必然的，当一个标准跟不上技术发展的潮流，那必然会被淘汰。企业会根据行业内技术尖端企业发展模式，学习模仿并进行调整，根据技术创新情况来制定适合本企业的标准，以适应整个行业的快速发展。”

关于技术创新规范影响的访谈发现 表 5-5

序号	是否使用过工业化建筑标准	技术的更新换代会影响您企业对标准的使用和制定	您会根据技术创新来制定适合本企业的标准	
A	是	5	4	重要性 1～5(非常不重要～非常重要)
B	是	4	3	
C	是	4	4	
D	是	4	4	
E1	否	4	5	
E2	否	5	4	

C认为："技术创新是一个行业发展的必备因素，一个企业掌握了行业最新技术专利就自动成为行业龙头企业，自然而然地成为标准编制单位，将自己独有的技术写进技术标准中，比如宝业集团股份有限公司的双层叠合板专利。然而目前大多数工业化建筑企业的专利技术还处于改进措施方面，基于工艺上的改进还有待进一步的发展。"

D认为："行业技术的更新换代会影响企业对产品标准的要求，我国建筑业发展经历了漫长的创新发展过程，动力都来源于技术创新。2016—2017 年科技部在国家重点研发专项'绿色建筑与建筑工业化'项目共批准 42 个项目近 10.17 亿元人民币的财政经费，用于绿色建筑与建筑工业化领域科研创新。科研技术的发展，必然会导致新产品、新技术和新材料的出现，使用这些新技术时，必然要依据新的标准，标准更新不及时必然会影响企业的使用。"

4. 关于消费者偏好影响的访谈

"购房者对装配式住宅的了解会影响您制定高于国家标准的企业标准"和"购房者对装配式住宅的了解会影响您制定高于行业标准的企业标准"这两个问项中，专家评分的算术平均值分别为 3.167 和 3.333，离散系数分别为 0.217 和 0.224，符合条件。详见表 5-6。

关于消费者偏好影响的访谈发现 表 5-6

序号	是否使用过工业化建筑标准	购房者对装配式住宅的了解会影响您制定高于国家标准的企业标准	购房者对装配式住宅的了解会影响您制定高于行业标准的企业标准	
A	是	4	4	重要性 1～5(非常不重要～非常重要)
B	是	3	4	
C	是	3	2	
D	是	2	3	
E1	否	3	4	
E2	否	4	3	

在后续访谈中，

D认为："购房者对装配式住宅的了解会影响制定高于国家标准的企业标准，但是目前不了解工业化建筑的演化的消费者还有很多，工业化建筑目前还存在构件搭接处渗漏等问题，并且以目前房地产市场的火热程度来讲，消费者并不在意你是否使用工业化建筑，只要价格、位置、品质能够接受，必然有消费者蜂拥而至。当然像工业化建筑行业从业者可能就不会买此类住宅，因为了解其技术施工方面的不成熟性。”

E认为：“考虑消费者的影响因素跟企业类别还是有关联的，像施工单位并不会因为消费者了解工业化建筑的品质而想尽办法提升标准，提升在消费者心目中的口碑，而开发商和政府就不同的，他们必须要考虑消费者（民众）的心理，鼓励企业以及企业员工创新发展，提升工业化建筑的发展水平。”

5. 关于企业员工素质影响的访谈

“市场主流媒体对工业化建筑的评价会影响您制定和使用标准”和“企业人员的素质会影响您制定和使用标准”这两个问项中，专家评分的算术平均值分别为 3.500 和 3.667，离散系数分别为 0.218 和 0.20，符合条件。详见表 5-7。

关于企业员工素质影响的访谈发现　　表 5-7

序号	是否使用过工业化建筑标准	市场主流媒体对工业化建筑的评价会影响您制定和使用标准	企业人员的素质会影响您制定和使用标准	
A	是	4	4	重要性 1～5(非常不重要～非常重要)
B	是	5	4	
C	是	3	3	
D	是	3	5	
E1	否	3	3	
E2	否	3	3	

在后续访谈中，

A认为：“企业人员的素质会影响制定和使用标准，对于设计单位尤其如此，如果设计人员对标准都不熟悉的话，谈何设计呢？设计人员必须有专业素养及时更新相关技术标准要求，才能做出好的工程项目，减少后续的设计变更问题和现场施工问题 。”

B认为：“企业人员的素质会影响制定和使用标准，企业各级员工都必须拥有良好的素质，对于一般管理者拥有良好的素质才能提高企业管理标准化水平，更重要的是企业高层决策者的素质，他们才是决定企业标准化水平和企业战略的关键。”

D认为：“企业人员的素质会影响制定和使用标准，肯定是这样的，企业使用的标准都是管理人员监督现场施工人员实施的，这就意味着管理人员的素质和现场施工人员（包括构配件生产车间以及施工现场装配）的施工水平和经验都影响着整个项目施工标准的满足与否，但是现在还仅仅处于管理人员管理控制，施工工人技术水平可能还达不到工业化建筑标准，然而管理人员不可能时时刻刻进行监管。”

6. 关于行业竞争影响的访谈

“市场主流媒体对工业化建筑的评价会影响您制定和使用企业标准”、“行业发展规模会影响您制定和使用企业标准”、“产业链上其他企业的发展会影响您制定和使用企业标准”、“您会根据您的使用感受/他家企业的使用经验决定您企业制定和使用企业标准”和“其他企业使用标准的经验会对您所在企业的使用产生影响”这五个问项中，专家评分的算术平均值分别为 3.500、4.000、3.500、3.500 和 3.833，离散系数分别为 0.218、

0.204、0.218、0.218和0.278，第五个不符合条件，剔除，其他都符合。详见表5-8。

关于行业竞争影响的访谈发现　　表5-8

序号	是否使用过工业化建筑标准	市场主流媒体对工业化建筑的评价会影响您制定和使用企业标准	行业发展规模会影响您制定和使用企业标准	产业链上其他企业的发展会影响您制定和使用企业标准	您会根据您的使用感受/他家企业的使用经验决定您企业制定和使用企业标准	其他企业使用标准的经验会对您所在企业的使用产生影响	
A	是	4	5	4	4	4	重要性1～5(非常不重要～非常重要)
B	是	5	5	5	4	4	
C	是	3	3	3	3	3	
D	是	3	4	4	4	5	
E1	否	3	3	4	4	4	
E2	否	3	4	3	2	3	

在后续访谈中，

A认为："市场主流媒体对工业化建筑的评价、行业发展规模、产业链上其他企业的发展以及其他企业使用标准的经验会对企业标准的使用产生影响。行业发展状况是每个企业必须密切关注的状况，关注同行业企业尤其是龙头企业的发展，是企业发展必不可少的部分。"

B认为："行业内龙头企业必然会影响本企业发展，当其技术创新或者管理体制创新时必定在行业内产生不小的波动，并且这些企业可以参与行业标准编制，加强其对行业发展的影响程度，比如万科很早就开始使用工业化建筑，有自己的一套工业化建筑标准。"

7. 关于企业规模影响的访谈

"企业的规模会影响您对标准的制定和使用"和"企业资金支持的力度会影响您对标准的制定和使用"这两个问项中，专家评分的算术平均值分别为3.833和4.000，离散系数分别为0.179和0.204，符合条件。详见表5-9。

关于企业规模影响的访谈发现　　表5-9

序号	是否使用过工业化建筑标准	企业的规模会影响您对标准的制定和使用	企业资金支持的力度会影响您对标准的制定和使用	
A	是	5	5	重要性1～5(非常不重要～非常重要)
B	是	3	3	
C	是	3	3	
D	是	4	4	
E1	否	4	4	
E2	否	4	5	

在后续访谈中，

A认为："企业没有足够的规模不可能支撑企业标准化，就像小型企业完全没有标准化的必要，直线沟通很方便。规模越大的企业越需要标准化，对于现场管理和组织职能管理都很重要。此外企业规模一定程度上影响着企业员工素质，规模大会吸引高素质人才应聘，进入企业发挥其价值。”

B 认为：“企业资金支持决定着企业有无能力进行技术创新，走在行业前列，资金支持还是招收高素质员工的首要前提，进行员工培训也需要大量的资金支持。”

8. 关于国家标准规范制定影响的访谈

“关于标准的通俗性是否影响您制定和使用企业标准”、“国家标准更新是否及时会影响您制定和使用企业标准”、“相关部门的质量检查会影响您使用企业标准”、“标准内容是否全面会影响您使用企业标准”和“您能够直接从国家标准上获得全部您需要参照的准则”这五个问项中，专家评分的算术平均值分别为 3.667、3.333、3.500、3.833 和 3.333，离散系数分别为 0.129、0.224、0.218、0.179 和 0.141，符合条件。详见表 5-10。

关于国家标准规范制定影响的访谈发现　　表 5-10

序号	是否使用过工业化建筑标准	关于标准的通俗性是否影响您制定和使用企业标准	国家标准更新是否及时会影响您制定和使用企业标准	相关部门的质量检查会影响您使用企业标准	标准内容是否全面会影响您使用企业标准	您能够直接从国家标准上获得全部您需要参照的准则	
A	是	4	4	2	5	4	重要性 1～5(非常不重要～非常重要)
B	是	3	2	5	4	3	
C	是	4	3	3	3	4	
D	是	4	4	3	3	3	
E1	否	3	4	4	4	3	
E2	否	4	3	3	3	3	

在后续访谈中，

A 认为：“标准的及时变更、实用性以及覆盖率是企业使用标准首先要关注的问题，现在国家大力推行工业化建筑，标准编制也在紧锣密鼓地进行中，2017 年年初出台的标准也在逐渐完善中，关于政府单位出台的标准的解释文件一段时间更新一次，如果不能及时准确地把握市场动向和技术创新，就会影响企业标准化进程。”

B 认为：“标准的实施既要有适合的标准，也要有监管部门保证，上海市的质量检测部门（PC 方面），应用标准有问题时会询问协会或者质检部门，因为标准规范有时并不是很明确，人员管理没有依据。”

对工业化建筑企业标准化的因素分析探讨，可以得出工业化建筑企业标准化演化的影响因素主要包括国家政策环境、行业组织环境、技术创新、消费者偏好、企业员工素质、行业竞争、企业规模以及国家标准规范制定情况，并根据访谈专家打分和内容分析得出各个因素的初步问项，问项情况和打分情况如表 5-11 所示。

访谈专家打分结果统计情况　　表 5-11

编号	访谈变量问项（探讨企业是否愿意制定高于行业标准的企业标准）	平均值	离散系数	标准差
Q1	关于标准的通俗性是否影响您制定和使用企业标准	3.667	0.129	0.471
Q2	国家标准更新是否及时会影响您制定和使用企业标准	3.333	0.224	0.745
Q3	相关部门的质量检查会影响您使用企业标准	3.500	0.218	0.764

续表

编号	访谈变量问项(探讨企业是否愿意制定高于行业标准的企业标准)	平均值	离散系数	标准差
Q4	标准内容是否全面会影响您使用企业标准	3.833	0.179	0.687
Q5	您能够直接从国家标准上获得全部您需要参照的准则	3.333	0.141	0.471
Q6	国家或地方强制性政策是否影响企业制定执行标准	3.667	0.203	0.745
Q7	政策红利是您制定使用企业标准的影响因素	3.833	0.234	0.898
Q8	行业组织对您使用标准的培训会影响您对企业标准的制定和使用	4.167	0.165	0.687
Q9	行业组织定期检查您的标准应用水平会提升您对标准的学习积极性	3.667	0.203	0.745
Q10	技术的更新换代会影响您企业对标准的使用和制定	4.333	0.109	0.471
Q11	您会根据技术创新来制定适合本企业的标准	4.000	0.144	0.577
Q12	购房者对装配式住宅的了解会影响您制定高于国家标准的企业标准	2.333	0.202	0.471
Q13	购房者对装配式住宅的了解会影响您制定高于行业标准的企业标准	3.333	0.224	0.745
Q14	企业人员的素质会影响您制定和使用标准	3.667	0.203	0.745
Q15	市场主流媒体对工业化建筑的评价会影响您制定和使用企业标准	3.500	0.218	0.764
Q16	行业发展规模会影响您制定和使用企业标准	4.000	0.204	0.816
Q17	产业链上其他企业的发展会影响您制定和使用企业标准	3.833	0.179	0.687
Q18	您会根据您的使用感受/他家企业的使用经验决定您企业制定和使用企业标准	3.500	0.218	0.764
Q19	其他企业使用标准的经验会对您所在企业的使用产生影响	3.833	0.179	0.687
Q20	企业的规模会影响您对标准的制定和使用	3.833	0.179	0.687
Q21	企业资金支持的力度会影响您对标准的制定和使用	4.000	0.204	0.816

第三节　工业化建筑企业标准化演化影响因素指标确定

工业化建筑企业是不断与外界环境进行交流的一个理性个体，其标准化演化受内外部环境的多种因素影响。本章在演化理论、标准化理论以及深度访谈结果的基础上，确定影响工业化建筑企业标准化的基础因素的内涵，进而提出了各个测量变量的测度项，主要包括国家政策环境、行业组织规范、技术创新、消费者偏好、企业员工、行业竞争、企业规模、国家标准规范制定情况、企业标准化演化 9 个测量变量和 34 个测量项，提出本书的研究模型和假设，通过调查问卷获得相关数据和资料，为进一步探讨工业化建筑企业标准化演化于发展的过程和路径奠定基础。

一、工业化建筑企业标准化演化影响因素假设模型

1. 研究模型的变量

本章节在文献综述和深度探讨基础上，总结前人研究成果、两轮访谈和专家赋值，提出基本假设模型如图 5-3 所示。

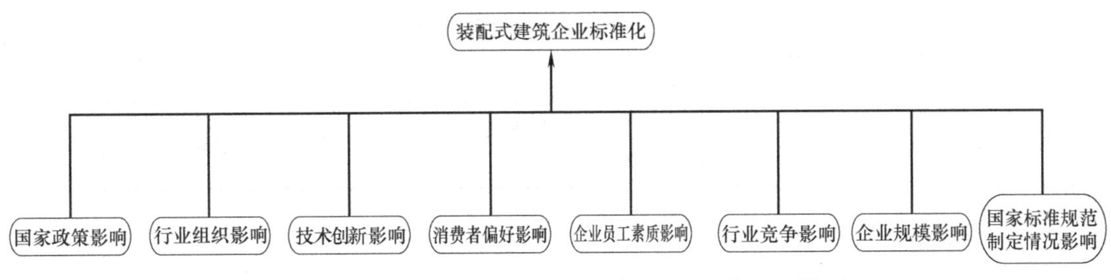

图 5-3 工业化建筑企业标准化发展影响因素理论模型

2. 本书模型的组成

本书模型共由两个模块组成：

第一部分，工业化建筑企业标准化演化作为本书模型的横向研究。本书研究模型包括两个部分：自变量和因变量。因变量为企业标准化发展演化，自变量包括国家政策环境、行业组织规范、技术创新、消费者偏好、企业员工、行业竞争、企业规模和国家标准规范制定情况。

第二部分，工业化建筑企业标准化发展工作作为本书模型的纵向研究，本书中标准化发展情况是因变量，包含企业发展战略中对标准化重视程度高、企业部门设置符合标准化管理，并设置专门的标准研究部门、企业员工参与工业化建筑标准学习次数多、企业发明专利经常被写入国家或地方标准中、企业标准化发展处于行业领先水平、是否经常参与国家或地方标准的编制。

具体变量如表 5-12 所示。

本书涉及的变量汇总 **表 5-12**

模块组成	变　量
因变量	标准化发展情况
自变量	国家政策环境、行业组织规范、技术创新、消费者偏好、企业员工、行业竞争、企业规模、国家标准规范制定情况

二、研究变量的释义

1. 自变量

(1) 国家政策环境

根据标准化理论、演化理论等的成果和结构化访谈，工业化建筑标准化工作受国家政策环境影响主要指国家政策的管控和导向作用，即本书涉及的工业化建筑标准化工作受国家政策影响主要强调的是企业受到国家政策的监管和政策奖励激励企业标准化方面。

在标准化理论和演化理论中，国家政策环境都是工业化建筑标准推广应用以及企业标

准制定中极为重要的一环。当今的标准化形成不仅仅在于技术和市场化发展，多数情况下，是一个政策约束的过程。国家或地区工业化的发展、优化与工业化建筑标准制修订息息相关，推动和参与标准化发展是政府工作的重要内容。因此政府的政策环境，特别是政府对于企业标准化的优惠政策，极大地影响企业标准化演化发展，所以研究将国家政策环境这一变量进行测量。具体如表 5-13 所示。

国家政策环境的概念释义和理论来源 **表 5-13**

变量名称	概念释义	理论来源
国家政策环境	国家政策环境对于工业化建筑标准演化影响，如政策奖励方便、行政监管方面	访谈，任坤秀，汤丽坤，吴轶，孙广福，张爽

(2) 行业组织活动

行业主管部门通过对工业化建筑产业链上不同企业分类指导开展标准化活动，规范行业领域内企业的生产行为。行业组织要鼓励培养企业中曾为标准化工作做出过贡献的标准化专业人员，对他们要进行培训，以适应快速发展的当今时代。行业组织最重要的功能在于信息提供、协调组织。

基于访谈对行业组织作用的表述，本书将行业组织活动定义如表 5-14 所示。

行业组织活动的概念释义和理论来源 **表 5-14**

变量名称	概念释义	理论来源
行业组织活动	行业组织活动对企业标准化人员培训和交流，对企业之间的沟通交流，对企业标准化演化的跟踪确认等	访谈，梁上上，Charny, Streeek and Sehmitter, Schneiberg , Hollingsworth

(3) 技术环境

技术环境是指当今时代工业化建筑通用技术水平，技术水平的高低关系着企业的市场份额，更与企业盈利能力挂钩。技术水平越高，受国际标准技术壁垒影响越小，易于在国际市场上推广本企业产品。基于以上对技术环境作用的表述，本书将技术环境定义如表 5-15 所示。

技术环境的概念释义和理论来源 **表 5-15**

变量名称	概念释义	理论来源
技术环境	目前工业化建筑行业技术创新情况，技术发展对于标准兼容性，技术人才发展情况	任坤秀，李传坤，王珊珊，雷克，赵瑞华，肖伟，于萍，陈效述，蒋勤俭，纪颖波，赵雄

(4) 企业员工素质

企业员工，不仅仅是企业基层员工，还包括企业各级管理人员、企业家。企业家是这个企业发展方向的指引者和推动者，企业基层员工是企业发展方向的践行者和实现者。企业员工基本情况决定着企业标准化能否良好地推行下去，从企业家的战略确定一层一层的推行企业标准化实施操作，将标准落到实处，中间环节不能有所差池，所以企业家和各层员工的素质两者都要有所保证。

基于以上对企业员工素质作用的表述，本书将企业员工素质定义如表 5-16 所示。

企业员工素质的概念释义和理论来源 表 5-16

变量名称	概念释义	理论来源
企业员工素质	企业家对标准化的导向、企业员工的执行力,以及新员工的学习水平	访谈,彭剑锋,David,Fiona Patterson,Gholam Reza Asili,张保柱

(5) 企业规模

标准的演化需要大量的人力、物力、财力，而且需要进行大量的研发投入。因此，企业的技术水平和资金实力影响着企业如何进行标准的演化，以及这种演化能否成功。

基于以上对企业规模作用的表述，本书将企业实力定义如表 5-17 所示。

企业规模的概念释义和理论来源 表 5-17

变量名称	概念释义	理论来源
企业规模	企业的经济基础、技术水平、管理状况	访谈,李春田,任坤秀,张红涛

(6) 行业竞争

国家颁布的各项政策和标准法规是规范市场行为秩序的一种方式，体现了市场的需求。企业只有把握这种需求，才能适应市场发展，实现企业腾飞。因此，了解国家政策、标准和法规，是企业发展的一项重要工作。在新行业产品发展过程中，企业需要遵守一系列的技术规范，遵守支持国家政策、标准和法规要求来开展工作。而制订企业标准并无强制性，企业还需要花费许多的人力、物力和财力，因此感觉到相关需求的时候企业才会投入制订。标准化演化过程的目的就是为了节约资源，降低成本，共享知识等。在各个企业不断推出新产品的过程中，标准化工作就会使工业化建筑企业获益匪浅。所以市场竞争机制是企业标准化演化的推进器，行业不断推出新产品就是企业标准化演化过程的前进动力。

基于以上对行业竞争作用的表述，本书将行业竞争定义如表 5-18 所示。

行业竞争的概念释义和理论来源 表 5-18

变量名称	概念释义	理论来源
行业竞争	行业竞争使得工业化建筑企业不断开发新产品,不断标准化	访谈,王平,黄小坤,李晓明

(7) 国家标准发展水平

现阶段,《装配式混凝土建筑技术标准》等国家标准在 2017 年刚刚颁布，国家标准的可行性、实用性与先进性决定着企业对自身标准制定意愿的高低，也是企业当前阶段的主要参照对象。

基于以上对国家标准发展水平作用的表述，本书将国家标准发展水平定义如表 5-19 所示。

国家标准发展水平的概念释义和理论来源 表 5-19

变量名称	概念释义	理论来源
国家标准发展水平	国家标准的可行性、实用性、先进性	访谈,徐世宏,冯建宏,王萍

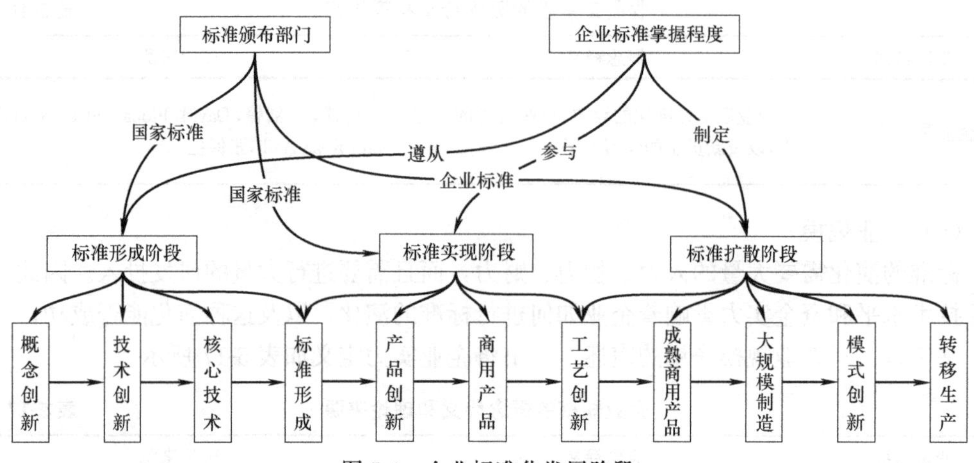

图 5-4 企业标准化发展阶段

(8) 消费者偏好

工业化建筑最终都是面向购房者的，如果消费者对工业化建筑没有购买欲，开发企业只是在政策高压下不得不采用工业化建筑，那么他们对于标准化的热情就会减弱，仅仅限于参照，没有意愿开发创新，就没有新的标准制订。

基于以上对消费者偏好作用的表述，本书将消费者偏好定义如表 5-20 所示。

消费者偏好的概念释义和理论来源 **表 5-20**

变量名称	概念释义	理论来源
消费者偏好	消费者对于工业化建筑的了解程度和好恶情况	访谈，高娟

2. 因变量

本书研究模型的因变量是企业标准化发展演化。企业标准化发展过程分为三步：模仿、参与及主导。遵守和模仿国家技术标准是进入工业化建筑行业乃至全部行业的基本要求，才能够进入市场进行竞争。参与技术标准的制订表明企业在行业有一定的发言权或者影响力，表明企业标准化程度的提高与发展。企业在技术标准制定过程中作为主导者或标准的起草者，表明企业发展远超国家和行业大部分企业。

目前工业化建筑相关国家标准已经制定，部分地区的标准制定也有技术先进企业和行业龙头企业参与编制。据此，本书将企业标准化演化定义如表 5-21 所示。

企业标准化演化水平的概念释义和理论来源 **表 5-21**

变量名称	概念释义	理论来源
企业标准化演化水平	企业发展战略中对标准化重视程度，企业部门设置符合标准化管理，并设置专门的标准研究部门，企业员工参与工业化建筑标准学习次数，企业发明专利经被写入国家或地方标准中，企业标准化发展处于行业何种水平	访谈，王成昌，王金玉

3. 研究假设

根据演化理论、前人的研究以及从业者访谈结论，可以看出企业标准化演化行为包括贯彻执行国家标准和制定创新企业标准。企业标准的演化发展受许多因素的影响。外部环境包括：政策、市场、行业组织规范和技术环境；内部条件包括：企业人员和企业实力。在这些因素共同作用下，企业选择不同的演化行为，从而推动技术标准朝着不同的路径发展。

基于此，本书结合工业化建筑的特征，提出以下8个假设，假设基础模型见图5-5。

假设1（H1）：工业化建筑技术创新对企业标准化有显著正向影响。

假设2（H2）：工业化建筑国家政策环境对企业标准化有显著正向影响。

假设3（H3）：工业化建筑行业竞争环境对企业标准化有显著正向影响。

假设4（H4）：工业化建筑行业组织规范对企业标准化有显著正向影响。

假设5（H5）：消费者对工业化建筑偏好情况对企业标准化有显著正向影响。

假设6（H6）：工业化建筑企业规模实力对企业标准化有显著正向影响。

假设7（H7）：工业化建筑企业员工素质对企业标准化有显著正向影响。

同时国家标准的发展演化对企业标准化发展具有举足轻重的地位，是企业标准化发展的基础。基于此提出以下的研究假设：

假设8（H8）：国家标准的发展演化对企业标准化有显著正向影响。

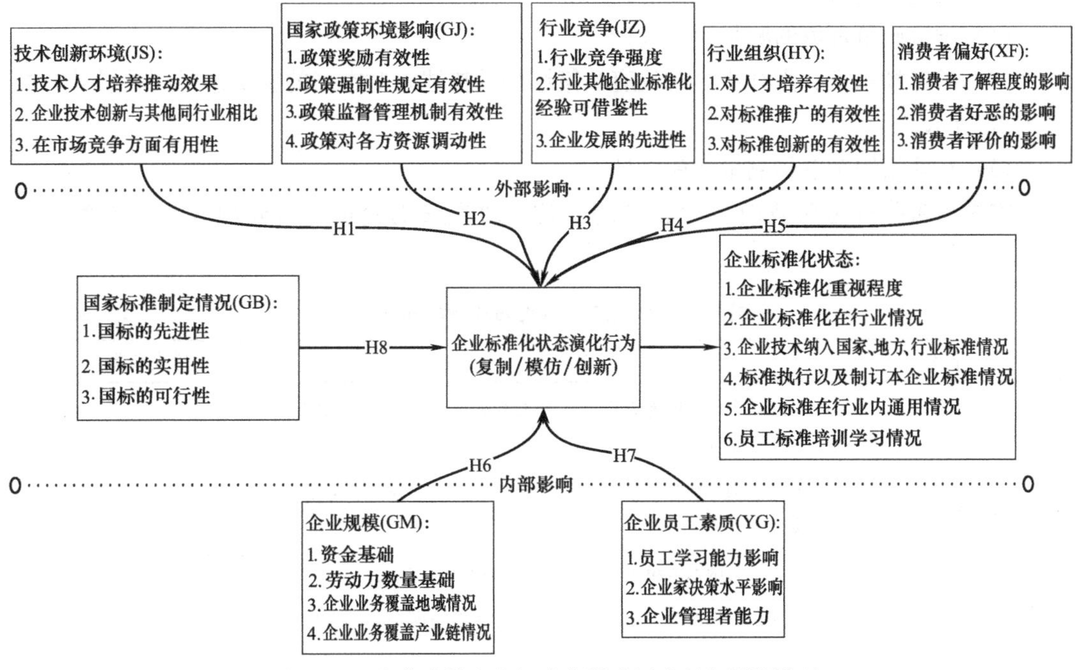

图5-5　工业化建筑企业标准化影响因素研究假设模型

4. 问卷设计

（1）寻找相似的成熟量表。

（2）考虑到工业化建筑企业标准这个新兴研究课题，先对部分专家进行深度访谈，了解工业化建筑企业的特殊性，并调整测度项。

（3）邀请专家对问卷进行初评估。为了证明问卷的可靠性和有效性，邀请一些受访者进行问卷前测。

（4）完成正式调查问卷并发放问卷。

5. 问卷结构

本书的调查问卷包括三部分。

第一部分，工业化建筑企业标准演化调查。该部分设置五个问题，包括企业战略对标准化重视程度、企业标准化部门设置情况、企业技术创新标准化水平、企业标准是否被行业借鉴。

第二部分，工业化建筑企业标准演化的影响因素调查。共有 29 个测度项来反映模型的变量因素，包括：国家政策环境、行业组织、技术创新、企业员工素质、企业规模、行业竞争、国家标准发展水平。

第三部分，受调查者的相关特征信息，如年龄、从业年龄、教育水平、所在企业类别等。这些信息可以相对全面和直观地反映受访者的特征。

6. 研究变量测量问项设计

基于对工业化建筑企业标准化工作的相关变量和核心概念进行界定的基础上，本节将对工业化建筑企业标准演化的研究项进行设计，并结合工业化建筑企业的特殊性，提炼出全部研究变量的测量问项，设计如下：

（1）国家政策环境的测量问项设计

本书参考杨东宁、张红涛等对政府政策影响的描述，对本书的变量进行问项设计，如表 5-22 所示。

（2）行业组织影响的测量问项设计

本书参考张红涛对政府政策影响的描述，对本书的变量进行问项设计，如表 5-23 所示。

国家政策环境的指标代码及测量问项设计 **表 5-22**

变量名称	问项设计	量表来源
国家政策环境影响(GJ)	GJ1:您认为国家或地方强制性政策约束企业通过标准化实现生产行为合法合规 GJ2:您认为标准化政策可以使未达到标准化要求的企业受到惩罚 GJ3:您认为国家政策可以激励逐步实现企业标准化 GJ4:您认为标准化政策可以调动社会各界助推企业标准化建设	访谈,张红涛,杨东宁,周长辉

行业组织影响的指标代码及测量问项设计 **表 5-23**

变量名称	问项设计	量表来源
行业组织影响(HY)	HY1:您认为行业组织的标准化培训正确而有效 HY 2:您认为行业组织对技术标准更新是有很大帮助的 HY3:您认为行业组织对标准化人才的培养很有帮助	张红涛

（3）技术创新影响的测量问项设计

本书参考王鹏对技术创新影响的描述，对本书的变量进行问项设计，如表 5-24 所示。

技术创新影响的指标代码及测量问项设计　　表 5-24

变量名称	问项设计	量表来源
技术创新(JS)	JS1:您认为企业发明专利会促进企业标准化 JS2:您认为科技创新人才可以推动企业标准化 JS3:您认为技术发展能够解决工业化建筑标准化的推进阻力	张红涛,王鹏

(4) 消费者偏好影响的测量问项设计

本书参考访谈对消费者偏好影响的描述，对本书的变量进行问项设计，如表 5-25 所示。

消费者偏好影响的指标代码及测量问项设计　　表 5-25

变量名称	问项设计	量表来源
消费者偏好(XF)	XF1:您认为购房者对装配式住宅的了解程度会影响企业标准化 XF2:您认为购房者对装配式住宅的好恶会影响企业标准化 XF3:您认为市场主流媒体对装配式建筑的评价会影响企业标准化发展	访谈

(5) 企业员工素质影响的测量问项设计

本书参考张红涛对企业员工素质影响的描述，对本书的变量进行问项设计，如表 5-26 所示。

企业员工素质影响的指标代码及测量问项设计　　表 5-26

变量名称	问项设计	量表来源
企业员工素质(YG)	YG1:您认为企业员工学历高低会影响企业标准化执行水平 YG2:您认为企业管理员工经验水平会影响企业对标准的管理和创新 YG3:您认为企业决策者管理水平影响企业标准战略发展	张红涛

(6) 企业规模的测量问项设计

本书参考侯莉莎、张红涛对企业规模影响的描述，对本书的变量进行问项设计，如表 5-27 所示。

企业规模的指标代码及测量问项设计　　表 5-27

变量名称	问项设计	量表来源
企业规模(GM)	GM1:您认为企业拥有员工数量影响企业标准化发展 GM2:您认为企业资金力量投入影响企业标准化进展 GM3:您认为企业业务覆盖地域越大标准化水平越高 GM4:您认为企业业务覆盖装配式产业链业务范围越大越有利于企业标准化	侯莉莎,张红涛

(7) 行业竞争的测量问项设计

本书参考张爽、张红涛对行业竞争影响的描述，对本书的变量进行问项设计，如表 5-28 所示。

行业竞争的指标代码及测量问项设计　　表 5-28

变量名称	问项设计	量表来源
行业竞争（JZ）	JZ1：您认为行业发展规模会影响您制定和使用企业标准	张爽，张红涛
	JZ2：您认为产业链上其他企业的发展会影响您制定和使用企业标准	
	JZ3：您会根据您的使用感受/他家企业的使用经验决定您企业制定和使用企业标准	
	JZ4：您认为其他企业标准化水平对您所在企业标准的使用产生影响	

（8）国家标准发展水平的测量问项设计

本书参考张红涛对国家标准发展水平的描述，对本书的变量进行问项设计，如表 5-29 所示。

国家标准发展水平的指标代码及测量问项设计　　表 5-29

变量名称	问项设计	量表来源
国家标准发展状况（GB）	GB1：标准的通俗性影响您制定和使用企业标准	访谈，张红涛
	GB2：国家标准更新不及时会影响您制定和使用企业标准	
	GB3：相关部门的质量检查会影响您使用企业标准	
	GB4：标准内容不全面会影响您使用企业标准	
	GB5：您能够直接从国家标准上获得全部您需要参照的准则	

（9）因变量企业标准化演化的测量问项设计

本书参考访谈、王成昌、王金玉对企业标准化演化的描述，对本书的变量进行问项设计，如表 5-30 所示。

企业标准化演化的指标代码及测量问项设计　　表 5-30

变量名称	问项设计	量表来源
企业标准化演化（QY）	QY1：企业发展战略中对标准化重视程度高	访谈，王成昌，王金玉
	QY2：企业部门设置符合标准化管理，并设置专门的标准研究部门	
	QY3：企业员工参与工业化建筑标准学习次数多	
	QY4：企业发明专利经常被写入国家或地方标准中	
	QY5：企业标准化发展处于行业领先水平，经常参与国家或地方标准的编制	

三、问卷收集情况

本书针对从事地产建筑行业人事发放调查问卷。通过线上线下的方式共计发放问卷 450 份，回收问卷 344 份，回收率为 76.44%，删除不合格的问卷，一共获得有效问卷为 308 份，有效率为 89.53%。剔除原则主要有两个：一是问卷的完整性，不完整问卷予以删除；二是对线上问卷填写时间的把控，本问卷共有 39 项，正常填写时长在 8～12 分钟，对于在线填写时长低于 8 分钟的予以删除。

第六章

工业化建筑企业标准化演化作用路径

在理论分析和数据获取的基础上，对收集的相关有效数据进行描述性统计分析，再进行信效度的检验，对前文假设进行实证检验，以进一步研究不同影响因素对工业化建筑企业标准化演化的作用路径和效果。

第一节 描述性统计分析

本书的描述性统计分析主要是对受访者的年龄、教育程度、工作年限、单位类型和职位，及模型变量（如国家政策环境、科技创新环境、行业组织规范环境、消费者偏好、企业员工素质、企业规模、行业竞争、国家标准发展水平、企业标准化演化）等进行。

一、样本人口统计特征描述统计分析

样本特征信息汇总表　　表 6-1

变量名称	类别描述	样本数量	比例
年龄	25 及以下	72	27.99%
	26～30	125	48.75%
	31～40	50	19.57%
	41～50	9	3.69%
教育程度	大专	11	4.23%
	大学本科	123	47.89%
	硕士及以上	123	47.89%
工作年限	1 年以下	51	19.72%
	1～3 年	115	44.78%
	3～5 年	72	27.98%
	5～10 年	19	7.52%
	10 年以上	0	0%
单位类型	房地产开发单位	109	42.25%
	施工单位	72	28.17%

续表

变量名称	类别描述	样本数量	比例
单位类型	设计单位	22	8.45%
	国家机关	22	8.45%
	高校及科研单位	22	8.45%
	咨询单位	11	4.23%
职位	职能总监	4	1.41%
	项目经理	18	7.04%
	部门经理	14	5.63%
	主管	80	31.08%
	员工	141	54.84%

从年龄看，26～30岁的受访者占绝大多数，占总受访者人数的48.75%；其次是年龄在25岁及以下和31～40岁的受访者，比例分别为27.99%和19.57%，年龄在41岁以上的受访者人数较少，仅为3.69%。从年龄的分布情况可见目前工业化建筑企业以及相关单位员工的年轻化。

就教育程度而言，受调查者中学历是本科和硕士及以上的人数最多，占总人数的比例均为47.89%。教育水平低于本科的受访者人数比较少。可见，工业化建筑行业内从业者普遍具有较高的学历水平。

从单位类型来看，比例最高的是房地产开发单位，占比达到42.25%。其次是施工单位，比例为28.17%。再次是设计单位、国家机关和高校及科研单位，受访者人数的比例均为8.45%。咨询单位最少，比例为4.23%。

从职位来看，54.84%的受访者为员工，31.08%的受访者为主管，部门经理及以上的受访者占14.08%。

可以看出，本书所使用的样本能够较好地代表所涉及的相关参与主体。

二、模型变量描述统计分析

本书对测量变量进行了描述统计分析。由于用结构方程模型中最大似然法（Maximum Likelihood，ML）的前提是样本服从正态分布，而偏度和峰度两个指标能够有效检验正态分布。统计结果详见表6-2。

变量的测量项的描述性统计结果 **表6-2**

变量	测度量	N	极大值	极小值	均值	偏度	峰度	标准差
国家政策环境	GJ1	257	5	2	3.93	−0.28	−0.37	0.77
	GJ2	257	5	1	3.68	−0.53	0.52	0.85
	GJ3	257	5	1	4.11	−1.04	2.74	0.76
	GJ4	257	5	1	3.93	−0.89	1.62	0.81
行业组织规范环境	HY1	257	5	2	3.75	−0.05	−0.58	0.80
	HY2	257	5	3	3.99	0.02	−0.95	0.70
	HY3	257	5	2	4.05	−0.30	−0.89	0.79

续表

变量	测度量	N	极大值	极小值	均值	偏度	峰度	标准差
科技创新环境	KJ1	257	5	2	3.86	−0.27	−0.73	0.87
	KJ2	257	5	2	4.10	−0.41	−0.05	0.70
	KJ3	257	5	3	4.07	−0.11	−1.15	0.74
消费者偏好	XF1	257	5	1	3.60	−0.41	−0.24	0.94
	XF2	257	5	1	3.59	−0.45	0.02	0.90
	XF3	257	5	1	3.78	−0.61	0.22	0.91
企业员工素质	YG1	257	5	2	3.81	−0.21	−0.62	0.84
	YG2	257	5	2	4.03	−0.35	0.37	0.66
	YG3	257	5	3	4.19	−0.30	−0.95	0.70
企业规模	GM1	257	5	2	3.59	−0.37	−0.81	0.96
	GM2	257	5	2	3.95	−0.11	−0.89	0.78
	GM3	257	5	1	3.62	−0.36	−0.83	1.06
	GM4	257	5	2	3.90	−0.47	−0.16	0.82
行业竞争	GZ1	257	5	2	4.10	−0.41	−0.25	0.72
	GZ2	257	5	3	3.92	0.10	−0.72	0.67
	GZ3	257	5	3	3.89	0.13	−0.70	0.66
	GZ4	257	5	2	3.90	−0.37	0.98	0.60
国家标准发展水平	GB1	257	5	2	3.92	−0.19	−0.76	0.81
	GB2	257	5	2	3.93	−0.51	0.87	0.67
	GB3	257	5	3	3.93	0.09	−0.80	0.68
	GB4	257	5	2	3.96	−0.36	−0.14	0.75
	GB5	257	5	2	3.73	−0.43	−0.44	0.89
企业标准化演化	QY1	257	5	1	3.81	−0.75	1.49	0.79
	QY2	257	5	1	3.77	−0.68	0.73	0.85
	QY3	257	5	1	3.59	−0.45	0.02	0.90
	QY4	257	5	1	3.55	−0.43	−0.07	0.90
	QY5	257	5	1	3.70	−0.50	0.01	0.92

由表 6-2 可知，模型变量包括：国家政策环境、行业组织规范环境、科技创新环境、消费者偏好、企业员工素质、企业规模、行业竞争、国家标准发展水平、企业标准化演化，含测度项的个数为 3～5 个，符合 SPSS 统计分析的要求。

如表 6-2 所示，每个变量的测量项的偏度的绝对值都小于 3，并且峰度的绝对值都小于 8，表明样本相关数据符合正态分布。同时，各个测度项的均值在 3.55～4.19 之间。其中，测量变量国家政策环境、科技创新环境、行业组织规范环境、消费者偏好、企业员工素质、行业竞争、国家标准发展水平、企业标准化演化均小于 1，表明受调查者对这些因素的评价一致性较好。

第二节 量表的信效度检验

一、信度分析

本书信度以 α 值为度量标准，计算公式如式（6-1）所示，利用 SPSS19.0 对各测量变量和测度项进行信度分析。从相关文献中可知，当 α 高于 0.7 时，认为数据具有较高的可信度；否则认为数据的可信度不佳（α 系数在 0.8～0.9 之间表明量表信度非常好；0.7～0.8 表示量表具有一定的信度；小于等于 0.6 时，则认为信度不佳）。

α 系数计算公式如下：

$$\alpha=\frac{k}{k-1}\left(1-\frac{\sum_{i=1}^{k}\sigma_{Y_i}^2}{\sigma_X^2}\right)\alpha=\frac{k}{k-1}\left(1-\frac{\sum_{i=1}^{k}\sigma_{Y_i}^2}{\sigma_X^2}\right) \tag{6-1}$$

各变量的测度项的信度如表 6-3 所示。

变量信度整体 α 检验结果 **表 6-3**

变量	测量项	校正的项总计相关性	项已删除的 α 值	整体 α 值
国家政策环境	GJ1	0.585	0.802	0.822
	GJ2	0.608	0.795	
	GJ3	0.646	0.776	
	GJ4	0.749	0.725	
行业组织规范环境	HY1	0.486	0.692	0.717
	HY2	0.527	0.642	
	HY3	0.605	0.540	
科技创新环境	KJ1	0.722	0.563	0.774
	KJ2	0.544	0.765	
	KJ3	0.588	0.720	
消费者偏好	XF1	0.729	0.758	0.842
	XF2	0.725	0.764	
	XF3	0.668	0.817	
企业员工素质	YG1	0.501	0.636	0.696
	YG2	0.539	0.581	
	YG3	0.514	0.602	
企业规模	GM1	0.644	0.639	0.753
	GM2	0.360	0.784	
	GM3	0.680	0.615	
	GM4	0.540	0.703	
行业竞争	JZ1	0.667	0.759	0.818
	JZ2	0.700	0.742	
	JZ3	0.606	0.786	
	JZ4	0.592	0.793	

续表

变量	测量项	校正的项总计相关性	项已删除的 α 值	整体 α 值
国家标准发展水平	GB1	0.646	0.742	0.801
	GB2	0.423	0.807	
	GB3	0.650	0.746	
	GB4	0.714	0.721	
	GB5	0.519	0.790	
企业标准化演化	QY1	0.721	0.855	0.881
	QY2	0.692	0.860	
	QY3	0.712	0.856	
	QY4	0.709	0.856	
	QY5	0.743	0.848	

由表 6-3 可知，除了企业员工素质外，国家政策环境、科技创新环境、行业组织规范环境、消费者偏好、企业规模、行业竞争、国家标准发展水平、企业标准化演化的整体 Cronbach′s α 值在 0.717～0.881 之间，均大于 0.7，表明具有较好的信度。

此外，企业员工素质变量的某一题项被删除后 Cronbach′s α 值均小于其整体 Cronbach′s α 值。有研究提出，此时若校正的项总计相关性小于 0.5，该测量项应该被删除。而企业员工素质变量的所有测度项的校正的项总计相关性均大于 0.5，不符合删除该测度项的要求。因此，企业员工素质变量的所有测度项应被保留用于后续的分析。

尽管企业规模和国家标准发展水平的 Cronbach′s α 值大于 0.7 的标准值，但企业规模的 GM2 测度项和国家标准发展水平的 GB2 测度项被删除后，它们的整体国家标准发展水平都将有所提升，并且 GM2 和 GB2 测度项的校正的项总计相关性为 0.360 和 0.423，均小于 0.5 的标准值，满足该题项被删除的标准，因此删除这两个测度项。

由上可知，在研究问卷中的 34 个测度项中需删除两个测度项，还剩 32 个测度项。修正后的各变量测度项的信度符合信度检测的指标要求。

修正后变量信度整体 α 检验结果 **表 6-4**

变量	测量项	校正的项总计相关性	项已删除的 α 值	整体 α 值
国家政策环境	GJ1	0.585	0.802	0.822
	GJ2	0.608	0.795	
	GJ3	0.646	0.776	
	GJ4	0.749	0.725	
行业组织规范环境	HY1	0.486	0.692	0.717
	HY2	0.527	0.642	
	HY3	0.605	0.540	
科技创新环境	KJ1	0.722	0.563	0.774
	KJ2	0.544	0.765	
	KJ3	0.588	0.720	

续表

变量	测量项	校正的项总计相关性	项已删除的α值	整体α值
消费者偏好	XF1	0.729	0.758	0.842
	XF2	0.725	0.764	
	XF3	0.668	0.817	
企业员工素质	YG1	0.501	0.636	0.696
	YG2	0.539	0.581	
	YG3	0.514	0.602	
企业规模	GM1	0.578	0.755	0.784
	GM2	0.766	0.535	
	GM3	0.558	0.778	
行业竞争	JZ1	0.667	0.759	0.818
	JZ2	0.700	0.742	
	JZ3	0.606	0.786	
	JZ4	0.592	0.793	
国家标准发展水平	GB1	0.630	0.754	0.807
	GB2	0.606	0.769	
	GB3	0.709	0.717	
	GB4	0.571	0.790	
企业标准化演化	QY1	0.721	0.855	0.881
	QY2	0.692	0.860	
	QY3	0.712	0.856	
	QY4	0.709	0.856	
	QY5	0.743	0.848	

二、效度分析

本书基于现有文献和深度访谈设计问卷，邀请行业专家对设置的测度项进行指导。本书在深度访谈、问卷预测和请教行业专家结果的基础上，结合工业化建筑企业的特性设计量表，对问卷的测度项进行严格把控。本书采取SPSS因子分析的方式检验效度，预先通过计算KMO值和Bartlett球状检验来检测问卷数据是否符合因子分析的条件。当KMO不小于0.5且Bartlett球形检验的显著性小于0.01时，表明测度项能够进行因子分析。如表6-5所示，本问卷量表可以进行因子分析。

各变量效度检验结果　　表6-5

变量	KMO	近似卡方	自由度	显著性水平sig.
国家政策环境	0.769	100.560	6	0.000
行业组织规范环境	0.656	41.870	3	0.000
科技创新环境	0.638	61.692	3	0.000
消费者偏好	0.722	84.692	3	0.000

续表

变量	KMO	近似卡方	自由度	显著性水平 sig.
企业员工素质	0.673	36.634	3	0.000
企业规模	0.602	70.332	3	0.000
行业竞争	0.793	92.911	6	0.000
国家标准发展水平	0.789	90.124	6	0.000
企业标准化演化	0.845	175.067	175	0.000

研究结果显示，所有变量的 KMO 值均大于 0.5，且在 99%的置信度下显著。因此可以看出各个变量的所有测度项彼此显著相关，该问卷可以进行因子分析。每个变量的特征值均大于 1，总体解释度均大于 60%，见表 6-6。

变量样本的总体解释度列表 **表 6-6**

变量	特征值	总体解释度(%)
国家政策环境	2.617	65.421
行业组织规范环境	1.922	64.075
科技创新环境	2.069	68.974
消费者偏好	2.281	76.037
企业员工素质	1.885	62.831
企业规模	2.100	70.009
行业竞争	2.593	64.834
国家标准发展水平	2.564	64.107
企业标准化演化	3.393	67.854

聚合效度指测量同一变量的不同测度项之间的相关程度。在判定数据可以采取因子分析之后，本书探索并分析了各变量测度项的因子载荷。已有文章提出，因子载荷大于 0.6 表明该研究变量具有较高的聚合效度。根据表 6-7 显示，该问卷符合要求。

各测度项因子载荷和变量组合信度 **表 6-7**

变量	测度项	因子载荷	组合信度	平均方差析出量
国家标准发展水平	GB1	0.778	0.877	0.642
	GB2	0.796		
	GB3	0.866		
	GB4	0.761		
国家政策环境	GJ1	0.743	0.868	0.623
	GJ2	0.798		
	GJ3	0.756		
	GJ4	0.855		
行业竞争	JZ1	0.836	0.851	0.692
	JZ2	0.816		
	JZ3	0.823		
	JZ4	0.851		

续表

变量	测度项	因子载荷	组合信度	平均方差析出量
行业组织规范环境	HY1	0.778	0.850	0.654
	HY2	0.851		
	HY3	0.795		
科技创新环境	KJ1	0.813	0.851	0.659
	KJ2	0.915		
	KJ3	0.691		
企业标准化演化	QY1	0.728	0.837	0.507
	QY2	0.693		
	QY3	0.708		
	QY4	0.694		
	QY5	0.735		
企业规模	GM1	0.837	0.838	0.726
	GM2	0.881		
	GM3	0.838		
企业员工素质	YG1	0.76	0.838	0.663
	YG2	0.842		
	YG3	0.838		
消费者偏好	XF1	0.798	0.800	0.574
	XF2	0.822		
	XF3	0.639		

同时，本书还借助 AMOS 对问卷进行聚合效度检测。通过组合信度和 AVE 检测问卷。

根据表 6-7、图 6-1 可知，本书中涉及的所有变量的组合信度在 0.800～0.877 之间，大于 0.7（阈值），同时所有研究变量的平均方差析出量在 0.507～0.726 之间，大于 5（阈值）。

并且根据图 6-1、表 6-8 表示拟合指标均满足要求，因此认为这个模型有不错的适配度。

模型拟合指数表 **表 6-8**

拟合指标	评价标准	测量值
GFI	大于 0.9(0.8 基本满足)	0.899
RMR	小于 0.05,越小越好	0.03
AGFI	大于 0.9(0.8 基本满足)	0.876
RMSEA	小于 0.05,越小越好	0.033
NFI	大于 0.9,越接近 1 越好	0.907
TLI	大于 0.9,越接近 1 越好	0.971
CFI	大于 0.9,越接近 1 越好	0.975

续表

拟合指标	评价标准	测量值
IFI	大于 0.9，越接近 2 越好	0.975
CMIN/DF	<3 好，3～5 可以接受	1.33
PNFI	>0.5	0.782
PGFI	>0.5	0.841

该拟合指数结果再次验证了本书所采用问卷的高聚合效度。

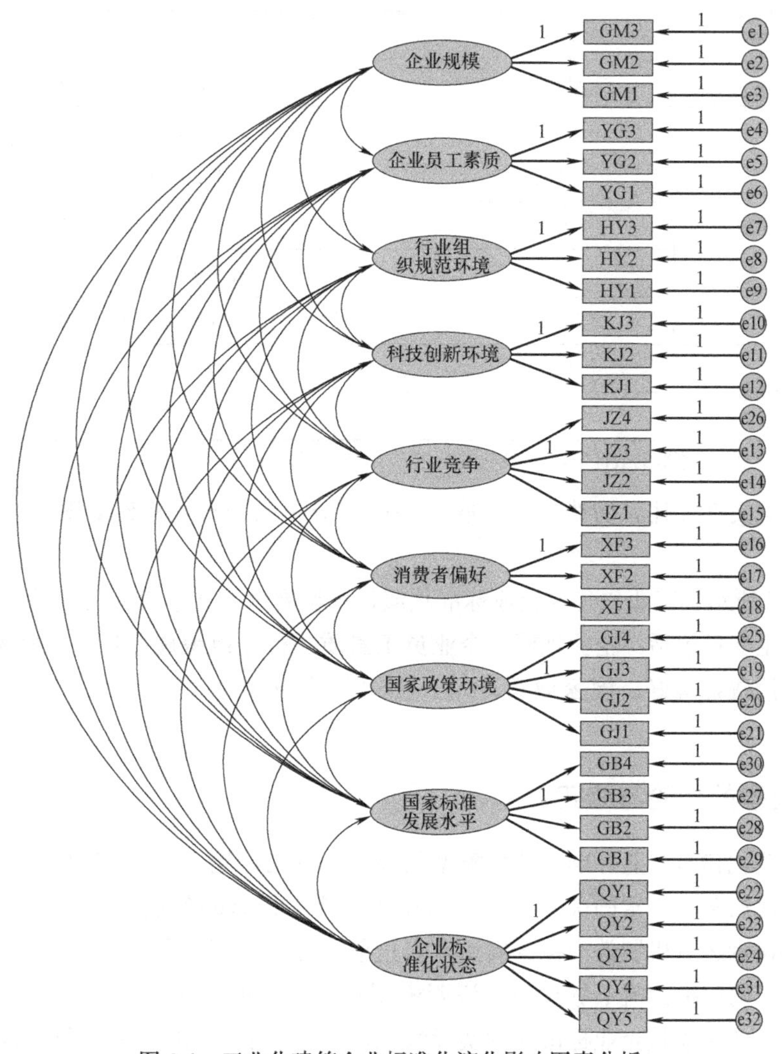

图 6-1　工业化建筑企业标准化演化影响因素分析

第三节　工业化建筑标准化演化的因素机制

本节将进一步通过结构方程模型方法对工业化建筑企业标准化影响因素模型假设进行检验，使用 AMOS 统计软件，以探讨影响工业化建筑标准化演化的因素和机制。

一、结构方程模型建模

结构方程模型是适用于探讨多个变量关系的方法，常用指标如表 6-9 所示。

结构方程模型常用指标拟合表 **表 6-9**

指数变量	指标	评价标准
绝对拟合指数	GFI	大于 0.9
	RMR	小于 0.05，越小越好
	AGFI	大于 0.9(0.8 基本满足)
	RMSEA	小于 0.05，越小越好
相对拟合指数	NFI	大于 0.9，越接近 1 越好
	TLI	大于 0.9，越接近 1 越好
	CFI	大于 0.9，越接近 1 越好
	IFI	大于 0.9，越接近 2 越好
	CMIN/DF	<3 好，3～5 可以接受
简约拟合指数	PNFI	>0.5
	PGFI	>0.5

注：表中所示是拟合指数的最优值，如 RMSEA，小于 0.05 表示较好，0.05～0.08 表示拟合尚可。

本书根据文献综述、访谈结果、假设和前文分析的结果，构建如图 6-2 所示的研究模型。

如图 6-2 所示，工业化建筑企业标准化演化模型展示了 9 个变量之间的影响关系，该模型中的外生变量包括：企业规模、企业员工素质、行业组织规范环境、技术创新环境、行业竞争、消费者偏好、国家政策环境、国家标准发展水平。内生变量为企业标准化演化。

二、模型的检验与修正

对于工业化建筑企业标准化演化模型的检验，本书运用 AMOS 软件对影响工业化建筑企业标准化的各个因素的关系模型进行检验分析，模型的各项拟合参数结果如表 6-10 所示。表中显示运行机制效力拟合模型在修正前后的拟合指数各项指标值，初步拟合后，GFI 和 AGFI 两项指标值不够理想，说明模型存在一定的问题。根据软件给出的修正提示，并结合工业化建筑企业标准化的实际情况，增加了企业规模对企业员工素质、行业组织规范环境对企业员工素质、科技创新环境对行业竞争、消费者偏好对行业竞争、国家政策环境对行业竞争、国家政策环境对国家标准发展水平六组路径，并进行重新拟合。在修正之后，各项指标均得到了提高。由此，工业化建筑企业标准化影响因素路径模型如图 6-3 所示。

经过结构方程模型的检验，分别得出以下分析结果，具体结果数据和路径见表 6-11。

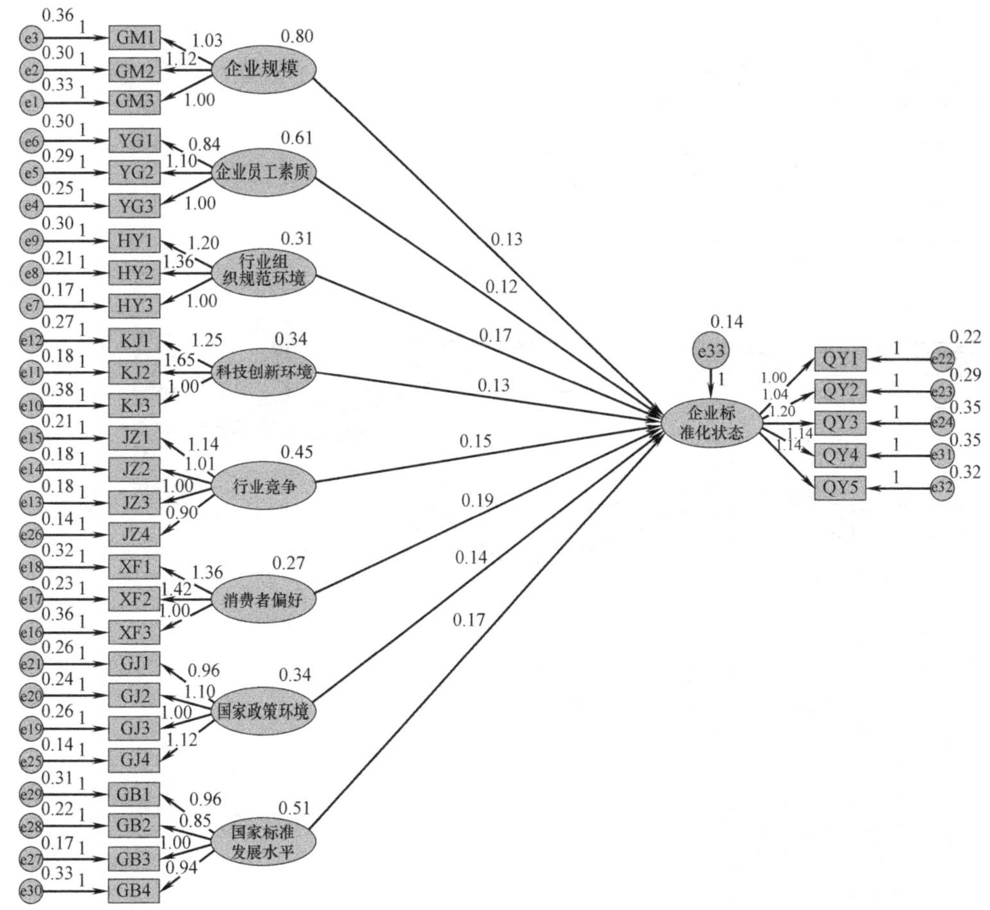

图 6-2　工业化建筑企业标准化演化模型路径图

运行机制效力模型拟合指数　　表 6-10

指标	GFI	RMR	AGFI	RMSEA	NFI	TLI	CFI	IFI	CMIN/DF	PNFI	PGFI
要求	＞0.8	＜0.05	＞0.8	＜0.05	＞0.8	＞0.8	＞0.8	＞0.8	＜3	＞0.5	＞0.5
初步拟合指数(模型 1)											
实测值	0.784	0.168	0.75	0.066	0.826	0.883	0.892	0.893	2.32	0.76	0.677
是否符合	否	是	否	是	是	是	是	是	是	是	是
修正拟合指数(模型 2)											
实测值	0.85	0.137	0.824	0.052	0.866	0.935	0.934	0.927	1.818	0.785	0.725
是否符合	是	是	是	是	是	是	是	是	是	是	是

至此，已经对工业化建筑企业标准化影响因素路径理论模型验证完毕，通过结构方程模型的修正，最终形成的各个变量之间的关系及各潜变量之间的影响因子大小如图 6-4 所示。

由图 6-4 中模型显示的结果，假设 H1、H2、H3、H4、H5、H6、H7、H8 都得到了有效的验证，即国家政策环境、行业组织规范环境、科技创新环境、行业竞争、消费者偏好、国家标准发展水平、企业规模、企业员工素质对工业化建筑企业标准化产生影响，并且相互之间还有联动影响作用。具体见附录。

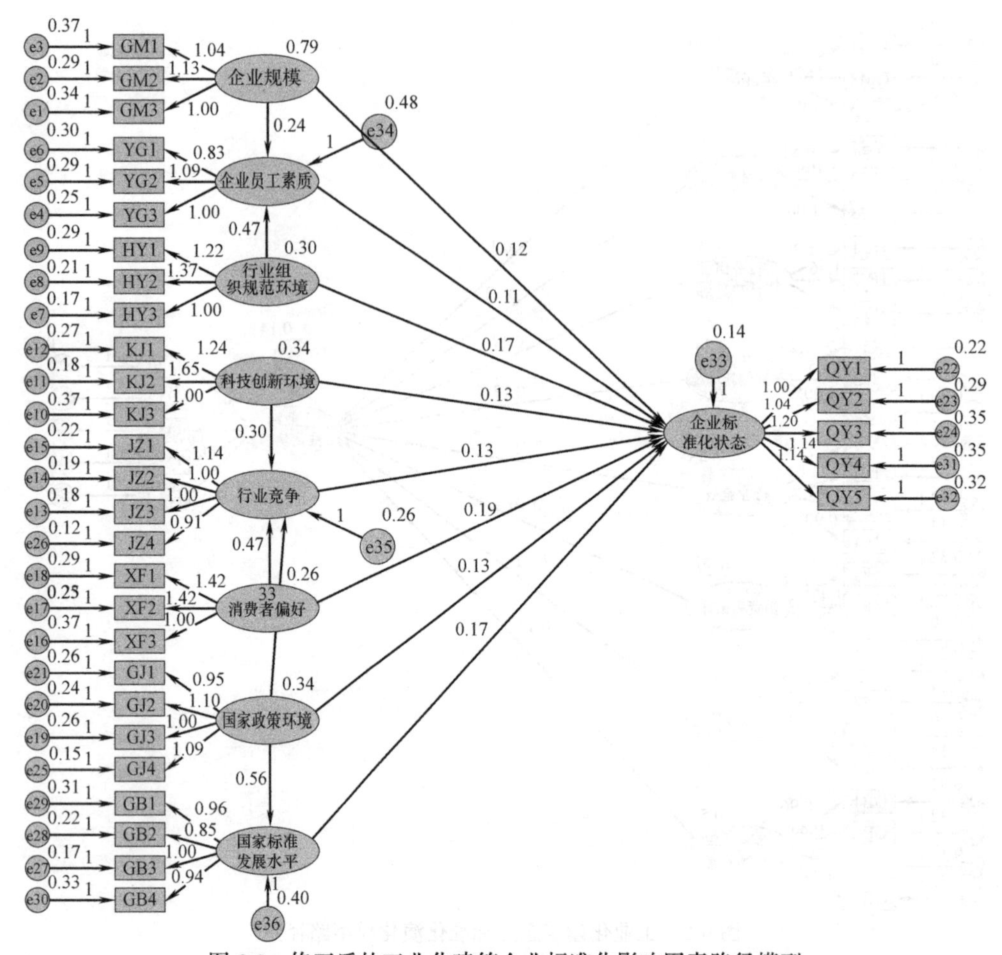

图 6-3　修正后的工业化建筑企业标准化影响因素路径模型

结构方程模型的路径分析结果　　表 6-11

假设编号	路径	模型 1			模型 2		
		路径系数	P 值	t 值	路径系数	P 值	t 值
H1	企业规模→企业标准化演化	0.126	* * *	4.014	0.123	* * *	3.73
H2	企业员工素质→企业标准化演化	0.124	* * *	3.443	0.115	0.006	2.752
H3	行业组织规范环境→企业标准化演化	0.175	* * *	3.404	0.172	0.002	3.079
H4	科技创新环境→企业标准化演化	0.13	0.006	2.735	0.131	0.009	2.595
H5	行业竞争→企业标准化演化	0.154	* * *	3.763	0.134	0.017	2.38
H6	消费者偏好→企业标准化演化	0.186	0.001	3.272	0.195	0.003	2.976
H7	国家政策环境→企业标准化演化	0.135	0.005	2.837	0.126	0.031	2.161
H8	国家标准发展水平→企业标准化演化	0.168	* * *	4.266	0.165	* * *	3.671
H9	企业规模→企业员工素质	—	—	—	0.238	* * *	4.452
H10	行业组织规范环境→企业员工素质	—	—	—	0.471	* * *	5.197
H11	科技创新环境→行业竞争	—	—	—	0.298	* * *	4.753
H12	消费者偏好→行业竞争	—	—	—	0.472	* * *	5.835
H13	国家政策环境→国家标准发展水平	—	—	—	0.561	* * *	7.06
H14	企业规模→行业竞争	—	—	—	0.328	* * *	5.255

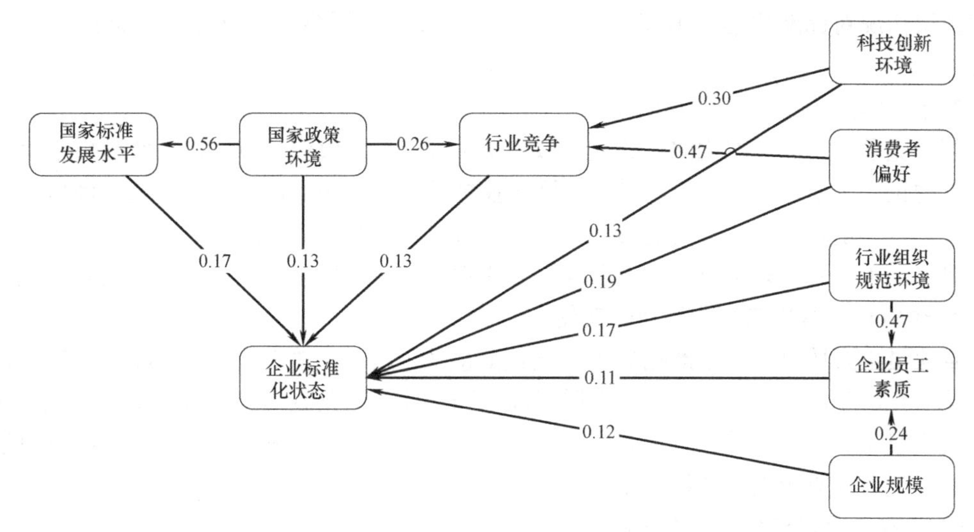

图 6-4 工业化建筑企业标准化演化影响因素路径模型检验结果

三、模型各相关因素间的直接效应、间接效应及总效应

分析模型各因素的效应关系是将图中显示的各因素之间的影响用定量的方式表现出来，直接效应等于路径系数，间接效应等于相应路径系数的乘积直接效应与间接效应的和为总效应。据表 6-12 可知国家政策环境、消费者偏好、科技创新环境、行业组织规范环境、企业规模、国家标准发展水平、行业竞争、企业员工素质对企业标准化均有直接效应，效应大小关系为国家标准发展水平（0.239）＞企业规模（0.221）＞消费者偏好（0.2）＞行业组织规范环境（0.19）＞企业员工素质（0.177）＞行业竞争（0.168）＞科技创新环境（0.155）＞国家政策环境（0.149），均为正向效应。国家政策环境、消费者偏好、科技创新环境、行业组织规范环境、企业规模对工业化建筑企业标准化有间接效应，既是影响企业标准化的直接变量，又是中介变量，间接效应的大小关系为国家政策环境（0.162）＞消费者偏好（0.065）＞行业组织规范环境（0.06）＞企业规模（0.049）＞科技创新环境（0.047），均为正向效应。各变量对企业标准化演化总效应大小关系为国家政策环境（0.311）＞企业规模（0.27）＞消费者偏好（0.264）＞行业组织规范环境（0.25）＞国家标准发展水平（0.239）＞科技创新环境（0.202）＞企业员工素质（0.177）＞行业竞争（0.168），均为正向效应。

1. 国家政策环境与企业标准化演化

国家政策环境是企业标准化演化的重要影响因素，其对企业标准化演化的总效应最大，为 0.311，是影响企业标准化演化的正向因素，对企业标准化演化有两种影响路径：直接效应和间接效应，直接效应为 0.149，间接效应路径为国家政策环境→国家标准发展水平→企业标准化演化，国家政策环境→行业竞争→企业标准化演化。

2. 国家标准发展水平与企业标准化演化

国家标准发展水平是企业标准化演化的重要影响因素，对企业标准化演化的直接效应最大，为 0.239，是影响企业标准化的正向因素，国家标准发展越好，则企业标准化演化越好。而国家标准发展水平又受国家政策环境的影响，直接效应为 0.46，总效应为 0.46，国家政策情况对标准化推广力度大，则国家标准发展水平良好，反之国家标准水平状况不佳。

3. 行业竞争与企业标准化演化

行业竞争对企业标准化演化的直接效应为0.168，总效应为0.168，是影响企业标准化演化的正向因素，行业竞争越激烈，则企业标准化越理想。国家政策环境、消费者偏好和科技创新环境对行业竞争有直接效应，直接效应分别为0.31、0.386和0.28，国家政策形势好、消费者偏好工业化建筑以及工业化建筑科技创新多，则行业市场竞争越激烈。

4. 企业员工素质与企业标准化演化

企业员工素质对企业标准化演化的直接效应为0.177，总效应为0.177，是影响企业标准化演化的正向因素，企业员工素质越高，则企业标准化越理想。行业组织规范环境和企业规模对企业员工素质有直接效应，直接效应分别为0.337和0.277，行业组织规范环境越好，企业规模越大，则行业竞争越激烈。

5. 消费者偏好与企业标准化演化

消费者偏好对企业标准化演化的直接效应为0.2，是影响企业标准化演化的正向因素，消费者支持越高，则企业标准化越高。消费者偏好对企业标准化演化的影响，还通过行业竞争影响企业标准化演化，消费者偏好→行业竞争→企业标准化。

6. 科技创新环境与企业标准化演化

科技创新环境对企业标准化演化的直接效应为0.155，是影响企业标准化演化的正向因素，科技创新环境越好，则企业标准化越高。科技创新环境对企业标准化演化的影响，还通过行业竞争影响企业标准化演化，科技创新环境→行业竞争→企业标准化。

7. 行业组织规范环境与企业标准化演化

行业组织规范环境是企业标准化演化的重要影响因素，总效应为0.25，是影响企业标准化演化的正向因素，对企业标准化演化既有直接效应又有间接效应，直接效应为0.19，间接效应路径为行业组织规范环境→企业员工素质→企业标准化演化。

8. 企业规模与企业标准化演化

企业规模对工业化建筑企业标准化演化影响较大，直接效应为0.221，总效应为0.27，是影响企业标准化的正向因素，企业规模越大，则企业标准化演化越好。对企业标准化演化既有直接效应又有间接效应，间接效应路径为企业规模→企业员工素质→企业标准化演化。

各潜变量的影响效应 **表6-12**

	国家政策环境	消费者偏好	科技创新环境	行业组织规范环境	企业规模	国家标准发展水平	行业竞争	企业员工素质
					总效应			
国家标准发展水平	0.46							
行业竞争	0.31	0.386	0.28					
企业员工素质				0.337	0.277			
企业标准化演化	0.311	0.264	0.202	0.25	0.27	0.239	0.168	0.177
					直接效应			

续表

	国家政策环境	消费者偏好	科技创新环境	行业组织规范环境	企业规模	国家标准发展水平	行业竞争	企业员工素质
国家标准发展水平	0.46							
行业竞争	0.31	0.386	0.28					
企业员工素质				0.337	0.277			
企业标准化演化	0.149	0.2	0.155	0.19	0.221	0.239	0.168	0.177
					间接效应			
企业标准化演化	0.162	0.065	0.047	0.06	0.049			

本书提出的各项假设的验证结果及新增路径如表6-13所示。

本书的假设验证结果　　**表6-13**

序号	假设内容	检验结果
H1	工业化建筑技术创新对企业标准化有显著正向影响	支持
H2	工业化建筑国家政策环境对企业标准化有显著正向影响	支持
H3	工业化建筑行业竞争环境对企业标准化有显著正向影响	支持
H4	工业化建筑行业组织规范对企业标准化有显著正向影响	支持
H5	消费者对工业化建筑偏好情况对企业标准化有显著正向影响	支持
H6	工业化建筑企业规模实力对企业标准化有显著正向影响	支持
H7	工业化建筑企业员工素质对企业标准化有显著正向影响	支持
H8	国家标准的发展演化对企业标准化有显著正向影响	支持
	新增路径	
H9	工业化建筑企业规模实力对企业员工素质有显著正向影响	支持
H10	工业化建筑行业组织规范对企业员工素质有显著正向影响	支持
H11	工业化建筑技术创新对行业竞争环境有显著正向影响	支持
H12	消费者对工业化建筑偏好情况对行业竞争环境有显著正向影响	支持
H13	工业化建筑国家政策环境对行业竞争环境有显著正向影响	支持
H14	工业化建筑国家政策环境对国家标准的发展演化有显著正向影响	支持

第四节　工业化建筑标准化实证研究

一、实施单位简介

某建设集团有限公司，为房屋建筑工程施工总承包特级企业。公司先后获得“全国工程建设管理先进单位”、“全国集体建筑企业全面质量管理优秀企业”（金屋奖）、“全国优秀施工企业”、省级建筑业“最佳企业”、“AAA特级资信企业”等荣誉称号；公司连续三年跻身某省建筑业综合实力30强企业前10名，并入选2009年度中国承包商和工程设计企业“双60强”；公司还连续五年创“鲁班奖”。2018年该公司制定了有关工业化建筑的企业标准。

二、企业标准编制情况简介

1. 混凝土结构工业化建筑项目管理导则——设计管理篇

为在集团公司混凝土结构工业化建筑设计管理中提高管理人员综合管理能力，缩短装配式混凝土结构设计周期，提高工业化建筑技术水平与工程设计质量，制定本导则。装配式混凝土结构在设计管理过程中，应贯彻执行国家及地方规范、规程、标准，做到安全适用、技术先进、经济合理、节能环保、确保工程质量。

2. 混凝土结构工业化建筑项目管理导则——生产管理篇

为加强集团公司混凝土结构工业化建筑预制构件生产单位的预制构件生产管理，规范生产和质量管理行为，提高质量管理水平和质量保证能力，制定本导则。本导则适用于集团公司混凝土结构工业化建筑预制构件生产管理。

3. 混凝土结构工业化建筑项目管理导则——施工管理篇

为提高集团公司混凝土结构工业化建筑施工管理水平，促进装配式混凝土结构施工管理科学化、规范化和制度化，制定本导则。本导则适用于集团公司混凝土结构工业化建筑施工管理。

4. 混凝土结构工业化建筑项目管理导则——项目开发管理篇

为在集团公司混凝土结构工业化建筑项目开发管理中贯彻国家技术经济政策，在保证实现工程项目的投资、品质等利益最大化，达到项目开发效益目标、质量目标及进度目标，制定本导则。本导则适用于集团公司混凝土结构工业化建筑项目开发管理。混凝土结构工业化建筑项目开发管理范围包括从获得土地至取得施工许可证这一时间段内的管理，以及预制构件生产、现场预制构件吊装施工等阶段的监督、控制、协调工作。

5. 混凝土结构工业化建筑技术导则——设计篇

为在集团公司混凝土结构工业化建筑设计中提高设计人员业务能力，协调土建设计、装修设计与构件拆分设计，提高工业化建筑技术水平与工程设计质量，制定本导则。本导则适用于集团公司混凝土结构工业化建筑的设计。

6. 混凝土结构工业化建筑技术导则——生产篇

为确保集团公司混凝土结构工业化建筑预制混凝土构件生产质量，统一预制混凝土构件的生产与质量验收，制定本导则。本导则适用于集团公司混凝土结构工业化建筑预制混凝土构件的生产与质量验收。

7. 混凝土结构工业化建筑技术导则——施工篇

为在集团公司混凝土结构工业化建筑施工中贯彻国家技术经济政策，保证工程质量，制定本导则。本导则适用于集团公司混凝土结构工业化建筑的施工。

第五节 小 结

通过探讨工业化建筑企业发展的问题，采用文献综述、访谈以及德尔菲法，提出了工业化建筑企业标准化演化影响因素的理论模型，通过对工业化建筑企业标准化演化的影响因素分析和指标确定，对工业化建筑企业标准化演化模型进行了验证，并体现了模型影响因素的影响强度、影响路径和相互之间的联系。形成的主要结论如下：

（1）影响工业化建筑企业标准化演化的因素较多、较复杂，其中，国家政策环境、消费者偏好、科技创新环境、行业组织规范环境、企业规模、国家标准发展水平、行业竞争和企业员工素质等是主要影响变量。

（2）科技创新环境、消费者偏好通过行业竞争来影响工业化建筑企业标准化演化。其中，工业化建筑技术创新环境、行业竞争、消费者偏好都是正向效应。

（3）企业规模、行业组织规范环境也通过企业员工素质来影响工业化建筑企业标准化演化。

（4）此外，国家政策还对国家标准发展水平以及行业竞争有着直接影响，国家政策是推动标准制定的第一动力，通过标准的制定间接影响企业标准化演化，而国家政策对于行业竞争的推动主要在于相应政策的企业越来越多，标准化竞争越来越激烈导致行业竞争白热化，最终影响企业制定更加适合本企业的标准，标准化演化不断提升。

第七章

主要结论

本书对工业化建筑技术创新与标准化联动运行机制进行研究，按照理论研究—机理梳理—路径设计—机制设计的逻辑展开论述，结合行动者网络理论、综合集成研讨厅理论、协同创新理论等，采用文献分析法、实证分析法和比较分析法等，对创新与标准的关系和作用机理进行分析，构建工业化建筑技术创新与标准化联动运行机制。本书研究主要包括：

（1）创新成果评价，界定可转化为标准的创新成果，明确创新成果转化为技术主体的角色与功能以及企业、科研院所、政府、中介组织链条关系，设计创新成果转化路径和信息反馈过程。

（2）技术标准化实现路径主要涉及两个过程即技术选择和标准评估的路径设计，在研究驱动力时，采用实证分析法建立了技术创新与标准联动动力模型和指标体系，运用结构方程模型定量方法分析联动的主要动力及其影响路径，分析技术标准化过程中的影响因素，构建技术创新与标准化联动运行机制的理论框架，提出联动运行的组织架构、信息化平台，并且从四个方面提出运行保障的政策建议。

（3）通过对工业化建筑标准化系统的环境、要素和内涵的分析，运用力学模型，分析政府推力、行业拉力、社会引力和企业动力对工业化建筑标准化系统的作用机理，并构建工业化建筑标准体系的运行模型。通过运用经济控制论，构建工业化建筑标准体系运行的动态模型，分析了可控性和稳定性，发现了工业化建筑标准体系性能、主体之间的协同和标准化资源条件对工业化建筑标准化体系水平提高的作用机理。

（4）通过标准制定模式和工业化建筑主体在制定和实施间的协作关系的分析，提出了协同建议，如政府必须加强内部管理，提高监督效率，增大监督查处成功率，并采取相关措施加大对第三方机构和企业之间寻租行为的惩罚力度；提高企业产品不达标受到的惩罚、惩罚系数等以减少企业的寻租活动。

（5）从组织、创新、政策、人才和资金几方面的保障体系对工业化建筑标准化体系的运行做出规范，通过保障体系的构建，能有效促进工业化建筑标准体系的健康发展。

附　录

附录 1　技术创新与标准联动调查问卷

您好！感谢您能抽出时间，参与本次调查研究。问卷旨在深入剖析技术创新与标准联动运行动力，以及各动力之间的关系和各动力因子对创新技术标准联动影响程度。简单地说，创新与标准化联动是指参与创新、技术、标准三个相互影响过程的主体和人员相互配合，联合行动，旨在实现创新与标准的协调发展，实现创新与工业化标准的动态管理，使我国建筑工业化持续健康的发展。

问卷采用不记名方式，答案没有对错之分，不涉及个人隐私，调查数据仅用于统计分析，绝不用于任何商业用途。诚恳邀请您拨冗填写，对于您的配合与支持，我们不胜感激。敬祝身体健康、工作顺利！

一、背景信息（请在相应选项前的方框内打“√”）

1. 性别：□男　　□女

2. 年龄：

□22 岁及以下　□25～35 岁　□36～45 岁　□46～55 岁　□56 岁及以上

3. 您的教育水平：

□硕士及以上　□本科　□大专或技校　□中专或高中　□初中或以下

4. 工作单位：

□政府部门　□科研院所　□中介机构　□企业　□其他

5. 工作年限：

□2 年以下　□2～5 年　□6～9 年　□10～15 年　□15 年以上

二、调查问卷主体

工业化建筑创新与标准化联动动力调查问卷					
一、市场需求调查					
您是否同意以下观点？请在右侧打√	非常不同意	不同意	不确定	同意	非常同意
行业发展需求要求创新与标准化联动					
市场饱和程度促进创新与标准化联动					
市场潜在需求促使创新与标准化联动					

续表

工业化建筑创新与标准化联动动力调查问卷					
二、市场竞争					
您认为以下市场竞争因素对创新与标准化联动的影响大小如何？请在右侧打√	影响非常小	影响比较小	影响一般	影响比较大	影响非常大
市场垄断规模和强度					
竞争公平程度					
市场占有率					
三、政府政策调查					
下列政府政策对创新与标准化联动重要程度如何？请在右侧打√	非常不重要	比较不重要	一般重要	比较重要	非常重要
税收贷款资金等激励政策					
知识产权保护政策					
政策稳定性					
四、科学技术推动					
您认为以下成果对创新与标准化联动的影响大小如何？请在右侧打√	影响非常小	影响比较小	影响一般	影响比较大	影响非常大
专利申请量					
技术市场交易的频繁程度					
科技成果转化率					
五、利益驱动					
您认为以下利益驱动的因素能促进创新与标准化联动？请在右侧打√	非常不同意	不同意	不确定	同意	非常同意
利润					
市场份额					
预期收益					
六、主体内在需求					
您是否同意以下观点？请在右侧打√	非常不同意	不同意	不确定	同意	非常同意
通过创新与标准化联动可以实现资源共享愿望与合作					
加入到创新与标准化联动可以实现发展愿望和发现发展潜力					
参与创新与标准化联动过程可以明确自身发展战略和方向					
七、联动动力调查					
根据个人情况请在右侧对应处打√	非常不同意	不同意	不确定	同意	非常同意
我愿意了解创新与标准化联动的信息					
我会参与到创新与标准化联动过程中					
我会推荐周围的人参与到创新与标准化联动中					

附录 2　工业化建筑企业标准化标准化访谈提纲

访谈情况说明：

本次访谈主要是针对您所在工业化建筑企业对相关标准使用演化了解所进行，所访谈内容只用于研究，且对访谈对象只编号不记名，请您放心回答，

对您的配合表示感谢！

一、访谈对象基本情况

基本情况 访谈编号	教育程度	从业年限	所在行业

二、访谈内容

您知道目前国家出台的装配式建筑标准吗？

（比如《装配式混凝土结构技术规程》GJ 1—2014，《预制预应力混凝土装配整体式框架结构技术规程》JGJ 224—2010，《工业化建筑评价标准》GB/T 51129—2015，《建筑模数协调标准》GB/T 50002—2013 等）

（1）参照过装配式建筑标准的受访对象回答以下问题：

1）您使用过哪些装配式建筑标准？

2）您使用装配式建筑标准遇到过什么问题？

3）驱使您高于标准使用的原因是什么？

4）什么会影响装配式建筑标准参照程度？为什么？

5）国家或者行业组织对标准化有无影响吗？为什么？

6）企业内部什么方面对标准的参照产生影响？

（2）没有参照装配式建筑标准的受访对象回答如下问题：

1）您以及您所在的企业为什么不参照装配式建筑标准？

2）您有想过尝试参照装配式建筑行业标准吗？

3）如果有同行向您推荐装配式建筑标准，您会尝试参照吗？

（3）所有受访者共同的问题：

1）您认为使用装配式建筑标准有意义吗？

2）您认为哪些因素会影响您对装配式建筑标准的参照？

3）关于装配式建筑标准，您还有什么要表达和说明的吗？

4）您在使用装配式建筑标准的过程中或者未使用的行为，市场需求会让您产生持续使用的意愿或者愿意尝试吗？

附录3　工业化建筑企业标准化影响因素调查问卷

尊敬的先生/女士：

您好！非常感谢您在百忙之中抽空填写此问卷。这是一份学术性问卷，为了调研装配式建筑企业标准化影响因素情况，以便工业化建筑行业内企业标准化战略发展。本问卷采用无记名方式，所填答案没有对错之分，仅用于课题研究，我们承诺对您提供的所有信息保密，且调查所得数据绝不会用于其他任何商业用途，敬请放心。希望您根据实际管理和技术经验如实填写，对于您的配合我们将不胜感激。

衷心感谢您在百忙之中填写问卷，向您表示最诚挚的谢意！

第一部分　背景资料

（请根据自身实际情况选择）

序号	选择题项	选择
1	您的年龄段： 1. ≤25　2. 26～30　3. 31～40　4. 41～50　5. ≥51	
2	您的受教育程度： 1. 高中及以下　2. 大专　3. 大学本科　4. 硕士及以上	
3	你在本单位工作年限： 1. 1年以下　2. 1～3年　3. 3～5年　4. 5～10年　5. 10年以上	
4	您所在单位的类型： 1. 房地产开发单位　2. 施工单位　3. 设计单位 4. 国家机关　5. 高校及科研单位　6. 咨询单位	
5	您的职位： 1. 职能总监　2. 项目经理　3. 部门经理　4. 主管　5. 员工	

第二部分　企业标准化影响因素

（请根据自身实际情况选择）

序号	请您根据所在企业实际情况对以下论述的同意程度进行选择：(有关国家政策影响)	非常不同意──→非常同意				
		1	2	3	4	5
GJ1	您认为国家或地方强制性政策约束企业通过标准化实现生产行为合法合规					
GJ2	您认为标准化政策可以使未达到标准化要求的企业受到惩罚					
GJ3	您认为国家政策可以激励逐步实现企业标准化					
GJ4	你认为标准化政策可以调动社会各界助推企业标准化建设					
序号	请您根据所在企业实际情况对以下论述的同意程度进行选择：(有关行业组织影响)	非常不同意──→非常同意				
		1	2	3	4	5
HY1	您认为行业组织的标准化培训正确而有效					
HY2	您认为行业组织对技术标准更新是有很大帮助的					
HY3	您认为行业组织对标准化人才的培养很有帮助					

续表

序号	请您根据所在企业实际情况对以下论述的同意程度进行选择:(有关技术创新影响)	非常不同意──→非常同意				
		1	2	3	4	5
JS1	您认为企业发明专利会促进企业标准化					
JS2	您认为科技创新人才可以推动企业标准化					
JS3	您认为技术发展能够解决装配式建筑标准化的推进阻力					
序号	请您根据所在企业实际情况对以下论述的同意程度进行选择:(有关消费者偏好影响)	非常不同意──→非常同意				
		1	2	3	4	5
XF1	您认为购房者对装配式住宅的了解程度会影响企业标准化					
XF2	您认为购房者对装配式住宅的好恶会影响企业标准化					
XF3	您认为市场主流媒体对装配式建筑的评价会影响企业标准化发展					
序号	请您根据所在企业实际情况对以下论述的同意程度进行选择:(有关企业员工素质影响)	非常不同意──→非常同意				
		1	2	3	4	5
YG1	您认为企业员工学历高低会影响企业标准化执行水平					
YG2	您认为企业管理员工经验水平会影响企业对标准的管理和创新					
YG3	您认为企业决策者管理水平影响企业标准战略发展					
序号	请您根据所在企业实际情况对以下论述的同意程度进行选择:(有关企业规模影响)	非常不同意──→非常同意				
		1	2	3	4	5
GM1	您认为企业拥有员工数量影响企业标准化发展					
GM2	您认为企业资金力量投入影响企业标准化进展					
GM3	您认为企业业务覆盖地域越大标准化水平越高					
GM4	您认为企业业务覆盖装配式产业链业务范围越大越有利于企业标准化					
序号	请您根据所在企业实际情况对以下论述的同意程度进行选择:(有关行业竞争影响)	非常不同意──→非常同意				
		1	2	3	4	5
JZ1	您认为行业发展规模会影响您制定和使用企业标准					
JZ2	您认为产业链上其他企业的发展会影响您制定和使用企业标准					
JZ3	您会根据您的使用感受/他家企业的使用经验决定您企业制定和使用企业标准					
JZ4	您认为其他企业标准化水平对您所在企业标准的使用产生影响					
序号	请您根据所在企业实际情况对以下论述的同意程度进行选择:(有关国家标准发展水平的影响)	非常不同意──→非常同意				
		1	2	3	4	5
GB1	标准的通俗性影响您制定和使用企业标准					
GB2	国家标准更新不及时会影响您制定和使用企业标准					
GB3	相关部门的质量检查会影响您使用企业标准					
GB4	标准内容不全面会影响您使用企业标准					
GB5	您能够直接从国家标准上获得全部您需要参照的准则					

第三部分
装配式建筑企业标准化演化调查

序号	请您根据所在企业实际情况对以下论述的同意程度进行选择：	非常不同意——→非常同意				
		1	2	3	4	5
QY1	企业发展战略中对标准化重视程度高					
QY2	企业部门设置符合标准化管理，并设置专门的标准研究部门					
QY3	企业员工参与装配式建筑标准学习次数多					
QY4	企业发明专利经常被写入国家或地方标准中					
QY5	企业标准化发展处于行业领先水平，经常参与国家或地方标准的编制					

附录4　国家科技成果转化政策汇编

中华人民共和国促进科技成果转化法

第一章　总　　则

第一条　为了促进科技成果转化为现实生产力，规范科技成果转化活动，加速科学技术进步，推动经济建设和社会发展，制定本法。

第二条　本法所称科技成果，是指通过科学研究与技术开发所产生的具有实用价值的成果。职务科技成果，是指执行研究开发机构、高等院校和企业等单位的工作任务，或者主要是利用上述单位的物质技术条件所完成的科技成果。

本法所称科技成果转化，是指为提高生产力水平而对科技成果所进行的后续试验、开发、应用、推广直至形成新技术、新工艺、新材料、新产品，发展新产业等活动。

第三条　科技成果转化活动应当有利于加快实施创新驱动发展战略，促进科技与经济的结合，有利于提高经济效益、社会效益和保护环境、合理利用资源，有利于促进经济建设、社会发展和维护国家安全。

科技成果转化活动应当尊重市场规律，发挥企业的主体作用，遵循自愿、互利、公平、诚实信用的原则，依照法律法规规定和合同约定，享有权益，承担风险。科技成果转化活动中的知识产权受法律保护。

科技成果转化活动应当遵守法律法规，维护国家利益，不得损害社会公共利益和他人合法权益。

第四条　国家对科技成果转化合理安排财政资金投入，引导社会资金投入，推动科技成果转化资金投入的多元化。

第五条　国务院和地方各级人民政府应当加强科技、财政、投资、税收、人才、产业、金融、政府采购、军民融合等政策协同，为科技成果转化创造良好环境。

地方各级人民政府根据本法规定的原则，结合本地实际，可以采取更加有利于促进科技成果转化的措施。

第六条　国家鼓励科技成果首先在中国境内实施。中国单位或者个人向境外的组织、个人转让或者许可其实施科技成果的，应当遵守相关法律、行政法规以及国家有关规定。

第七条　国家为了国家安全、国家利益和重大社会公共利益的需要，可以依法组织实施或者许可他人实施相关科技成果。

第八条　国务院科学技术行政部门、经济综合管理部门和其他有关行政部门依照国务院规定的职责，管理、指导和协调科技成果转化工作。

地方各级人民政府负责管理、指导和协调本行政区域内的科技成果转化工作。

第二章　组 织 实 施

第九条　国务院和地方各级人民政府应当将科技成果的转化纳入国民经济和社会发展

计划，并组织协调实施有关科技成果的转化。

第十条　利用财政资金设立应用类科技项目和其他相关科技项目，有关行政部门、管理机构应当改进和完善科研组织管理方式，在制定相关科技规划、计划和编制项目指南时应当听取相关行业、企业的意见；在组织实施应用类科技项目时，应当明确项目承担者的科技成果转化义务，加强知识产权管理，并将科技成果转化和知识产权创造、运用作为立项和验收的重要内容和依据。

第十一条　国家建立、完善科技报告制度和科技成果信息系统，向社会公布科技项目实施情况以及科技成果和相关知识产权信息，提供科技成果信息查询、筛选等公益服务。公布有关信息不得泄露国家秘密和商业秘密。对不予公布的信息，有关部门应当及时告知相关科技项目承担者。

利用财政资金设立的科技项目的承担者应当按照规定及时提交相关科技报告，并将科技成果和相关知识产权信息汇交到科技成果信息系统。

国家鼓励利用非财政资金设立的科技项目的承担者提交相关科技报告，将科技成果和相关知识产权信息汇交到科技成果信息系统，县级以上人民政府负责相关工作的部门应当为其提供方便。

第十二条　对下列科技成果转化项目，国家通过政府采购、研究开发资助、发布产业技术指导目录、示范推广等方式予以支持：

（一）能够显著提高产业技术水平、经济效益或者能够形成促进社会经济健康发展的新产业的；

（二）能够显著提高国家安全能力和公共安全水平的；

（三）能够合理开发和利用资源、节约能源、降低消耗以及防治环境污染、保护生态、提高应对气候变化和防灾减灾能力的；

（四）能够改善民生和提高公共健康水平的；

（五）能够促进现代农业或者农村经济发展的；

（六）能够加快民族地区、边远地区、贫困地区社会经济发展的。

第十三条　国家通过制定政策措施，提倡和鼓励采用先进技术、工艺和装备，不断改进、限制使用或者淘汰落后技术、工艺和装备。

第十四条　国家加强标准制定工作，对新技术、新工艺、新材料、新产品依法及时制定国家标准、行业标准，积极参与国际标准的制定，推动先进适用技术推广和应用。

国家建立有效的军民科技成果相互转化体系，完善国防科技协同创新体制机制。军品科研生产应当依法优先采用先进适用的民用标准，推动军用、民用技术相互转移、转化。

第十五条　各级人民政府组织实施的重点科技成果转化项目，可以由有关部门组织采用公开招标的方式实施转化。有关部门应当对中标单位提供招标时确定的资助或者其他条件。

第十六条　科技成果持有者可以采用下列方式进行科技成果转化：

（一）自行投资实施转化；

（二）向他人转让该科技成果；

（三）许可他人使用该科技成果；

（四）以该科技成果作为合作条件，与他人共同实施转化；

（五）以该科技成果作价投资，折算股份或者出资比例；

（六）其他协商确定的方式。

第十七条　国家鼓励研究开发机构、高等院校采取转让、许可或者作价投资等方式，向企业或者其他组织转移科技成果。

国家设立的研究开发机构、高等院校应当加强对科技成果转化的管理、组织和协调，促进科技成果转化队伍建设，优化科技成果转化流程，通过本单位负责技术转移工作的机构或者委托独立的科技成果转化服务机构开展技术转移。

第十八条　国家设立的研究开发机构、高等院校对其持有的科技成果，可以自主决定转让、许可或者作价投资，但应当通过协议定价、在技术交易市场挂牌交易、拍卖等方式确定价格。通过协议定价的，应当在本单位公示科技成果名称和拟交易价格。

第十九条　国家设立的研究开发机构、高等院校所取得的职务科技成果，完成人和参加人在不变更职务科技成果权属的前提下，可以根据与本单位的协议进行该项科技成果的转化，并享有协议规定的权益。该单位对上述科技成果转化活动应当予以支持。

科技成果完成人或者课题负责人，不得阻碍职务科技成果的转化，不得将职务科技成果及其技术资料和数据占为己有，侵犯单位的合法权益。

第二十条　研究开发机构、高等院校的主管部门以及财政、科学技术等相关行政部门应当建立有利于促进科技成果转化的绩效考核评价体系，将科技成果转化情况作为对相关单位及人员评价、科研资金支持的重要内容和依据之一，并对科技成果转化绩效突出的相关单位及人员加大科研资金支持。

国家设立的研究开发机构、高等院校应当建立符合科技成果转化工作特点的职称评定、岗位管理和考核评价制度，完善收入分配激励约束机制。

第二十一条　国家设立的研究开发机构、高等院校应当向其主管部门提交科技成果转化情况年度报告，说明本单位依法取得的科技成果数量、实施转化情况以及相关收入分配情况，该主管部门应当按照规定将科技成果转化情况年度报告报送财政、科学技术等相关行政部门。

第二十二条　企业为采用新技术、新工艺、新材料和生产新产品，可以自行发布信息或者委托科技中介服务机构征集其所需的科技成果，或者征寻科技成果转化的合作者。

县级以上地方各级人民政府科学技术行政部门和其他有关部门应当根据职责分工，为企业获取所需的科技成果提供帮助和支持。

第二十三条　企业依法有权独立或者与境内外企业、事业单位和其他合作者联合实施科技成果转化。

企业可以通过公平竞争，独立或者与其他单位联合承担政府组织实施的科技研究开发和科技成果转化项目。

第二十四条　对利用财政资金设立的具有市场应用前景、产业目标明确的科技项目，政府有关部门、管理机构应当发挥企业在研究开发方向选择、项目实施和成果应用中的主导作用，鼓励企业、研究开发机构、高等院校及其他组织共同实施。

第二十五条　国家鼓励研究开发机构、高等院校与企业相结合，联合实施科技成果转化。

研究开发机构、高等院校可以参与政府有关部门或者企业实施科技成果转化的招标投标活动。

第二十六条　国家鼓励企业与研究开发机构、高等院校及其他组织采取联合建立研究开发平台、技术转移机构或者技术创新联盟等产学研合作方式，共同开展研究开发、成果应用与推广、标准研究与制定等活动。

合作各方应当签订协议，依法约定合作的组织形式、任务分工、资金投入、知识产权归属、权益分配、风险分担和违约责任等事项。

第二十七条　国家鼓励研究开发机构、高等院校与企业及其他组织开展科技人员交流，根据专业特点、行业领域技术发展需要，聘请企业及其他组织的科技人员兼职从事教学和科研工作，支持本单位的科技人员到企业及其他组织从事科技成果转化活动。

第二十八条　国家支持企业与研究开发机构、高等院校、职业院校及培训机构联合建立学生实习实践培训基地和研究生科研实践工作机构，共同培养专业技术人才和高技能人才。

第二十九条　国家鼓励农业科研机构、农业试验示范单位独立或者与其他单位合作实施农业科技成果转化。

第三十条　国家培育和发展技术市场，鼓励创办科技中介服务机构，为技术交易提供交易场所、信息平台以及信息检索、加工与分析、评估、经纪等服务。

科技中介服务机构提供服务，应当遵循公正、客观的原则，不得提供虚假的信息和证明，对其在服务过程中知悉的国家秘密和当事人的商业秘密负有保密义务。

第三十一条　国家支持根据产业和区域发展需要建设公共研究开发平台，为科技成果转化提供技术集成、共性技术研究开发、中间试验和工业性试验、科技成果系统化和工程化开发、技术推广与示范等服务。

第三十二条　国家支持科技企业孵化器、大学科技园等科技企业孵化机构发展，为初创期科技型中小企业提供孵化场地、创业辅导、研究开发与管理咨询等服务。

第三章　保障措施

第三十三条　科技成果转化财政经费，主要用于科技成果转化的引导资金、贷款贴息、补助资金和风险投资以及其他促进科技成果转化的资金用途。

第三十四条　国家依照有关税收法律、行政法规规定对科技成果转化活动实行税收优惠。

第三十五条　国家鼓励银行业金融机构在组织形式、管理机制、金融产品和服务等方面进行创新，鼓励开展知识产权质押贷款、股权质押贷款等贷款业务，为科技成果转化提供金融支持。

国家鼓励政策性金融机构采取措施，加大对科技成果转化的金融支持。

第三十六条　国家鼓励保险机构开发符合科技成果转化特点的保险品种，为科技成果转化提供保险服务。

第三十七条　国家完善多层次资本市场，支持企业通过股权交易、依法发行股票和债券等直接融资方式为科技成果转化项目进行融资。

第三十八条　国家鼓励创业投资机构投资科技成果转化项目。

国家设立的创业投资引导基金，应当引导和支持创业投资机构投资初创期科技型中小企业。

第三十九条　国家鼓励设立科技成果转化基金或者风险基金，其资金来源由国家、地方、企业、事业单位以及其他组织或者个人提供，用于支持高投入、高风险、高产出的科技成果的转化，加速重大科技成果的产业化。

科技成果转化基金和风险基金的设立及其资金使用，依照国家有关规定执行。

第四章　技术权益

第四十条　科技成果完成单位与其他单位合作进行科技成果转化的，应当依法由合同约定该科技成果有关权益的归属。合同未作约定的，按照下列原则办理：

（一）在合作转化中无新的发明创造的，该科技成果的权益，归该科技成果完成单位；

（二）在合作转化中产生新的发明创造的，该新发明创造的权益归合作各方共有；

（三）对合作转化中产生的科技成果，各方都有实施该项科技成果的权利，转让该科技成果应经合作各方同意。

第四十一条　科技成果完成单位与其他单位合作进行科技成果转化的，合作各方应当就保守技术秘密达成协议；当事人不得违反协议或者违反权利人有关保守技术秘密的要求，披露、允许他人使用该技术。

第四十二条　企业、事业单位应当建立健全技术秘密保护制度，保护本单位的技术秘密。职工应当遵守本单位的技术秘密保护制度。

企业、事业单位可以与参加科技成果转化的有关人员签订在职期间或者离职、离休、退休后一定期限内保守本单位技术秘密的协议；有关人员不得违反协议约定，泄露本单位的技术秘密和从事与原单位相同的科技成果转化活动。

职工不得将职务科技成果擅自转让或者变相转让。

第四十三条　国家设立的研究开发机构、高等院校转化科技成果所获得的收入全部留归本单位，在对完成、转化职务科技成果做出重要贡献的人员给予奖励和报酬后，主要用于科学技术研究开发与成果转化等相关工作。

第四十四条　职务科技成果转化后，由科技成果完成单位对完成、转化该项科技成果做出重要贡献的人员给予奖励和报酬。

科技成果完成单位可以规定或者与科技人员约定奖励和报酬的方式、数额和时限。单位制定相关规定，应当充分听取本单位科技人员的意见，并在本单位公开相关规定。

第四十五条　科技成果完成单位未规定、也未与科技人员约定奖励和报酬的方式和数额的，按照下列标准对完成、转化职务科技成果做出重要贡献的人员给予奖励和报酬：

（一）将该项职务科技成果转让、许可给他人实施的，从该项科技成果转让净收入或者许可净收入中提取不低于百分之五十的比例；

（二）利用该项职务科技成果作价投资的，从该项科技成果形成的股份或者出资比例中提取不低于百分之五十的比例；

（三）将该项职务科技成果自行实施或者与他人合作实施的，应当在实施转化成功投产后连续三至五年，每年从实施该项科技成果的营业利润中提取不低于百分之五的比例。

国家设立的研究开发机构、高等院校规定或者与科技人员约定奖励和报酬的方式和数额应当符合前款第一项至第三项规定的标准。

国有企业、事业单位依照本法规定对完成、转化职务科技成果做出重要贡献的人员给予奖励和报酬的支出计入当年本单位工资总额，但不受当年本单位工资总额限制、不纳入本单位工资总额基数。

第五章 法律责任

第四十六条 利用财政资金设立的科技项目的承担者未依照本法规定提交科技报告、汇交科技成果和相关知识产权信息的，由组织实施项目的政府有关部门、管理机构责令改正；情节严重的，予以通报批评，禁止其在一定期限内承担利用财政资金设立的科技项目。

国家设立的研究开发机构、高等院校未依照本法规定提交科技成果转化情况年度报告的，由其主管部门责令改正；情节严重的，予以通报批评。

第四十七条 违反本法规定，在科技成果转化活动中弄虚作假，采取欺骗手段，骗取奖励和荣誉称号、诈骗钱财、非法牟利的，由政府有关部门依照管理职责责令改正，取消该奖励和荣誉称号，没收违法所得，并处以罚款。给他人造成经济损失的，依法承担民事赔偿责任。构成犯罪的，依法追究刑事责任。

第四十八条 科技服务机构及其从业人员违反本法规定，故意提供虚假的信息、实验结果或者评估意见等欺骗当事人，或者与当事人一方串通欺骗另一方当事人的，由政府有关部门依照管理职责责令改正，没收违法所得，并处以罚款；情节严重的，由工商行政管理部门依法吊销营业执照。给他人造成经济损失的，依法承担民事赔偿责任；构成犯罪的，依法追究刑事责任。

科技中介服务机构及其从业人员违反本法规定泄露国家秘密或者当事人的商业秘密的，依照有关法律、行政法规的规定承担相应的法律责任。

第四十九条 科学技术行政部门和其他有关部门及其工作人员在科技成果转化中滥用职权、玩忽职守、徇私舞弊的，由任免机关或者监察机关对直接负责的主管人员和其他直接责任人员依法给予处分；构成犯罪的，依法追究刑事责任。

第五十条 违反本法规定，以唆使窃取、利诱胁迫等手段侵占他人的科技成果，侵犯他人合法权益的，依法承担民事赔偿责任，可以处以罚款；构成犯罪的，依法追究刑事责任。

第五十一条 违反本法规定，职工未经单位允许，泄露本单位的技术秘密，或者擅自转让、变相转让职务科技成果的，参加科技成果转化的有关人员违反与本单位的协议，在离职、离休、退休后约定的期限内从事与原单位相同的科技成果转化活动，给本单位造成经济损失的，依法承担民事赔偿责任；构成犯罪的，依法追究刑事责任。

第六章 附 则

第五十二条 本法自 1996 年 10 月 1 日起施行。

中共中央 国务院关于深化体制机制改革加快实施创新驱动发展战略的若干意见

创新是推动一个国家和民族向前发展的重要力量，也是推动整个人类社会向前发展的重要力量。面对全球新一轮科技革命与产业变革的重大机遇和挑战，面对经济发展新常态下的趋势变化和特点，面对实现"两个一百年"奋斗目标的历史任务和要求，必须深化体制机制改革，加快实施创新驱动发展战略，现提出如下意见。

一、总体思路和主要目标

加快实施创新驱动发展战略，就是要使市场在资源配置中起决定性作用和更好发挥政府作用，破除一切制约创新的思想障碍和制度藩篱，激发全社会创新活力和创造潜能，提升劳动、信息、知识、技术、管理、资本的效率和效益，强化科技同经济对接、创新成果同产业对接、创新项目同现实生产力对接、研发人员创新劳动同其利益收入对接，增强科技进步对经济发展的贡献度，营造大众创业、万众创新的政策环境和制度环境。

坚持需求导向。紧扣经济社会发展重大需求，着力打通科技成果向现实生产力转化的通道，着力破除科学家、科技人员、企业家、创业者创新的障碍，着力解决要素驱动、投资驱动向创新驱动转变的制约，让创新真正落实到创造新的增长点上，把创新成果变成实实在在的产业活动。

坚持人才为先。要把人才作为创新的第一资源，更加注重培养、用好、吸引各类人才，促进人才合理流动、优化配置，创新人才培养模式；更加注重强化激励机制，给予科技人员更多的利益回报和精神鼓励；更加注重发挥企业家和技术技能人才队伍创新作用，充分激发全社会的创新活力。

坚持遵循规律。根据科学技术活动特点，把握好科学研究的探索发现规律，为科学家潜心研究、发明创造、技术突破创造良好条件和宽松环境；把握好技术创新的市场规律，让市场成为优化配置创新资源的主要手段，让企业成为技术创新的主体力量，让知识产权制度成为激励创新的基本保障；大力营造勇于探索、鼓励创新、宽容失败的文化和社会氛围。

坚持全面创新。把科技创新摆在国家发展全局的核心位置，统筹推进科技体制改革和经济社会领域改革，统筹推进科技、管理、品牌、组织、商业模式创新，统筹推进军民融合创新，统筹推进引进来与走出去合作创新，实现科技创新、制度创新、开放创新的有机统一和协同发展。

到 2020 年，基本形成适应创新驱动发展要求的制度环境和政策法律体系，为进入创新型国家行列提供有力保障。人才、资本、技术、知识自由流动，企业、科研院所、高等学校协同创新，创新活力竞相迸发，创新成果得到充分保护，创新价值得到更大体现，创新资源配置效率大幅提高，创新人才合理分享创新收益，使创新驱动发展战略真正落地，进而打造促进经济增长和就业创业的新引擎，构筑参与国际竞争合作的新优势，推动形成可持续发展的新格局，促进经济发展方式的转变。

二、营造激励创新的公平竞争环境

发挥市场竞争激励创新的根本性作用，营造公平、开放、透明的市场环境，强化竞争政策和产业政策对创新的引导，促进优胜劣汰，增强市场主体创新动力。

（一）实行严格的知识产权保护制度

完善知识产权保护相关法律，研究降低侵权行为追究刑事责任门槛，调整损害赔偿标准，探索实施惩罚性赔偿制度。完善权利人维权机制，合理划分权利人举证责任。

完善商业秘密保护法律制度，明确商业秘密和侵权行为界定，研究制定相应保护措施，探索建立诉前保护制度。研究商业模式等新形态创新成果的知识产权保护办法。

完善知识产权审判工作机制，推进知识产权民事、刑事、行政案件的“三审合一”，积极发挥知识产权法院的作用，探索跨地区知识产权案件异地审理机制，打破对侵权行为的地方保护。

健全知识产权侵权查处机制，强化行政执法与司法衔接，加强知识产权综合行政执法，健全知识产权维权援助体系，将侵权行为信息纳入社会信用记录。

（二）打破制约创新的行业垄断和市场分割

加快推进垄断性行业改革，放开自然垄断行业竞争性业务，建立鼓励创新的统一透明、有序规范的市场环境。

切实加强反垄断执法，及时发现和制止垄断协议和滥用市场支配地位等垄断行为，为中小企业创新发展拓宽空间。

打破地方保护，清理和废除妨碍全国统一市场的规定和做法，纠正地方政府不当补贴或利用行政权力限制、排除竞争的行为，探索实施公平竞争审查制度。

（三）改进新技术新产品新商业模式的准入管理

改革产业准入制度，制定和实施产业准入负面清单，对未纳入负面清单管理的行业、领域、业务等，各类市场主体皆可依法平等进入。

破除限制新技术新产品新商业模式发展的不合理准入障碍。对药品、医疗器械等创新产品建立便捷高效的监管模式，深化审评审批制度改革，多种渠道增加审评资源，优化流程，缩短周期，支持委托生产等新的组织模式发展。对新能源汽车、风电、光伏等领域实行有针对性的准入政策。

改进互联网、金融、环保、医疗卫生、文化、教育等领域的监管，支持和鼓励新业态、新商业模式发展。

（四）健全产业技术政策和管理制度

改革产业监管制度，将前置审批为主转变为依法加强事中事后监管为主，形成有利于转型升级、鼓励创新的产业政策导向。

强化产业技术政策的引导和监督作用，明确并逐步提高生产环节和市场准入的环境、节能、节地、节水、节材、质量和安全指标及相关标准，形成统一权威、公开透明的市场准入标准体系。健全技术标准体系，强化强制性标准的制定和实施。

加强产业技术政策、标准执行的过程监管。强化环保、质检、工商、安全监管等部门的行政执法联动机制。

（五）形成要素价格倒逼创新机制

运用主要由市场决定要素价格的机制，促使企业从依靠过度消耗资源能源、低性能低成本竞争，向依靠创新、实施差别化竞争转变。

加快推进资源税改革，逐步将资源税扩展到占用各种自然生态空间，推进环境保护费改税。完善市场化的工业用地价格形成机制。健全企业职工工资正常增长机制，实现劳动力成本变化与经济提质增效相适应。

三、建立技术创新市场导向机制

发挥市场对技术研发方向、路线选择和各类创新资源配置的导向作用，调整创新决策和组织模式，强化普惠性政策支持，促进企业真正成为技术创新决策、研发投入、科研组织和成果转化的主体。

（六）扩大企业在国家创新决策中话语权

建立高层次、常态化的企业技术创新对话、咨询制度，发挥企业和企业家在国家创新决策中的重要作用。吸收更多企业参与研究制定国家技术创新规划、计划、政策和标准，相关专家咨询组中产业专家和企业家应占较大比例。

国家科技规划要聚焦战略需求，重点部署市场不能有效配置资源的关键领域研究，竞争类产业技术创新的研发方向、技术路线和要素配置模式由企业依据市场需求自主决策。

（七）完善企业为主体的产业技术创新机制

市场导向明确的科技项目由企业牵头、政府引导、联合高等学校和科研院所实施。鼓励构建以企业为主导、产学研合作的产业技术创新战略联盟。

更多运用财政后补助、间接投入等方式，支持企业自主决策、先行投入，开展重大产业关键共性技术、装备和标准的研发攻关。

开展龙头企业创新转型试点，探索政府支持企业技术创新、管理创新、商业模式创新的新机制。

完善中小企业创新服务体系，加快推进创业孵化、知识产权服务、第三方检验检测认证等机构的专业化、市场化改革，壮大技术交易市场。

优化国家实验室、重点实验室、工程实验室、工程（技术）研究中心布局，按功能定位分类整合，构建开放共享互动的创新网络，建立向企业特别是中小企业有效开放的机制。探索在战略性领域采取企业主导、院校协作、多元投资、军民融合、成果分享的新模式，整合形成若干产业创新中心。加大国家重大科研基础设施、大型科研仪器和专利基础信息资源等向社会开放力度。

（八）提高普惠性财税政策支持力度

坚持结构性减税方向，逐步将国家对企业技术创新的投入方式转变为以普惠性财税政策为主。

统筹研究企业所得税加计扣除政策，完善企业研发费用计核方法，调整目录管理方式，扩大研发费用加计扣除优惠政策适用范围。完善高新技术企业认定办法，重点鼓励中小企业加大研发力度。

（九）健全优先使用创新产品的采购政策

建立健全符合国际规则的支持采购创新产品和服务的政策体系，落实和完善政府采购促进中小企业创新发展的相关措施，加大创新产品和服务的采购力度。鼓励采用首购、订购等非招标采购方式，以及政府购买服务等方式予以支持，促进创新产品的研发和规模化应用。

研究完善使用首台（套）重大技术装备鼓励政策，健全研制、使用单位在产品创新、增值服务和示范应用等环节的激励和约束机制。

放宽民口企业和科研单位进入军品科研生产和维修采购范围。

四、强化金融创新的功能

发挥金融创新对技术创新的助推作用，培育壮大创业投资和资本市场，提高信贷支持创新的灵活性和便利性，形成各类金融工具协同支持创新发展的良好局面。

（十）壮大创业投资规模

研究制定天使投资相关法规。按照税制改革的方向与要求，对包括天使投资在内的投向种子期、初创期等创新活动的投资，统筹研究相关税收支持政策。

研究扩大促进创业投资企业发展的税收优惠政策，适当放宽创业投资企业投资高新技术企业的条件限制，并在试点基础上将享受投资抵扣政策的创业投资企业范围扩大到有限合伙制创业投资企业法人合伙人。

结合国有企业改革设立国有资本创业投资基金，完善国有创投机构激励约束机制。按照市场化原则研究设立国家新兴产业创业投资引导基金，带动社会资本支持战略性新兴产业和高技术产业早中期、初创期创新型企业发展。

完善外商投资创业投资企业规定，有效利用境外资本投向创新领域。研究保险资金投资创业投资基金的相关政策。

（十一）强化资本市场对技术创新的支持

加快创业板市场改革，健全适合创新型、成长型企业发展的制度安排，扩大服务实体经济覆盖面，强化全国中小企业股份转让系统融资、并购、交易等功能，规范发展服务小微企业的区域性股权市场。加强不同层次资本市场的有机联系。

发挥沪深交易所股权质押融资机制作用，支持符合条件的创新创业企业发行公司债券。支持符合条件的企业发行项目收益债，募集资金用于加大创新投入。

推动修订相关法律法规，探索开展知识产权证券化业务。开展股权众筹融资试点，积极探索和规范发展服务创新的互联网金融。

（十二）拓宽技术创新的间接融资渠道

完善商业银行相关法律。选择符合条件的银行业金融机构，探索试点为企业创新活动提供股权和债权相结合的融资服务方式，与创业投资、股权投资机构实现投贷联动。

政策性银行在有关部门及监管机构的指导下，加快业务范围内金融产品和服务方式创新，对符合条件的企业创新活动加大信贷支持力度。

稳步发展民营银行，建立与之相适应的监管制度，支持面向中小企业创新需求的金融产品创新。

建立知识产权质押融资市场化风险补偿机制，简化知识产权质押融资流程。加快发展科技保险，推进专利保险试点。

五、完善成果转化激励政策

强化尊重知识、尊重创新，充分体现智力劳动价值的分配导向，让科技人员在创新活动中得到合理回报，通过成果应用体现创新价值，通过成果转化创造财富。

（十三）加快下放科技成果使用、处置和收益权不断总结试点经验，结合事业单位分类改革要求，尽快将财政资金支持形成的，不涉及国防、国家安全、国家利益、重大社会公共利益的科技成果的使用权、处置权和收益权，全部下放给符合条件的项目承担单位。单位主管部门和财政部门对科技成果在境内的使用、处置不再审批或备案，科技成果转移转化所得收入全部留归单位，纳入单位预算，实行统一管理，处置收入不上缴国库。

（十四）提高科研人员成果转化收益比例

完善职务发明制度，推动修订专利法、公司法等相关内容，完善科技成果、知识产权归属和利益分享机制，提高骨干团队、主要发明人受益比例。完善奖励报酬制度，健全职务发明的争议仲裁和法律救济制度。

修订相关法律和政策规定，在利用财政资金设立的高等学校和科研院所中，将职务发明成果转让收益在重要贡献人员、所属单位之间合理分配，对用于奖励科研负责人、骨干技术人员等重要贡献人员和团队的收益比例，可以从现行不低于20%提高到不低于50%。

国有企业事业单位对职务发明完成人、科技成果转化重要贡献人员和团队的奖励，计入当年单位工资总额，不作为工资总额基数。

（十五）加大科研人员股权激励力度

鼓励各类企业通过股权、期权、分红等激励方式，调动科研人员创新积极性。

对高等学校和科研院所等事业单位以科技成果作价入股的企业，放宽股权奖励、股权出售对企业设立年限和盈利水平的限制。

建立促进国有企业创新的激励制度，对在创新中作出重要贡献的技术人员实施股权和分红权激励。

积极总结试点经验，抓紧确定科技型中小企业的条件和标准。高新技术企业和科技型中小企业科研人员通过科技成果转化取得股权奖励收入时，原则上在5年内分期缴纳个人所得税。结合个人所得税制改革，研究进一步激励科研人员创新的政策。

六、构建更加高效的科研体系

发挥科学技术研究对创新驱动的引领和支撑作用，遵循规律、强化激励、合理分工、分类改革，增强高等学校、科研院所原始创新能力和转制科研院所的共性技术研发能力。

（十六）优化对基础研究的支持方式

切实加大对基础研究的财政投入，完善稳定支持和竞争性支持相协调的机制，加大稳定支持力度，支持研究机构自主布局科研项目，扩大高等学校、科研院所学术自主权和个人科研选题选择权。

改革基础研究领域科研计划管理方式，尊重科学规律，建立包容和支持“非共识”创新项目的制度。

改革高等学校和科研院所聘用制度，优化工资结构，保证科研人员合理工资待遇水平。完善内部分配机制，重点向关键岗位、业务骨干和作出突出成绩的人员倾斜。

（十七）加大对科研工作的绩效激励力度

完善事业单位绩效工资制度，健全鼓励创新创造的分配激励机制。完善科研项目间接费用管理制度，强化绩效激励，合理补偿项目承担单位间接成本和绩效支出。项目承担单位应结合一线科研人员实际贡献，公开公正安排绩效支出，充分体现科研人员的创新价值。

（十八）改革高等学校和科研院所科研评价制度

强化对高等学校和科研院所研究活动的分类考核。对基础和前沿技术研究实行同行评价，突出中长期目标导向，评价重点从研究成果数量转向研究质量、原创价值和实际贡献。

对公益性研究强化国家目标和社会责任评价，定期对公益性研究机构组织第三方评价，将评价结果作为财政支持的重要依据，引导建立公益性研究机构依托国家资源服务行业创新机制。

（十九）深化转制科研院所改革

坚持技术开发类科研机构企业化转制方向，对于承担较多行业共性科研任务的转制科研院所，可组建成产业技术研发集团，对行业共性技术研究和市场经营活动进行分类管理、分类考核。

推动以生产经营活动为主的转制科研院所深化市场化改革，通过引入社会资本或整体上市，积极发展混合所有制，推进产业技术联盟建设。

对于部分转制科研院所中基础研究能力较强的团队，在明确定位和标准的基础上，引导其回归公益，参与国家重点实验室建设，支持其继续承担国家任务。

（二十）建立高等学校和科研院所技术转移机制

逐步实现高等学校和科研院所与下属公司剥离，原则上高等学校、科研院所不再新办企业，强化科技成果以许可方式对外扩散。

加强高等学校和科研院所的知识产权管理，明确所属技术转移机构的功能定位，强化其知识产权申请、运营权责。

建立完善高等学校、科研院所的科技成果转移转化的统计和报告制度，财政资金支持形成的科技成果，除涉及国防、国家安全、国家利益、重大社会公共利益外，在合理期限内未能转化的，可由国家依法强制许可实施。

七、创新培养、用好和吸引人才机制

围绕建设一支规模宏大、富有创新精神、敢于承担风险的创新型人才队伍，按照创新规律培养和吸引人才，按照市场规律让人才自由流动，实现人尽其才、才尽其用、用有所成。

（二十一）构建创新型人才培养模式

开展启发式、探究式、研究式教学方法改革试点，弘扬科学精神，营造鼓励创新、宽容失败的创新文化。改革基础教育培养模式，尊重个性发展，强化兴趣爱好和创造性思维培养。

以人才培养为中心，着力提高本科教育质量，加快部分普通本科高等学校向应用技术型高等学校转型，开展校企联合招生、联合培养试点，拓展校企合作育人的途径与方式。

分类改革研究生培养模式，探索科教结合的学术学位研究生培养新模式，扩大专业学位研究生招生比例，增进教学与实践的融合。

鼓励高等学校以国际同类一流学科为参照，开展学科国际评估，扩大交流合作，稳步推进高等学校国际化进程。

（二十二）建立健全科研人才双向流动机制

改进科研人员薪酬和岗位管理制度，破除人才流动的体制机制障碍，促进科研人员在事业单位和企业间合理流动。

符合条件的科研院所的科研人员经所在单位批准，可带着科研项目和成果、保留基本待遇到企业开展创新工作或创办企业。

允许高等学校和科研院所设立一定比例流动岗位，吸引有创新实践经验的企业家和企业科技人才兼职。试点将企业任职经历作为高等学校新聘工程类教师的必要条件。

加快社会保障制度改革，完善科研人员在企业与事业单位之间流动时社保关系转移接续政策，促进人才双向自由流动。

（二十三）实行更具竞争力的人才吸引制度

制定外国人永久居留管理的意见，加快外国人永久居留管理立法，规范和放宽技术型人才取得外国人永久居留证的条件，探索建立技术移民制度。对持有外国人永久居留证的外籍高层次人才在创办科技型企业等创新活动方面，给予中国籍公民同等待遇。

加快制定外国人在中国工作管理条例，对符合条件的外国人才给予工作许可便利，对符合条件的外国人才及其随行家属给予签证和居留等便利。对满足一定条件的国外高层次科技创新人才取消来华工作许可的年龄限制。

围绕国家重大需求，面向全球引进首席科学家等高层次科技创新人才。建立访问学者制度。广泛吸引海外高层次人才回国（来华）从事创新研究。

稳步推进人力资源市场对外开放，逐步放宽外商投资人才中介服务机构的外资持股比例和最低注册资本金要求。鼓励有条件的国内人力资源服务机构走出去与国外人力资源服务机构开展合作，在境外设立分支机构，积极参与国际人才竞争与合作。

八、推动形成深度融合的开放创新局面

坚持引进来与走出去相结合，以更加主动的姿态融入全球创新网络，以更加开阔的胸怀吸纳全球创新资源，以更加积极的策略推动技术和标准输出，在更高层次上构建开放创新机制。

（二十四）鼓励创新要素跨境流动

对开展国际研发合作项目所需付汇，实行研发单位事先承诺，商务、科技、税务部门事后并联监管。

对科研人员因公出国进行分类管理，放宽因公临时出国批次限量管理政策。

改革检验管理，对研发所需设备、样本及样品进行分类管理，在保证安全前提下，采用重点审核、抽检、免检等方式，提高审核效率。

（二十五）优化境外创新投资管理制度

健全综合协调机制，协调解决重大问题，合力支持国内技术、产品、标准、品牌走出去，开拓国际市场。强化技术贸易措施评价和风险预警机制。

研究通过国有重点金融机构发起设立海外创新投资基金，外汇储备通过债权、股权等方式参与设立基金工作，更多更好利用全球创新资源。

鼓励上市公司海外投资创新类项目，改革投资信息披露制度，在相关部门确认不影响国家安全和经济安全前提下，按照中外企业商务谈判进展，适时披露有关信息。

（二十六）扩大科技计划对外开放

制定国家科技计划对外开放的管理办法，按照对等开放、保障安全的原则，积极鼓励和引导外资研发机构参与承担国家科技计划项目。

在基础研究和重大全球性问题研究等领域，统筹考虑国家科研发展需求和战略目标，研究发起国际大科学计划和工程，吸引海外顶尖科学家和团队参与。积极参与大型国际科技合作计划。引导外资研发中心开展高附加值原创性研发活动，吸引国际知名科研机构来华联合组建国际科技中心。

九、加强创新政策统筹协调

更好发挥政府推进创新的作用。改革科技管理体制，加强创新政策评估督查与绩效评价，形成职责明晰、积极作为、协调有力、长效管用的创新治理体系。

（二十七）加强创新政策的统筹

加强科技、经济、社会等方面的政策、规划和改革举措的统筹协调和有效衔接，强化军民融合创新。发挥好科技界和智库对创新决策的支撑作用。

建立创新政策协调审查机制，组织开展创新政策清理，及时废止有违创新规律、阻碍新兴产业和新兴业态发展的政策条款，对新制定政策是否制约创新进行审查。

建立创新政策调查和评价制度，广泛听取企业和社会公众意见，定期对政策落实情况进行跟踪分析，并及时调整完善。

（二十八）完善创新驱动导向评价体系

改进和完善国内生产总值核算方法，体现创新的经济价值。研究建立科技创新、知识产权与产业发展相结合的创新驱动发展评价指标，并纳入国民经济和社会发展规划。

健全国有企业技术创新经营业绩考核制度，加大技术创新在国有企业经营业绩考核中的比重。对国有企业研发投入和产出进行分类考核，形成鼓励创新、宽容失败的考核机制。把创新驱动发展成效纳入对地方领导干部的考核范围。

（二十九）改革科技管理体制

转变政府科技管理职能，建立依托专业机构管理科研项目的机制，政府部门不再直接管理具体项目，主要负责科技发展战略、规划、政策、布局、评估和监管。

建立公开统一的国家科技管理平台，健全统筹协调的科技宏观决策机制，加强部门功能性分工，统筹衔接基础研究、应用开发、成果转化、产业发展等各环节工作。

进一步明晰中央和地方科技管理事权和职能定位，建立责权统一的协同联动机制，提高行政效能。

（三十）推进全面创新改革试验

遵循创新区域高度集聚的规律，在有条件的省（自治区、直辖市）系统推进全面创新改革试验，授权开展知识产权、科研院所、高等教育、人才流动、国际合作、金融创新、激励机制、市场准入等改革试验，努力在重要领域和关键环节取得新突破，及时总结推广经验，发挥示范和带动作用，促进创新驱动发展战略的深入实施。

各级党委和政府要高度重视，加强领导，把深化体制机制改革、加快实施创新驱动发展战略，作为落实党的十八大和十八届二中、三中、四中全会精神的重大任务，认真抓好落实。有关方面要密切配合，分解改革任务，明确时间表和路线图，确定责任部门和责任人。要加强对创新文化的宣传和舆论引导，宣传改革经验、回应社会关切、引导社会舆论，为创新营造良好的社会环境。

实施《中华人民共和国促进科技成果转化法》的若干规定

国发〔2016〕16号

为加快实施创新驱动发展战略，落实《中华人民共和国促进科技成果转化法》，打通科技与经济结合的通道，促进大众创业、万众创新，鼓励研究开发机构、高等院校、企业等创新主体及科技人员转移转化科技成果，推进经济提质增效升级，作出如下规定。

一、促进研究开发机构、高等院校技术转移

（一）国家鼓励研究开发机构、高等院校通过转让、许可或者作价投资等方式，向企业或者其他组织转移科技成果。国家设立的研究开发机构和高等院校应当采取措施，优先向中小微企业转移科技成果，为大众创业、万众创新提供技术供给。

国家设立的研究开发机构、高等院校对其持有的科技成果，可以自主决定转让、许可或者作价投资，除涉及国家秘密、国家安全外，不需审批或者备案。

国家设立的研究开发机构、高等院校有权依法以持有的科技成果作价入股确认股权和出资比例，并通过发起人协议、投资协议或者公司章程等形式对科技成果的权属、作价、折股数量或者出资比例等事项明确约定，明晰产权。

（二）国家设立的研究开发机构、高等院校应当建立健全技术转移工作体系和机制，完善科技成果转移转化的管理制度，明确科技成果转化各项工作的责任主体，建立健全科技成果转化重大事项领导班子集体决策制度，加强专业化科技成果转化队伍建设，优化科技成果转化流程，通过本单位负责技术转移工作的机构或者委托独立的科技成果转化服务机构开展技术转移。鼓励研究开发机构、高等院校在不增加编制的前提下建设专业化技术转移机构。

国家设立的研究开发机构、高等院校转化科技成果所获得的收入全部留归单位，纳入单位预算，不上缴国库，扣除对完成和转化职务科技成果作出重要贡献人员的奖励和报酬后，应当主要用于科学技术研发与成果转化等相关工作，并对技术转移机构的运行和发展给予保障。

（三）国家设立的研究开发机构、高等院校对其持有的科技成果，应当通过协议定价、在技术交易市场挂牌交易、拍卖等市场化方式确定价格。协议定价的，科技成果持有单位应当在本单位公示科技成果名称和拟交易价格，公示时间不少于15日。单位应当明确并公开异议处理程序和办法。

（四）国家鼓励以科技成果作价入股方式投资的中小企业充分利用资本市场做大做强，国务院财政、科技行政主管部门要研究制定国家设立的研究开发机构、高等院校以技术入股形成的国有股在企业上市时豁免向全国社会保障基金转持的有关政策。

（五）国家设立的研究开发机构、高等院校应当按照规定格式，于每年3月30日前向其主管部门报送本单位上一年度科技成果转化情况的年度报告，主管部门审核后于每年4月30日前将各单位科技成果转化年度报告报送至科技、财政行政主管部门指定的信息管理系统。年度报告内容主要包括：

1. 科技成果转化取得的总体成效和面临的问题；

2. 依法取得科技成果的数量及有关情况；

3. 科技成果转让、许可和作价投资情况；

4. 推进产学研合作情况，包括自建、共建研究开发机构、技术转移机构、科技成果转化服务平台情况，签订技术开发合同、技术咨询合同、技术服务合同情况，人才培养和人员流动情况等；

5. 科技成果转化绩效和奖惩情况，包括科技成果转化取得收入及分配情况，对科技成果转化人员的奖励和报酬等。

二、激励科技人员创新创业

（六）国家设立的研究开发机构、高等院校制定转化科技成果收益分配制度时，要按照规定充分听取本单位科技人员的意见，并在本单位公开相关制度。依法对职务科技成果完成人和为成果转化作出重要贡献的其他人员给予奖励时，按照以下规定执行：

1. 以技术转让或者许可方式转化职务科技成果的，应当从技术转让或者许可所取得的净收入中提取不低于50%的比例用于奖励。

2. 以科技成果作价投资实施转化的，应当从作价投资取得的股份或者出资比例中提取不低于50%的比例用于奖励。

3. 在研究开发和科技成果转化中作出主要贡献的人员，获得奖励的份额不低于奖励总额的50%。

4. 对科技人员在科技成果转化工作中开展技术开发、技术咨询、技术服务等活动给予的奖励，可按照促进科技成果转化法和本规定执行。

（七）国家设立的研究开发机构、高等院校科技人员在履行岗位职责、完成本职工作的前提下，经征得单位同意，可以兼职到企业等从事科技成果转化活动，或者离岗创业，在原则上不超过3年时间内保留人事关系，从事科技成果转化活动。研究开发机构、高等院校应当建立制度规定或者与科技人员约定兼职、离岗从事科技成果转化活动期间和期满后的权利和义务。离岗创业期间，科技人员所承担的国家科技计划和基金项目原则上不得中止，确需中止的应当按照有关管理办法办理手续。

积极推动逐步取消国家设立的研究开发机构、高等院校及其内设院系所等业务管理岗位的行政级别，建立符合科技创新规律的人事管理制度，促进科技成果转移转化。

（八）对于担任领导职务的科技人员获得科技成果转化奖励，按照分类管理的原则执行：

1. 国务院部门、单位和各地方所属研究开发机构、高等院校等事业单位（不含内设机构）正职领导，以及上述事业单位所属具有独立法人资格单位的正职领导，是科技成果的主要完成人或者对科技成果转化作出重要贡献的，可以按照促进科技成果转化法的规定获得现金奖励，原则上不得获取股权激励。其他担任领导职务的科技人员，是科技成果的主要完成人或者对科技成果转化作出重要贡献的，可以按照促进科技成果转化法的规定获得现金、股份或者出资比例等奖励和报酬。

2. 对担任领导职务的科技人员的科技成果转化收益分配实行公开公示制度，不得利用职权侵占他人科技成果转化收益。

（九）国家鼓励企业建立健全科技成果转化的激励分配机制，充分利用股权出售、股权奖励、股票期权、项目收益分红、岗位分红等方式激励科技人员开展科技成果转化。国务院财政、科技等行政主管部门要研究制定国有科技型企业股权和分红激励政策，结合深化国有企业改革，对科技人员实施激励。

（十）科技成果转化过程中，通过技术交易市场挂牌交易、拍卖等方式确定价格的，或者通过协议定价并在本单位及技术交易市场公示拟交易价格的，单位领导在履行勤勉尽责义务、没有牟取非法利益的前提下，免除其在科技成果定价中因科技成果转化后续价值变化产生的决策责任。

三、营造科技成果转移转化良好环境

（十一）研究开发机构、高等院校的主管部门以及财政、科技等相关部门，在对单位进行绩效考评时应当将科技成果转化的情况作为评价指标之一。

（十二）加大对科技成果转化绩效突出的研究开发机构、高等院校及人员的支持力度。研究开发机构、高等院校的主管部门以及财政、科技等相关部门根据单位科技成果转化年度报告情况等，对单位科技成果转化绩效予以评价，并将评价结果作为对单位予以支持的参考依据之一。

国家设立的研究开发机构、高等院校应当制定激励制度，对业绩突出的专业化技术转移机构给予奖励。

（十三）做好国家自主创新示范区税收试点政策向全国推广工作，落实好现有促进科技成果转化的税收政策。积极研究探索支持单位和个人科技成果转化的税收政策。

（十四）国务院相关部门要按照法律规定和事业单位分类改革的相关规定，研究制定符合所管理行业、领域特点的科技成果转化政策。涉及国家安全、国家秘密的科技成果转化，行业主管部门要完善管理制度，激励与规范相关科技成果转化活动。对涉密科技成果，相关单位应当根据情况及时做好解密、降密工作。

（十五）各地方、各部门要切实加强对科技成果转化工作的组织领导，及时研究新情况、新问题，加强政策协同配合，优化政策环境，开展监测评估，及时总结推广经验做法，加大宣传力度，提升科技成果转化的质量和效率，推动我国经济转型升级、提质增效。

（十六）《国务院办公厅转发科技部等部门关于促进科技成果转化若干规定的通知》（国办发〔1999〕29号）同时废止。此前有关规定与本规定不一致的，按本规定执行。

国务院办公厅关于印发《促进科技成果转移转化行动方案》的通知

国办发〔2016〕28号

各省、自治区、直辖市人民政府，国务院各部委、各直属机构：

《促进科技成果转移转化行动方案》已经国务院同意，现印发给你们，请认真贯彻落实。

国务院办公厅

2016年4月21日

促进科技成果转移转化行动方案

促进科技成果转移转化是实施创新驱动发展战略的重要任务，是加强科技与经济紧密结合的关键环节，对于推进结构性改革尤其是供给侧结构性改革、支撑经济转型升级和产业结构调整，促进大众创业、万众创新，打造经济发展新引擎具有重要意义。为深入贯彻党中央、国务院一系列重大决策部署，落实《中华人民共和国促进科技成果转化法》，加快推动科技成果转化为现实生产力，依靠科技创新支撑稳增长、促改革、调结构、惠民生，特制定本方案。

一、总体思路

深入贯彻落实党的十八大、十八届三中、四中、五中全会精神和国务院部署，紧扣创新发展要求，推动大众创新创业，充分发挥市场配置资源的决定性作用，更好发挥政府作用，完善科技成果转移转化政策环境，强化重点领域和关键环节的系统部署，强化技术、资本、人才、服务等创新资源的深度融合与优化配置，强化中央和地方协同推动科技成果转移转化，建立符合科技创新规律和市场经济规律的科技成果转移转化体系，促进科技成果资本化、产业化，形成经济持续稳定增长新动力，为到2020年进入创新型国家行列、实现全面建成小康社会奋斗目标作出贡献。

（一）基本原则。

市场导向。发挥市场在配置科技创新资源中的决定性作用，强化企业转移转化科技成果的主体地位，发挥企业家整合技术、资金、人才的关键作用，推进产学研协同创新，大力发展技术市场。完善科技成果转移转化的需求导向机制，拓展新技术、新产品的市场应用空间。

政府引导。加快政府职能转变，推进简政放权、放管结合、优化服务，强化政府在科技成果转移转化政策制定、平台建设、人才培养、公共服务等方面职能，发挥财政资金引导作用，营造有利于科技成果转移转化的良好环境。

纵横联动。加强中央与地方的上下联动，发挥地方在推动科技成果转移转化中的重要作用，探索符合地方实际的成果转化有效路径。加强部门之间统筹协同、军民之间融合联动，在资源配置、任务部署等方面形成共同促进科技成果转化的合力。

机制创新。充分运用众创、众包、众扶、众筹等基于互联网的创新创业新理念，建立创新要素充分融合的新机制，充分发挥资本、人才、服务在科技成果转移转化中的催化作用，探索科技成果转移转化新模式。

（二）主要目标。

“十三五”期间，推动一批短中期见效、有力带动产业结构优化升级的重大科技成果转化应用，企业、高校和科研院所科技成果转移转化能力显著提高，市场化的技术交易服务体系进一步健全，科技型创新创业蓬勃发展，专业化技术转移人才队伍发展壮大，多元化的科技成果转移转化投入渠道日益完善，科技成果转移转化的制度环境更加优化，功能完善、运行高效、市场化的科技成果转移转化体系全面建成。

主要指标：建设100个示范性国家技术转移机构，支持有条件的地方建设10个科技成果转移转化示范区，在重点行业领域布局建设一批支撑实体经济发展的众创空间，建成若干技术转移人才培养基地，培养1万名专业化技术转移人才，全国技术合同交易额力争达到2万亿元。

二、重点任务

围绕科技成果转移转化的关键问题和薄弱环节，加强系统部署，抓好措施落实，形成以企业技术创新需求为导向、以市场化交易平台为载体、以专业化服务机构为支撑的科技成果转移转化新格局。

（一）开展科技成果信息汇交与发布。

1. 发布转化先进适用的科技成果包。围绕新一代信息网络、智能绿色制造、现代农业、现代能源、资源高效利用和生态环保、海洋和空间、智慧城市和数字社会、人口健康等重点领域，以需求为导向发布一批符合产业转型升级方向、投资规模与产业带动作用大的科技成果包。发挥财政资金引导作用和科技中介机构的成果筛选、市场化评估、融资服务、成果推介等作用，鼓励企业探索新的商业模式和科技成果产业化路径，加速重大科技成果转化应用。引导支持农业、医疗卫生、生态建设等社会公益领域科技成果转化应用。

2. 建立国家科技成果信息系统。制定科技成果信息采集、加工与服务规范，推动中央和地方各类科技计划、科技奖励成果存量与增量数据资源互联互通，构建由财政资金支持产生的科技成果转化项目库与数据服务平台。完善科技成果信息共享机制，在不泄露国家秘密和商业秘密的前提下，向社会公布科技成果和相关知识产权信息，提供科技成果信息查询、筛选等公益服务。

3. 加强科技成果信息汇交。建立健全各地方、各部门科技成果信息汇交工作机制，推广科技成果在线登记汇交系统，畅通科技成果信息收集渠道。加强科技成果管理与科技计划项目管理的有机衔接，明确由财政资金设立的应用类科技项目承担单位的科技成果转化义务，开展应用类科技项目成果以及基础研究中具有应用前景的科研项目成果信息汇交。鼓励非财政资金资助的科技成果进行信息汇交。

4. 加强科技成果数据资源开发利用。围绕传统产业转型升级、新兴产业培育发展需求，鼓励各类机构运用云计算、大数据等新一代信息技术，积极开展科技成果信息增值服务，提供符合用户需求的精准科技成果信息。开展科技成果转化为技术标准试点，推动更多应用类科技成果转化为技术标准。加强科技成果、科技报告、科技文献、知识产权、标准等的信息化关联，各地方、各部门在规划制定、计划管理、战略研究等方面要充分利用科技成果资源。

5. 推动军民科技成果融合转化应用。建设国防科技工业成果信息与推广转化平台，研究设立国防科技工业军民融合产业投资基金，支持军民融合科技成果推广应用。梳理具有市场应用前景的项目，发布军用技术转民用推广目录、“民参军”技术与产品推荐目录、国防科技工业知识产权转化目录。实施军工技术推广专项，推动国防科技成果向民用领域转化应用。

（二）产学研协同开展科技成果转移转化。

6. 支持高校和科研院所开展科技成果转移转化。组织高校和科研院所梳理科技成果资源，发布科技成果目录，建立面向企业的技术服务站点网络，推动科技成果与产业、企业需求有效对接，通过研发合作、技术转让、技术许可、作价投资等多种形式，实现科技成果市场价值。依托中国科学院的科研院所体系实施科技服务网络计划，围绕产业和地方需求开展技术攻关、技术转移与示范、知识产权运营等。鼓励医疗机构、医学研究单位等构建协同研究网络，加强临床指南和规范制定工作，加快新技术、新产品应用推广。引导有条件的高校和科研院所建立健全专业化科技成果转移转化机构，明确统筹科技成果转移转化与知识产权管理的职责，加强市场化运营能力。在部分高校和科研院所试点探索科技成果转移转化的有效机制与模式，建立职务科技成果披露与管理制度，实行技术经理人市场化聘用制，建设一批运营机制灵活、专业人才集聚、服务能力突出、具有国际影响力的国家技术转移机构。

7. 推动企业加强科技成果转化应用。以创新型企业、高新技术企业、科技型中小企业为重点，支持企业与高校、科研院所联合设立研发机构或技术转移机构，共同开展研究开发、成果应用与推广、标准研究与制定等。围绕“互联网＋”战略开展企业技术难题竞标等“研发众包”模式探索，引导科技人员、高校、科研院所承接企业的项目委托和难题招标，聚众智推进开放式创新。市场导向明确的科技计划项目由企业牵头组织实施。完善技术成果向企业转移扩散的机制，支持企业引进国内外先进适用技术，开展技术革新与改造升级。

8. 构建多种形式的产业技术创新联盟。围绕“中国制造2025造”、“互联网＋”等国家重点产业发展战略以及区域发展战略部署，发挥行业骨干企业、转制科研院所主导作用，联合上下游企业和高校、科研院所等构建一批产业技术创新联盟，围绕产业链构建创新链，推动跨领域跨行业协同创新，加强行业共性关键技术研发和推广应用，为联盟成员企业提供订单式研发服务。支持联盟承担重大科技成果转化项目，探索联合攻关、利益共享、知识产权运营的有效机制与模式。

9. 发挥科技社团促进科技成果转移转化的纽带作用。以创新驱动助力工程为抓手，提升学会服务科技成果转移转化能力和水平，利用学会服务站、技术研发基地等柔性创新载体，组织动员学会智力资源服务企业转型升级，建立学会联系企业的长效机制，开展科技信息服务，实现科技成果转移转化供给端与需求端的精准对接。

（三）建设科技成果中试与产业化载体。

10. 建设科技成果产业化基地。瞄准节能环保、新一代信息技术、生物技术、高端装备制造、新能源、新材料、新能源汽车等战略性新兴产业领域，依托国家自主创新示范区、国家高新区、国家农业科技园区、国家可持续发展实验区、国家大学科技园、战略性新兴产业集聚区等创新资源集聚区域以及高校、科研院所、行业骨干企业等，建设一批科技成果产业化基地，引导科技成果对接特色产业需求转移转化，培育新的经济增长点。

11. 强化科技成果中试熟化。鼓励企业牵头、政府引导、产学研协同，面向产业发展需求开展中试熟化与产业化开发，提供全程技术研发解决方案，加快科技成果转移转化。支持地方围绕区域特色产业发展、中小企业技术创新需求，建设通用性或行业性技术创新服务平台，提供从实验研究、中试熟化到生产过程所需的仪器设备、中试生产线等资源，开展研发设计、检验检测认证、科技咨询、技术标准、知识产权、投融资等服务。推动各类技术开发类科研基地合理布局和功能整合，促进科研基地科技成果转移转化，推动更多企业和产业发展亟需的共性技术成果扩散与转化应用。

（四）强化科技成果转移转化市场化服务。

12. 构建国家技术交易网络平台。以“互联网＋”科技成果转移转化为核心，以需求为导向，连接技术转移服务机构、投融资机构、高校、科研院所和企业等，集聚成果、资金、人才、服务、政策等各类创新要素，打造线上与线下相结合的国家技术交易网络平台。平台依托专业机构开展市场化运作，坚持开放共享的运营理念，支持各类服务机构提供信息发布、融资并购、公开挂牌、竞价拍卖、咨询辅导等专业化服务，形成主体活跃、要素齐备、机制灵活的创新服务网络。引导高校、科研院所、国有企业的科技成果挂牌交易与公示。

13. 健全区域性技术转移服务机构。支持地方和有关机构建立完善区域性、行业性技术市场，形成不同层级、不同领域技术交易有机衔接的新格局。在现有的技术转移区域中心、国际技术转移中心基础上，落实“一带一路”、京津冀协同发展、长江经济带等重大战略，进一步加强重点区域间资源共享与优势互补，提升跨区域技术转移与辐射功能，打造连接国内外技术、资本、人才等创新资源的技术转移网络。

14. 完善技术转移机构服务功能。完善技术产权交易、知识产权交易等各类平台功能，促进科技成果与资本的有效对接。支持有条件的技术转移机构与天使投资、创业投资等合作建立投资基金，加大对科技成果转化项目的投资力度。鼓励国内机构与国际知名技术转移机构开展深层次合作，围绕重点产业技术需求引进国外先进适用的科技成果。鼓励技术转移机构探索适应不同用户需求的科技成果评价方法，提升科技成果转移转化成功率。推动行业组织制定技术转移服务标准和规范，建立技术转移服务评价与信用机制，加强行业自律管理。

15. 加强重点领域知识产权服务。实施“互联网＋”融合重点领域专利导航项目，引导“互联网＋”协同制造、现代农业、智慧能源、绿色生态、人工智能等融合领域的知识产权战略布局，提升产业创新发展能力。开展重大科技经济活动知识产权分析评议，为战略规划、政策制定、项目确立等提供依据。针对重点产业完善国际化知识产权信息平台，发布“走向海外”知识产权实务操作指引，为企业“走出去”提供专业化知识产权服务。

（五）大力推动科技型创新创业。

16. 促进众创空间服务和支撑实体经济发展。重点在创新资源集聚区域，依托行业龙头企业、高校、科研院所，在电子信息、生物技术、高端装备制造等重点领域建设一批以成果转移转化为主要内容、专业服务水平高、创新资源配置优、产业辐射带动作用强的众创空间，有效支撑实体经济发展。构建一批支持农村科技创新创业的“星创天地”。支持企业、高校和科研院所发挥科研设施、专业团队、技术积累等专业领域创新优势，为创业者提供技术研发服务。吸引更多科技人员、海外归国人员等高端创业人才入驻众创空间，重点支持以核心技术为源头的创新创业。

17. 推动创新资源向创新创业者开放。引导高校、科研院所、大型企业、技术转移机构、创业投资机构以及国家级科研平台（基地）等，将科研基础设施、大型科研仪器、科技数据文献、科技成果、创投资金等向创新创业者开放。依托3D打印、大数据、网络制造、开源软硬件等先进技术和手段，支持各类机构为创新创业者提供便捷的创新创业工具。支持高校、企业、孵化机构、投资机构等开设创新创业培训课程，鼓励经验丰富的企业家、天使投资人和专家学者等担任创业导师。

18. 举办各类创新创业大赛。组织开展中国创新创业大赛、中国创新挑战赛、中国“互联网＋”大学生创新创业大赛、中国农业科技创新创业大赛、中国科技创新创业人才投融资集训营等活动，支持地方和社会各界举办各类创新创业大赛，集聚整合创业投资等各类资源支持创新创业。

（六）建设科技成果转移转化人才队伍。

19. 开展技术转移人才培养。充分发挥各类创新人才培养示范基地作用，依托有条件的地方和机构建设一批技术转移人才培养基地。推动有条件的高校设立科技成果转化相关课程，打造一支高水平的师资队伍。加快培养科技成果转移转化领军人才，纳入各类创新创业人才引进培养计划。推动建设专业化技术经纪人队伍，畅通职业发展通道。鼓励和规范高校、科研院所、企业中符合条件的科技人员从事技术转移工作。与国际技术转移组织联合培养国际化技术转移人才。

20. 组织科技人员开展科技成果转移转化。紧密对接地方产业技术创新、农业农村发展、社会公益等领域需求，继续实施万名专家服务基层行动计划、科技特派员、科技创业者行动、企业院士行、先进适用技术项目推广等，动员高校、科研院所、企业的科技人员及高层次专家，深入企业、园区、农村等基层一线开展技术咨询、技术服务、科技攻关、成果推广等科技成果转移转化活动，打造一支面向基层的科技成果转移转化人才队伍。

21. 强化科技成果转移转化人才服务。构建“互联网＋”创新创业人才服务平台，提供科技咨询、人才计划、科技人才活动、教育培训等公共服务，实现人才与人才、人才与企业、人才与资本之间的互动和跨界协作。围绕支撑地方特色产业培育发展，建立一批科技领军人才创新驱动中心，支持有条件的企业建设院士（专家）工作站，为高层次人才与企业、地方对接搭建平台。建设海外科技人才离岸创新创业基地，为引进海外创新创业资源搭建平台和桥梁。

（七）大力推动地方科技成果转移转化。

22. 加强地方科技成果转化工作。健全省、市、县三级科技成果转化工作网络，强化科技管理部门开展科技成果转移转化的工作职能，加强相关部门之间的协同配合，探索适应地方成果转化要求的考核评价机制。加强基层科技管理机构与队伍建设，完善承接科技成果转移转化的平台与机制，宣传科技成果转化政策，帮助中小企业寻找应用科技成果，搭建产学研合作信息服务平台。指导地方探索“创新券”等政府购买服务模式，降低中小企业技术创新成本。

23. 开展区域性科技成果转移转化试点示范。以创新资源集聚、工作基础好的省（区、市）为主导，跨区域整合成果、人才、资本、平台、服务等创新资源，建设国家科技成果转移转化试验示范区，在科技成果转移转化服务、金融、人才、政策等方面，探索形成一批可复制、可推广的工作经验与模式。围绕区域特色产业发展技术瓶颈，推动一批符合产业转型发展需求的重大科技成果在示范区转化与推广应用。

（八）强化科技成果转移转化的多元化资金投入。

24. 发挥中央财政对科技成果转移转化的引导作用。发挥国家科技成果转化引导基金等的杠杆作用，采取设立子基金、贷款风险补偿等方式，吸引社会资本投入，支持关系国计民生和产业发展的科技成果转化。通过优化整合后的技术创新引导专项（基金）、基地和人才专项，加大对符合条件的技术转移机构、基地和人才的支持力度。国家科技重大专项、重点研发计划支持战略性重大科技成果产业化前期攻关和示范应用。

25. 加大地方财政支持科技成果转化力度。引导和鼓励地方设立创业投资引导、科技成果转化、知识产权运营等专项资金（基金），引导信贷资金、创业投资资金以及各类社会资金加大投入，支持区域重点产业科技成果转移转化。

26. 拓宽科技成果转化资金市场化供给渠道。大力发展创业投资，培育发展天使投资人和创投机构，支持初创期科技企业和科技成果转化项目。利用众筹等互联网金融平台，为小微企业转移转化科技成果拓展融资渠道。支持符合条件的创新创业企业通过发行债券、资产证券化等方式进行融资。支持银行探索股权投资与信贷投放相结合的模式，为科技成果转移转化提供组合金融服务。

三、组织与实施

（一）加强组织领导。各有关部门要根据职能定位和任务分工，加强政策、资源统筹，建立协同推进机制，形成科技部门、行业部门、社会团体等密切配合、协同推进的工作格局。强化中央和地方协同，加强重点任务的统筹部署及创新资源的统筹配置，形成共同推进科技成果转移转化的合力。各地方要将科技成果转移转化工作纳入重要议事日程，强化科技成果转移转化工作职能，结合实际制定具体实施方案，明确工作推进路线图和时间表，逐级细化分解任务，切实加大资金投入、政策支持和条件保障力度。

（二）加强政策保障。落实《中华人民共和国促进科技成果转化法》及相关政策措施，完善有利于科技成果转移转化的政策环境。建立科研机构、高校科技成果转移转化绩效评估体系，将科技成果转移转化情况作为对单位予以支持的参考依据。推动科研机构、高校建立符合自身人事管理需要和科技成果转化工作特点的职称评定、岗位管理和考核评价制度。完善有利于科技成果转移转化的事业单位国有资产管理相关政策。研究探索科研机构、高校领导干部正职任前在科技成果转化中获得股权的代持制度。各地方要围绕落实《中华人民共和国促进科技成果转化法》，完善促进科技成果转移转化的政策法规。建立实施情况监测与评估机制，为调整完善相关政策举措提供支撑。

（三）加强示范引导。加强对试点示范工作的指导推动，交流各地方各部门的好经验、好做法，对可复制、可推广的经验和模式及时总结推广，发挥促进科技成果转移转化行动的带动作用，引导全社会关心和支持科技成果转移转化，营造有利于科技成果转移转化的良好社会氛围。

附件：重点任务分工及进度安排表

重点任务分工及进度安排表

序号	重点任务	责任部门	时间进度
1	发布一批产业转型升级发展急需的科技成果包	科技部会同有关部门	2016 年 6 月底前完成
2	建立国家科技成果信息系统	科技部、财政部、中科院、工程院、自然科学基金会等	2017 年 6 月底前建成
3	加强科技成果信息汇交，推广科技成果在线登记汇交系统	科技部会同有关部门	持续推进
4	开展科技成果转化为技术标准试点	质检总局、科技部	2016 年 12 月底前启动
5	推动军民科技成果融合转化应用	国家国防科工局、工业和信息化部、财政部、国家知识产权局等	持续推进
6	依托中科院科研院所体系实施科技服务网络计划	中科院	持续推进
7	在有条件的高校和科研院所建设一批国家技术转移机构	科技部、教育部、农业部、中科院等	2016 年 6 月底前启动建设，持续推进
8	围绕国家重点产业和重大战略，构建一批产业技术创新联盟	科技部、工业和信息化部、中科院等	2016 年 6 月底前启动建设，持续推进
9	推动各类技术开发类科研基地合理布局和功能整合，促进科研基地科技成果转移转化	科技部会同有关部门	持续推进
10	打造线上与线下相结合的国家技术交易网络平台	科技部、教育部、工业和信息化部、农业部、国务院国资委、中科院、国家知识产权局等	2017 年 6 月底前建成运行
11	制定技术转移服务标准和规范	科技部、质检总局	2017 年 3 月底前出台
12	依托行业龙头企业、高校、科研院所建设一批支撑实体经济发展的众创空间	科技部会同有关部门	持续推进
13	依托有条件的地方和机构建设一批技术转移人才培养基地	科技部会同有关部门	持续推进
14	构建“互联网＋”创新创业人才服务平台	科技部会同有关部门	2016年12月底前建成运行
15	建设海外科技人才离岸创新创业基地	中国科协	持续推进
16	建设国家科技成果转移转化试验示范区，探索可复制、可推广的经验与模式	科技部会同有关地方政府	2016年6月底前启动建设
17	发挥国家科技成果转化引导基金等的杠杆作用，支持科技成果转化	科技部、财政部等	持续推进
18	引导信贷资金、创业投资资金以及各类社会资金加大投入，支持区域重点产业科技成果转移转化	科技部、财政部、人民银行、银监会、证监会	持续推进
19	推动科研机构、高校建立符合自身人事管理需要和科技成果转化工作特点的职称评定、岗位管理和考核评价制度	教育部、科技部、人力资源社会保障部等	2017 年 12 月底前完成
20	研究探索科研机构、高校领导干部正职任前在科技成果转化中获得股权的代持制度	科技部、中央组织部、人力资源社会保障部、教育部	持续推进

“十三五”技术标准科技创新规划

为深入贯彻落实《国家创新驱动发展战略纲要》、《国家中长期科学和技术发展规划纲要（2006—2020年）》、《深化标准化工作改革方案》、《“十三五”国家科技创新规划》、《深化科技体制改革实施方案》、《国家标准化体系建设发展规划（2016—2020年）》等战略部署和政策规划，全面实施技术标准战略，健全科技与标准化互动支撑机制，引导科技、产业等各类资源积极参与技术标准研制与应用，加速科技成果转化应用，建立健全新型技术标准体系，促进发展动力转换，提升发展的质量和效益，制定本规划。

一、形势与需求

“十二五”期间，在政策的引导和科技计划的支持下，我国实施技术标准战略取得显著成效，标准化发展进入新阶段。我国技术标准总体水平明显提升，对制定国际标准的贡献显著增加，科技和标准化互动支撑能力明显增强，技术标准在推动科技创新产业化、市场化过程中发挥着越来越重要的作用，已经成为促进我国科技和经济紧密结合、提升国际竞争力的有力抓手。

进入“十三五”，世界新一轮科技革命和产业变革加速推进，产业跨界融合发展愈发明显，新模式、新业态层出不穷，产品更新步伐加快，技术创新和标准研制日益融合发展。世界各国纷纷利用技术、标准、专利等资源禀赋优势，加快创新布局，争夺标准制定主导权，抢占产业竞争制高点，确立竞争新优势。

我国经济发展进入新常态，增长速度从高速增长转向中高速，发展方式从规模速度型转向质量效率型，发展动力从要素驱动、投资驱动转向创新驱动，创新成为引领发展的第一驱动力。中央提出创新、协调、绿色、开放、共享的新发展理念，要求实施创新驱动发展战略，加强科技与经济的联系，推进供给侧结构性改革，提升发展的质量效益。这些都对增强技术标准创新能力、增加标准有效供给、提升技术标准创新服务水平提出了更高要求。特别是《国家创新驱动发展战略纲要》提出实施标准战略，明确了技术标准创新发展的重点，要求进一步健全技术创新与标准化互动支撑机制，及时将先进技术转化为标准。

面对新形势与新需求，重点领域标准供给能力有待提高，技术标准与科技、产业结合不够紧密，市场主体开展技术标准研制的动力不足、能力不强，标准化工作机制有待完善、发展政策环境需要优化；技术标准在推动科技创新成果产业化，以及提升我国产业国际竞争力等方面的支撑和引领作用没有充分显现，技术标准的质量效益亟待提升。满足供给侧结构性改革对技术标准创新提出的需求，解决技术标准研制存在的问题，迫切需要加强技术标准战略实施的顶层设计和统筹协调，创新工作机制和模式，增强技术标准有效供给。

二、总体要求

（一）指导思想

全面贯彻党的十八大和十八届三中、四中、五中、六中全会精神，深入学习贯彻习近平总书记系列重要讲话精神和治国理政新理念新思想新战略，紧紧围绕统筹推进“五位一体”总体布局和协调推进“四个全面”战略布局，牢固树立和贯彻落实创新、协调、绿色、开放、共享的发展理念，全面落实创新驱动发展战略，以实施技术标准战略为主线，以体制机制改革创新和政策制度优化完善为动力，激发技术标准创新活力，着力构建新型技术标准体系，进一步发挥技术标准在淘汰落后产能、助推产业转型升级和提高产品质量等方面的引领作用；着力提升科技创新、技术标准研制与产业发展的互动支撑能力，助推加速实现发展动力的转换；着力健全技术标准创新服务体系，服务大众创业、万众创新。

（二）基本原则

深化改革，创新驱动。全面落实科技体制改革与标准化工作改革要求，破除科技创新成果向技术标准转化的障碍，为技术标准创新发展提供动力；将创新置于技术标准发展的核心位置，以机制创新为抓手，以制度和模式创新为突破，发挥科技创新在技术标准工作中的引领作用，全面提升技术标准水平。

政府引导，协同推进。发挥政府在实施技术标准战略中的引导作用，加强顶层设计，优化完善政策环境，持续加强对基础通用与公益、产业共性技术标准研制的支持力度；激发市场主体活力，充分调动各部门和地方的积极性，引导产学研用等各方面加大投入，推进创新性、引领性技术标准研制与应用。

立足国情，面向国际。围绕国家重大战略部署对技术标准工作提出的要求，坚持目标导向和问题导向，着力补齐技术标准研制与应用短板，加速科技创新成果产业化、市场化进程；统筹技术标准“引进来”与“走出去”，加大优势特色领域国际标准研制力度，围绕“一带一路”建设及国际产能和装备制造合作，推动中国标准“走出去”，提高我国标准与国际标准的一致性程度。

（三）发展目标

到 2020 年，技术标准创新政策环境进一步优化，技术标准研制能力和服务水平大幅提升，政府引导、社会广泛参与的科技创新与标准化协同推进、融合发展的工作格局基本形成，技术标准战略实施更加深入人心，为促进科技与经济更加紧密结合、培育国际竞争新优势提供强有力的支撑。

研制技术标准成为科技计划的重要任务，国家科技计划支持研制基础通用与公益、产业共性技术国家标准 1000 项以上，一些新兴和交叉领域标准水平领跑国际；

研制国际标准 200 项以上，推动 1000 项以上中国标准被国外标准引用、转化，或被境外工程建设和产品采用，技术标准在国际贸易、多双边合作，以及推动中国技术、产品和服务“走出去”等方面发挥重要作用；

在重点领域和区域建设 50 个国家技术标准创新基地，有效支撑科技成果转化为技术标准工作，满足大众创业、万众创新需求的标准化服务体系基本建立；

建设 50 个国家级标准验证检验检测点，为标准技术方法和关键指标的确定提供技术支撑；

培育形成一批重要的团体标准，科技创新成果转化应用的载体更加丰富、渠道更加通畅；

培育一批以标准引领发展的创新型、先导型企业，企业技术标准创新能力显著提升；

科技人员参与技术标准工作越来越普遍，企业技术标准工作人员能力和水平显著提升，跨界、复合型和具有国际视野的标准化人才不断涌现。

三、以科技引领技术标准水平提升

（一）加强新兴和交叉领域技术标准研制

在现代农业技术、新一代信息技术、智能绿色服务制造技术、新材料技术、清洁高效能源技术、现代交通技术与装备、高效生物技术、现代食品制造技术、现代服务技术等创新活跃、技术融合度较高的领域，鼓励以企业为主体、产学研用相结合，同步部署产品和技术研发、标准研制与产业化推广，通过技术标准加速创新技术和产品市场化进程、缩短产业化周期。

支持企业、科研机构、高等院校等依托产业技术创新战略联盟、行业协会（学会）等社会团体，建立和完善利益共建共享和知识产权保护相关机制措施，及时将创新技术和产品制定为联盟标准或团体标准，加快市场化推广。鼓励标准化技术组织和国内技术对口单位，在重要战略领域积极组织相关技术研发机构，主导提出或参与国家标准、行业标准、国际标准研制工作，通过标准提升产业竞争优势。

（二）推动基础通用与公益和产业共性技术标准优化升级

将研制形成技术标准作为具有市场应用前景、产业目标导向的科技计划项目的研究目标内容，加大科技计划对重要基础通用与公益和产业共性技术标准研制的支持力度，将先进适用科技创新成果融入技术标准，更新标准核心技术和关键指标，持续提升标准技术水平。围绕国家基础保障和治理能力提升对技术标准的需求，开展能源与资源节约、环境保护、卫生健康、重要领域安全、社会管理和公共服务等方面技术标准研制工作，加快健全基础通用与公益技术标准体系，为保障和改善民生、促进国家治理能力和体系现代化提供技术支撑。落实国家重大产业政策规划，加强农业、制造业、战略性新兴产业等领域共性技术标准研制，开展重要产业领域综合标准化研究，以标准水平提升引领和倒逼产业转型升级。

专栏1　基础通用与公益和产业共性技术标准研制

1. 基础通用与公益标准

研究节能、节地、节水、节材、资源循环利用及能源与环境管理、环保服务、应对气候变化等标准；人类工效、图形符号、术语、元数据、标准数据、标准样品、统计方法等技术标准；消费品、特种设备、信息、交通、消防、海洋、危险化学品等领域通用标准；教育、文化、卫生健康、劳动就业和社会保障、社会信用、社会责任、品牌培育、质量追溯、防灾减灾等社会公益标准。

2. 产业共性技术标准

研究基础数据共享和交换、数字化协同、系统集成、过程控制、自动识别以及制造服务等智能制造标准；生态设计和评价、工艺及供应链等绿色制造标准；基础工艺、基础零部件、基础材料、基础制造装备等制造业共性标准；结构性材料、功能性材料等新材料标准；清洁能源、智能电网等新能源标准；5G、物联网、云计算、大数据、网络安全、新型显示、虚拟现实/增强现实等新一代信息技术标准；电子政务、电子商务、科技服务、标准服务等服务业共性标准。

（三）加强技术标准研制过程中的科技支撑

强化科技资源对重要标准研制的技术支持。在基础通用与公益、产业共性技术标准和我国主导制定的国际标准，以及市场自主制定标准的研制和实施过程中，开展国家级标准验证检验检测点建设，对标准的重要技术内容、指标、参数等进行试验验证和符合性测试，逐步建立完善重要技术标准的试验验证和符合性测试机制，增强技术标准的科学性和合理性。

四、以技术标准促进科技成果转化应用

(一) 加强对科技计划中研制技术标准的服务

鼓励和支持标准化技术组织（机构）积极参与科技计划中技术标准研制需求必要性、可行性的论证，结合标准体系、国内外现状等，为研制技术标准类型、性质、适用范围、主要内容等的确定提供咨询意见。标准研制任务确立后，标准化技术组织（机构）应积极配合科技计划研制技术标准任务的实施，组织开展标准立项、起草、征求意见、审查、报批等工作。

标准化主管部门建立健全科技计划研制技术标准的快速立项程序，对前期已经充分论证并纳入科技计划研究任务的技术标准，简化立项程序、缩短立项周期。根据科技成果转化应用的实际需求，丰富技术标准形式，拓宽科技成果转化为技术标准和推广应用的渠道。依托国家技术标准资源服务平台，为有标准研制任务的科技计划承担单位提供国内外标准题录检索、强制性国家标准全文免费阅读、经授权的标准文本在线阅读等服务。

(二) 推动科技计划成果转化为技术标准

开展科技成果转化为技术标准的方法研究，研制科技成果向技术标准转化的指南，为科技计划成果转化为标准提供技术支撑。开展科技成果转化为技术标准试点，建立科技成果转化为技术标准效果的评估评价机制，健全科技计划成果转化为技术标准的长效机制，持续推动科技成果转化应用。

(三) 创新技术标准服务模式

加快培育发展标准化服务业。鼓励利用“互联网+”等手段，培育发展第三方标准化服务，通过市场化运作，孵化出嵌入企业核心业务的技术标准战略咨询、标准化整体解决方案提供等专业化服务业态和模式，满足大众创业、万众创新对技术标准的需求。

围绕落实国家重大区域发展战略和政策规划，加快建设区域国家技术标准创新基地，聚焦区域产业集群发展对技术标准的需求，集聚标准化、科技创新及产业资源，打造涵盖技术标准研制与应用全过程、为广大企业特别是采用“四众”模式的中小微企业提供标准创新服务的平台。

在国家重要政策规划提出的重点产业和优先发展领域，建设一批领域国家技术标准创新基地，着眼于新兴和交叉融合领域技术创新、产业发展对技术标准的需求，围绕创新链、产业链整合标准化资源，打造创新技术和产品标准化、产业化、市场化和国际化的孵化器，及时制定新技术、新工艺、新材料、新产品技术标准。

五、培育中国标准国际竞争新优势

(一) 提高我国对国际标准的技术贡献

加大科技计划对国际标准研制的支持力度，加强我国优势特色和战略性新兴产业领域国际标准研制的前瞻布局，持续开展国际国外技术标准、技术法规跟踪及其与我国技术标

准的比对研究，及时将我国具有比较优势的技术和标准研制为国际标准。将国际标准化纳入国际科技合作重要内容，联合相关国家共同推动国际标准研制。

鼓励产业技术创新战略联盟、行业协会（学会）等积极与国际、国外相关组织进行对接，组织企业、科研机构和高等院校等广泛参与国际标准或国外先进标准研制。支持有条件的企业、科研院所牵头建设以国际标准化工作为主的国家技术标准创新基地，通过市场化协作机制，构建产学研用共同参与的国际标准创新服务平台。鼓励企业结合在海外设立研发中心，联合相关领域的科研机构和标准化专业机构等，将自主创新技术和产品以及企业标准研制为国际标准，提升中国主导和参与制定国际标准比重。

专栏 2　重要领域国际标准研制
主导或参与信息通信与网络、深海、极地、空天等新领域国际标准研制，围绕新一代信息技术、生物技术、新能源、新材料、海洋技术、航空航天、高端制造装备等新兴产业领域，冶金、机械、电工、船舶等技术基础好的传统产业，以及农林、轻纺、有色金属、家电、中医药、食品及稀土、煤炭、工程建筑等我国优势特色领域，研制一批包含我国自主创新技术的国际标准。

（二）以科技创新推动中国标准“走出去”

围绕“一带一路”建设、国际产能和装备制造合作需求，依托国家科技计划实施和境外工程建设，开展我国优势技术标准在境外的适用性技术研究，以及我国标准与目标国家标准的互认支撑技术研究，促进中国标准被国外标准引用和转化，或被境外工程建设和产品采用，助推我国技术、产品和服务“走出去”。鼓励产业技术创新战略联盟、行业协会（学会）、科研机构、高等院校和企业等牵头组织，围绕重要贸易国家、区域设施联通和贸易畅通需求，开展基于我国创新技术的标准研制与应用合作，推动我国自主创新技术和标准的海外实际应用。

专栏 3　中国标准“走出去”适用性技术研究
在钢铁、有色、铁路、公路、水运工程、石油天然气、民用核能、特色农产品等领域，配合我国海外工程服务开展中国标准境外适用性研究；在电力、汽车、航空航天、中医药、海洋工程等领域，推进实施综合标准化，提高全产业链标准水平，促进与国际标准整体接轨。

六、激发市场主体技术标准创新活力

（一）提升企业的技术标准创制能力

加强对企业特别是创新型企业标准化知识和技能的培训，鼓励企业将技术标准工作纳入企业核心战略，围绕核心技术和产品研发、推广，加强技术标准创制，厚植企业竞争优势。支持有条件的企业联合科研院所、高等院校和标准化专业机构共同承担国际标准、国家标准、行业标准研制任务。全面取消企业技术标准备案，切实减轻企业负担，为企业技术标准创新松绑。鼓励企业将自主研发的技术标准进行自我声明公开，接受社会监督。建立健全基于第三方的企业技术标准水平、标准创新型企业评估评价机制和技术标准领跑者制度，逐步形成第三方机构实施、社会监督、市场选择和政府采信的技术创新、标准研制、产业升级协同发展的正循环，促进企业技术进步和产品质量提升，培育企业创新发展新动能。

（二）增强社会团体的技术标准创新活力

支持有条件的社会团体积极承担创新性、引领性及交叉融合技术领域的专业标准化技术组织，推荐专家参与国际标准、国家标准、行业标准和地方标准的研制工作。积极推动团体标准纳入科技成果统计，将团体标准纳入科技和标准化奖励范畴。鼓励各地方、各部门在产业政策制定、政府采购、认证认可、检验检测等方面引用具有自主创新技术和竞争优势的团体标准。建立团体标准转化为国家标准、行业标准等政府主导制定标准的机制，围绕国家重大战略实施和产业发展需求，鼓励联盟、社会团体等与标准化专业机构加强合作，将实施效果良好的团体标准转化为国家标准化指导性技术文件、国家标准、行业标准或地方标准，推动先进适用技术推广和应用。

七、健全技术标准创新协同推进机制

（一）健全技术创新、专利保护与标准化互动支撑机制

加强科技主管部门、标准化主管部门与行业主管部门在战略、规划、政策制定等工作中的协作，对于产业化目标明确的科技计划、以技术为引领的产业和工程项目，同步部署技术标准研制工作。在科技计划、产业和工程项目实施中，强化项目承担单位与标准化技术组织（机构）的协作，推动科技研发、标准研制与产业升级协同发展。将标准化专家纳入科技专家库和行业专家库，推动标准化专家库与科技专家库、行业专家库共建共享。探索建立科技信息资源与标准化信息资源对接和交汇机制，推进科技与标准化资源共建共享。

鼓励企业基于创新技术、专利，制定优于国际标准、国家标准、行业标准的企业标准，培育市场竞争优势。鼓励社会团体建立健全团体标准中专利处置、管理、收益分配等制度措施，推动社会团体成员自有和共有专利融入团体标准，提升协作创新、全产业链创新效益和效率。健全技术标准中涉及专利的管理措施，统筹协调好专利保护和技术标准研制工作。

（二）健全军民标准融合发展机制

建立健全军民标准通用化协调推进工作机制，加强军民标准规划、计划的协调对接。健全军民标准化技术组织融合发展机制，加强军民标准化技术组织合作与人员交流，推动军民融合重点领域标准化技术组织的共建共管。完善军民标准双向转化和军民通用标准制修订制度措施，推动军方采用民用标准和军用标准转化为民用标准，加强军民通用标准制定和整合。建立完善军民标准信息共享机制，开展军民标准数字化和共享服务平台建设。

八、强化规划实施保障

（一）加强组织领导和统筹协调

充分发挥国务院标准化协调推进部际联席会议作用，加强科技主管部门、行业主管部门与标准化主管部门的协调与沟通，研究本规划实施涉及的重大政策，对跨部门跨领域、存在重大争议技术标准的研制与实施进行协调。加强本规划与科技创新规划、行业发展规划实施的衔接，鼓励各行业制定实施支持技术标准创新的政策措施。

充分发挥各地方标准化协调推进机制作用，推动将实施技术标准战略纳入地方政府重要工作内容，制定实施鼓励和支持技术标准创新的政策措施。加强地方科技管理部门、标

准化管理部门与行业管理部门在技术标准创新方面的互动支持，对能培育新业态、新模式和形成新的经济增长点的技术标准研制项目，地方科技管理部门和行业管理部门给予优先支持；对有技术标准需求的地方科技项目、产业项目和工程项目，地方标准化管理部门主动协调服务，推动相关标准立项与实施。

（二）加强新模式、新业态下技术标准发展路径研究

开展“互联网+”标准化研究，推动技术标准数字化、信息化、网络化发展，加快构建适应互联网、物联网等发展需要的技术标准体系架构；开展“标准化+”研究，优化完善标准化与科技创新、现代农业、先进制造、生态文明、消费升级和公共服务等融合发展的政策措施，更好发挥标准化的基础性、战略性和引领性作用，引领产业转型升级和产品质量提升；开展消费结构升级背景下技术标准创制模式研究，使技术标准研制、应用更好适应产品生产与服务个性化、定制化的发展趋势。

（三）健全科技成果向技术标准转化机制措施

推进实施《关于在国家科技计划专项实施中加强技术标准研制工作的指导意见》，建立科技计划研制的技术标准快速立项通道。加快国家技术标准创新基地建设，建立国家级标准验证检验检测点，积极推进科技成果转化为技术标准试点工作，探索建立科技成果快速转化为技术标准机制。简化国家标准化指导性技术文件制定程序，培育发展团体标准，快速承接新技术、新工艺、新材料、新产品科技创新成果转化需求。

（四）加强人才队伍建设

在科技计划实施中，为科研人员提供技术标准研制与应用相关知识和技能培训，鼓励一线科研人员积极参与技术标准研制活动，提升科研人员技术标准创新意识和能力。面向企业广泛开展技术标准知识宣传普及活动，鼓励企业技术研发人员参与技术标准创新，鼓励企业专家牵头承担重要技术标准研制项目。依托科技计划和标准研制项目，支持科研人员广泛参与国际标准制修订活动，支持科研人员主动提出并主持国际标准制修订项目。

（五）完善技术标准创新多元化投入机制

科技计划专项经费主要支持具有战略意义、技术含量较高的基础通用与公益标准、产业共性技术标准、强制性标准、国际标准的研究，以及中国标准“走出去”适用性技术研究。对于实施效果好、技术引领和产业带动作用明显的技术标准，以风险补偿、财政后补助和政府采购等方式予以支持。鼓励有条件的地方和行业，探索建立以研制技术标准作为无形资产进行融资的政策措施，引导企业、科研机构等社会各方面共同投入技术标准研制。

《科技成果转化为标准指南》GB/T 33450—2016

1 范围

本标准规定了科技成果转化为标准的需求分析、可行性分析、标准类型与内容的确定，以及标准编写等要求。

本标准适用于基于科技成果研制我国标准的活动。

2 规范性引用文件

下列文件对于本文件的应用是必不可少的。凡是注日期的引用文件，仅注日期的版本适用于本文件。凡是不注日期的引用文件，其最新版本（包括所有的修改单）适用于本文件。

GB/T 1.1　标准化工作导则　第1部分：标准的结构和编写

GB/T 16733　国家标准制定程序的阶段划分及代码

GB/T 20000.1　标准化工作指南　第1部分：标准化和相关活动的通用术语

GB/T 20001.1　标准编写规则　第1部分：术语

GB/T 20001.2　标准编写规则　第2部分：符号标准

GB/T 20001.3　标准编写规则　第3部分：分类标准

GB/T 20001.4　标准编写规则　第4部分：试验方法标准

GB/T 20001.10　标准编写规则　第10部分：产品标准

GB/T 20003.1　标准制定的特殊程序　第1部分：涉及专利的标准

GB/T 28222　服务标准编写通则

3 术语和定义

GB/T 20000.1界定的以及下列术语和定义适用于本文件。

3.1　科技成果 scientific and technical achievement

在科学技术活动中通过智力劳动所得出的具有实用价值的知识产品。

3.2　标准 standard

通过标准化活动，按照规定的程序经协商一致制定，为各种活动或其结果提供规则、指南或特性，供共同使用和重复使用的文件。

注1：标准宜以科学、技术和经验的综合成果为基础。

注2：规定的程序指制定标准的机构颁布的标准制定程序。

注3：诸如国际标准、区域标准、国家标准等，由于它们可以公开获得以及必要时通过修正或修订保持与最新技术水平同步，因此它们被视为构成了公认的技术规则。其他层次上通过的标准，诸如专业协（学）会标准、企业标准等，在地域上可影响几个国家。

4 科技成果转化为标准需求分析

科技成果转化为标准前要做需求分析，对科技成果转化为标准的必要性进行初步评估。需求分析宜考虑的因素包括但不限于：

a）符合各类组织、地方、行业规范自身发展，提高管理效率的需求；

b）符合企业推广新技术、新产品的试验开发和应用推广的需求；

c）符合各类组织保障产品、服务质量，树立自身品牌、扩大影响力的需求；

d）符合相关行业建立接口，保证互换性、兼容性，降低系统运行成本的需求；

e）符合消费者权益保护、保护环境、保障安全和健康的社会公益需求；

f）符合企业参与建立市场规则的需求；

g）符合企业、行业参与国际事务、国际贸易、突破技术性贸易壁垒的需求。

5 科技成果转化为标准可行性分析

5.1 科技成果的标准特性分析

要分析科技成果是否具有标准的以下基本特性：

a）共同使用特性，拟转化为标准的科技成果在一定范围内（如某企业、区域、行业或全国范围）被相关主体共同使用；

b）重复使用特性，拟转化为标准的科技成果不应仅适用于一次性活动。

5.2 科技成果的技术成熟度分析

5.2.1 一般要求

要对拟转化为标准的科技成果的成熟度和认可度进行评估。评估时考虑的因素包括：

a）该科技成果所处的生命周期；

b）该科技成果推广应用的时间、范围及认可程度；

c）该科技成果与相关技术的协调性；

d）该科技成果对行业技术进步的推动作用。

5.2.2 特殊要求

对于高新技术等发展更新较快，且属于国际竞争前沿的领域，宜从技术先进性、适用性角度对拟转化为标准的科技成果进行评估。评估时考虑的因素包括：

a）该科技成果是否解决了该领域的技术难题或行业热点问题；

b）与同行业相比，该科技成果是否达到国内或国际领先程度；

c）该科技成果的设计思想、工艺技术特点是否符合市场发展导向。

5.3 科技成果的推广应用前景分析

要对拟转化为标准的科技成果的未来推广应用前景进行评估。评估时考虑的因素包括：

a）成果所属产业的性质：

1）产业在国民经济发展中的优先次序；

2）产业关联度；

3）产业的成长性；

4）产业的国内或国际竞争力。

b）与市场对接的有效性：

1）市场的需求量；

2）现有市场占有率；

3）是否属于市场主导型技术；

4）市场风险。

c）对经济的带动作用：

1）对产品更新换代的作用；

2）对国民经济某一行业或领域发展的带动作用；

3）对产业结构优化和升级的作用。

d）对社会发展的带动作用：

1）对保障公共服务质量的作用；

2）对环境、生态、资源以及社会可持续发展的作用；

3）对促进社会治理、维护国家安全和利益的作用。

5.4 与同领域现有标准的协调性分析

要对拟转化标准与同领域现有标准的协调性进行评估，评估时做到：

a）明确拟转化为标准的科技成果的所属领域；

b）与所属领域的标准化归口部门或标准化技术委员会加强沟通，掌握该领域标准体系总体现状（含已发布的标准、已立项的在研标准计划项目）；

c）从标准适用范围、核心内容与指标等角度，重点分析拟转化标准与同领域相关标准的协调性，避免标准间的重复交叉。

6 科技成果转化为标准的类型与内容确定

6.1 确定标准类型考虑的因素

6.1.1 标准适用范围

要根据标准适用范围的不同，确定科技成果转化为标准的类型：

a）对在我国某个企业内推广使用的科技成果，制定企业标准；

b）对在我国某个省/自治区/直辖市内推广使用、具有地方特色的科技成果，制定地方标准；

c）对在我国某个社会组织（如学会、协会、商会、联合会）或产业技术联盟内推广使用的科技成果，制定团体标准；

d）对在我国某个行业内推广使用的科技成果，制定行业标准；

e）对在我国跨不同行业、不同区域推广使用的科技成果，制定国家标准。

6.1.2 标准约束力

要根据标准内容的法律约束性不同，确定科技成果转化为标准的属性：

a）对涉及保护国家安全，防止欺诈行为、保护消费者利益，保护人身健康和安全，保护动植物的生命和健康，保护环境的技术成果，制定强制性标准；

b）对上述五类情况之外的其他科技成果，制定推荐性标准。

6.1.3 标准技术成熟度

对于仍处于技术发展过程中的技术成果，宜制定标准化指导性技术文件。

6.2 标准核心内容的确定

6.2.1 术语标准的主要内容

术语标准的主要技术要素为术语条目。术语条目包括条目编号、首选术语、英文对应词、定义，根据需要可增加许用术语、符号、拒用和被取代术语、概念的其他表述方式(包括图、公式等)、参见相关条目、示例、注等。

6.2.2 符号标准的主要内容

符号标准的主要技术要素包括符号编号、符号、符号名称（含义)、符号说明等，这些内容通常以表格的形式列出。

6.2.3 方法标准的主要内容

方法标准是规定通用性方法的标准，技术要素通常以试验、检查、分析、抽样、统计、计算、测定、作业等方法为对象，如试验方法、检查方法、分析计法、测定方法、抽样方法、设计规范、计算方法、工艺规程、作业指导书、生产方法、操作方法及包装、运输方法等。

6.2.4 产品标准的主要内容

产品标准的主要内容是规定产品应满足的要求，通常用性能特性表示。根据需要，还可规范产品试验方法、术语、包装和标签、工艺要求等要求。

6.2.5 过程标准的主要内容

过程标准（如设计规程、工艺规程、检验标准、安装规程等）的主要技术要素是过程应满足的要求，过程标准可规定具体的操作要求，也可推荐首选的惯例。

6.2.6 服务标准的主要内容

服务标准的主要技术要素是服务应满足的要求，包括服务提供者、供方、服务人员、服务合同、服务支付、服务交付、服务环境、服务设备、补救措施、服务沟通等。

7 科技成果转化为标准的编写要求

7.1 程序要求

科技成果转化为标准的具体起草程序需满足 GB/T 16733 的要求。

7.2 文本要求

科技成果转化为标准的具体起草格式，总体需满足 GB/T 1.1 的要求。

对于不同类别标准的编写，还需满足其他具体要求：

——术语标准的编写满足 GB/T 20001.1 的要求；

——符号标准的编写满足 GB/T 20001.2 的要求；

——分类标准的编写满足 GB/T 20001.3 的要求；

——试验方法标准的编写满足 GB/T 20001.4 的要求；

——产品标准的编写满足 GB/T 20001.10 的要求；

——服务标准的编写满足 GB/T 28222 的要求。

标准编制说明中，要对科技成果转化为标准的背景等情况进行说明。除标准编制说明外，宜有对科研成果的描述、研究报告、技术试验论证报告等其他材料。

7.3 标准中涉及专利问题的处理

对于科技成果转化为标准中涉及专利的问题的处理，要满足 GB/T 20003.1 的要求。

附录5　有关企业标准化管理规定及企业标准介绍

国家市场监管总局等八部门联合印发《关于实施企业标准“领跑者”制度的意见》

国市监标准〔2018〕84号

各省、自治区、直辖市人民政府，国务院各部委、各直属机构：

企业标准“领跑者”制度是通过高水平标准引领，增加中高端产品和服务有效供给，支撑高质量发展的鼓励性政策，对深化标准化工作改革、推动经济新旧动能转换、供给侧结构性改革和培育一批具有创新能力的排头兵企业具有重要作用。党的十九大提出，要“支持传统产业优化升级，加快发展现代服务业，瞄准国际标准提高水平”。《中共中央国务院关于开展质量提升行动的指导意见》（中发〔2017〕24号）明确提出，“实施企业标准‘领跑者’制度”。为强化标准引领作用，促进全面质量提升，经国务院同意，现提出如下意见。

一、指导思想

全面贯彻落实党的十九大精神，以习近平新时代中国特色社会主义思想为指导，认真落实党中央、国务院决策部署，进一步深化标准化工作改革，坚持以推进供给侧结构性改革为主线，以创新为动力，以市场为主导，以企业产品和服务标准自我声明公开为基础，建立实施企业标准“领跑者”制度，发挥企业标准引领质量提升、促进消费升级和推动我国产业迈向全球价值链中高端的作用，更好地满足人民日益增长的美好生活需要。

二、基本原则

坚持需求导向。围绕国家产业转型和消费升级需求，引导企业瞄准国际标准提高水平，培育一批企业标准“领跑者”。发挥消费需求的引领带动作用，营造“生产看领跑、消费选领跑”的氛围。

坚持公开公平。放开搞活企业标准，引导企业自我声明公开执行的标准，畅通企业标准信息共享渠道，利用信息公开促进企业公平竞争，切实保障市场主体和消费者的知情权、参与权和监督权。

坚持创新驱动。推动先进科技成果转化为标准，以标准优势巩固技术优势，不断提高标准的先进性、有效性和适用性，增强产品和服务竞争力，以标准领跑带动企业和产业领跑。

坚持企业主体。紧紧依靠企业提高产品和服务标准，确立企业标准对市场的“硬承诺”和对质量的“硬约束”。发挥富于创新的企业家精神和精益求精的工匠精神，在追求领跑者标准中创造更多优质供给。

坚持规范引导。持续推进简政放权，放管结合，优化服务，鼓励广泛开展标准水平的比对和评估活动。完善评估机制，推动行业自律，强化社会监督，引导更多企业争当标准领跑者。

三、主要目标

到2020年，企业产品和服务标准全部实现自我声明公开，企业公开标准严于国家标准、行业标准的比例达到20%以上。在主要消费品、装备制造、新兴产业和服务领域形成一批具有国际领先水平和市场竞争力的领跑者标准，产品和服务质量水平实现整体跃升，领跑者效应充分显现。

——围绕人民群众消费升级亟需的消费品领域，形成1000个以上企业标准“领跑者”，健康安全、产品功能、用户体验等指标水平大幅提升；

——围绕工业基础、智能制造、绿色制造等装备制造重点领域，新一代信息技术、生物等新兴产业领域，形成500个以上企业标准“领跑者”，重大装备安全、节能、环保、可靠性、效率、寿命等指标水平显著提升，新兴产业支撑新动能培育的能力不断强化；

——围绕生产性和生活性服务等服务领域，形成200个以上企业标准“领跑者”，服务的舒适、安全、便捷、用户体验等指标水平大幅提升；

——企业标准“领跑者”制度社会认知度和影响力明显增强，领跑者产品和服务市场占有率普遍提升，消费者质量满意度不断提高。

四、主要任务

企业标准“领跑者”是指产品或服务标准的核心指标处于领先水平的企业。企业标准“领跑者”以企业产品和服务标准自我声明公开为基础，通过发挥市场的主导作用，调动标准化技术机构、行业协会、产业联盟、平台型企业等第三方评估机构（以下简称评估机构）开展企业标准水平评估，发布企业标准排行榜，确定标准领跑者，建立多方参与、持续升级、闭环反馈的动态调整机制。

（一）全面实施企业产品和服务标准自我声明公开。完善全国统一的企业标准信息公共服务平台，在企业标准自我声明公开的基础上，鼓励企业通过平台公开其执行的产品或服务标准以及标准的水平程度，公开产品、服务的功能指标和产品的性能指标。鼓励企业制定严于国家标准、行业标准的企业标准，推动企业标准核心指标水平的持续提升。

（二）确定实施企业标准“领跑者”的重点领域。国务院标准化行政主管部门会同国务院有关部门根据《装备制造业标准化和质量提升规划》《消费品标准和质量提升规划（2016—2020年）》等国家相关规划，结合产业发展实际和消费者需求，统筹考虑企业标准自我声明公开情况、消费者关注程度、标准对产品和服务质量提升效果以及企业产品和服务差别化程度，确定并公布年度实施企业标准“领跑者”的重点领域。

（三）建立领跑者评估机制。评估机构根据不同行业特点，结合实际消费需求，开展国内外相关标准比对分析，合理确定领跑者标准的核心指标，制定评估方案。开展企业标准“领跑者”评估不得向企业收取费用。国家级标准化研究机构作为企业标准“领跑者”日常工作机构（以下简称工作机构），承担评估方案的公开征集，组织专家对评估方案进行评审，确定最优方案和评估机构。工作机构及其下属单位均不能参与“领跑者”评估工作。

（四）发布企业标准排行榜。评估机构根据确定的评估方案开展评估活动，对企业声明公开的产品和服务标准中的核心指标进行评估，按照核心指标水平高低形成企业标准排行榜，经向社会公示无异议后，由评估机构发布。进入排行榜的企业标准水平应严于国家标准、行业标准。

（五）形成企业标准“领跑者”名单。在企业标准排行榜的基础上，评估机构综合考虑便于消费者选择、产业发展水平、公开标准数量等因素，合理确定“领跑者”数量，将排行榜排名领先的企业确定为领跑者。企业标准“领跑者”名单经向社会公示无异议后，由评估机构发布。

（六）建立企业标准“领跑者”动态调整机制。评估机构明确企业标准“领跑者”评估周期，定期根据评估结果进行动态调整。建立健全投诉举报机制，对产品或服务未达到其公开标准水平的，以及通过弄虚作假入围的企业，评估机构应及时取消其领跑者称号并予以公示。被取消称号的企业三年内不得参与企业标准排行榜和“领跑者”评估，不得继续享受企业标准“领跑者”制度相关的优惠政策。

五、政策措施

（一）完善激励政策。在标准创新贡献奖和各级政府质量奖评选、品牌价值评价等工作中采信企业标准“领跑者”评估结果。鼓励政府采购在同等条件下优先选择企业标准“领跑者”符合相关标准的产品或服务。统筹利用现有资金渠道，鼓励社会资本以市场化方式设立企业标准“领跑者”专项基金。鼓励和支持金融机构给予企业标准“领跑者”信贷支持。鼓励电商、大型卖场等平台型企业积极采信企业标准“领跑者”评估结果。

（二）创新监管模式。推动企业产品和服务标准自我声明公开与质量监督、执法打假、缺陷召回、产品“三包”、口岸检验等现有监督制度有效衔接，保障企业标准“领跑者”评估工作有序开展。在进入企业标准排行榜和“领跑者”的企业中探索开展质量承诺活动，充分利用质量信用评价制度，增强企业自我约束意识。在企业标准排行榜和“领跑者”评估过程中，充分发挥消费者、媒体、行业协会、检测认证机构等的监督作用，建立多元共治的企业标准监管新格局。

（三）培育发展标准化服务业。加强企业标准宏观数据统计、分析及监测，及时向政府部门和社会发布信息。充分调动评估机构的积极性，为企业提供标准信息服务，为消费者提供理性消费的指引服务。鼓励专业标准化机构积极提供标准制定、标准验证、标准合规性评价等技术咨询服务。通过标准化服务，发挥国家质量基础设施的整体效能，助力“服务零距离、质量零缺陷”行动。

（四）加大宣传和培训力度。将企业标准“领跑者”制度纳入质量月、科技周、世界标准日、节能宣传周、环境日等主题活动，充分发挥行业协会、专业标准化机构的作用，大力宣传推广。新闻媒体和网络媒体要宣传普及企业产品和服务标准自我声明公开、企业标准“领跑者”制度等知识，营造良好的企业标准化工作氛围。专业标准化机构应积极开展企业标准化培训，形成一支服务企业的标准化人才队伍，提升企业标准化能力。

各地区、各部门要结合自身职责，尽快出台相关配套政策措施，确保政策落实到位。市场监管总局将按照本意见要求，出台企业标准“领跑者”实施方案，明确时间表、路线图，适时会同有关部门督促检查和数据分析，确保工作取得实效。

企业标准化管理办法

第一章　总　　则

第一条　企业标准化是企业科学管理的基础。为了加强企业标准化工作，根据《中华人民共和国标准化法》和《中华人民共和国标准化法实施条例》及有关规定，制定本办法。

第二条　企业标准化工作的基本任务，是执行国家有关标准化的法律、法规，实施国家标准、行业标准和地方标准，制定和实施企业标准，并对标准的实施进行检查。

第三条　企业标准是对企业范围内需要协调、统一的技术要求、管理要求和工作要求所制定的标准。企业标准是企业组织生产、经营活动的依据。

第四条　企业的标准化工作，应当纳入企业的发展规划和计划。

第二章　企业标准的制定

第五条　企业标准由企业制定，由企业法人代表或法人代表授权的主管领导批准、发布，由企业法人代表授权的部门统一管理。

第六条　企业标准有以下几种：

（一）企业生产的产品，没有国家标准、行业标准和地方标准的，制定的企业产品标准；

（二）为提高产品质量和技术进步，制定的严于国家标准、行业标准或地方标准的企业产品标准；

（三）对国家标准、行业标准的选择或补充的标准；

（四）工艺、工装、半成品和方法标准；

（五）生产、经营活动中的管理标准和工作标准。

第七条　制定企业标准的原则：

（一）贯彻国家和地方有关的方针、政策、法律、法规，严格执行强制性国家标准、行业标准和地方标准；

（二）保证安全、卫生，充分考虑使用要求，保护消费者利益，保护环境；

（三）有利于企业技术进步，保证和提高产品质量，改善经营管理和增加社会经济效益；

（四）积极采用国际标准和国外先进标准；

（五）有利于合理利用国家资源、能源，推广科学技术成果，有利于产品的通用互换，符合使用要求，技术先进，经济合理；

（六）有利于对外经济技术合作和对外贸易；

（七）本企业内的企业标准之间应协调一致。

第八条　制定企业标准的一般程序是：编制计划、调查研究，起草标准草案、征求意见，对标准草案进行必要的验证，审查、批准、编号、发布。

第九条　审查企业标准时，根据需要，可邀请企业外有关人员参加。

第十条　审批企业标准时，一般需备有以下材料：

（一）企业标准草案（报批稿）；

（二）企业标准草案编制说明（包括对不同意见的处理情况等）；

（三）必要的验证报告。

第十一条　企业标准的编写和印刷，参照国家标准 GB 1《标准化工作导则》的规定执行。

第十二条　企业产品标准的代号、编号方法如下：

企业代号可用汉语拼音字母或阿拉伯数字或两者兼用组成。

企业代号，按中央所属企业和地方企业分别由国务院有关行政主管部门和省、自治区、直辖市政府标准化行政主管部门会同同级有关行政主管部门规定。

第十三条　企业标准应定期复审，复审周期一般不超过 3 年。当有相应国家标准、行业标准和地方标准发布实施后，应及时复审，并确定其继续有效、修订或废止。

第三章　产品标准备案

第十四条　企业产品标准，应在发布后 30 日内办理备案。一般按企业的隶属关系报当地政府标准化行政主管部门和有关行政主管部门备案。国务院有关行政主管部门所属企业的企业产品标准，报国务院有关行政主管部门和企业所在省、自治区、直辖市标准化行政主管部门备案。国务院有关行政主管部门和省、自治区、直辖市双重领导的企业，企业产品标准还要报省、自治区、直辖市有关行政主管部门备案。

第十五条　受理备案的部门收到备案材料后即予登记。当发现备案的企业产品标准，违反有关法律、法规和强制性标准规定时，标准化行政主管部门会同有关行政主管部门责令申报备案的企业限期改正或停止实施。

企业产品标准复审后，应及时向受理备案部门报告复审结果。修订的企业产品标准，重新备案。

第十六条　报送企业产品标准备案的材料有：备案申报文、标准文本和编制说明等。

具体备案办法，按省、自治区、直辖市人民政府的规定办理。

第四章　标准的实施

第十七条　国家标准、行业标准和地方标准中的强制性标准，企业必须严格执行；不符合强制性标准的产品，禁止出厂和销售。

推荐性标准，企业一经采用，应严格执行；企业已备案的企业产品标准，也应严格执行。

第十八条　企业生产的产品，必须按标准组织生产，按标准进行检验。经检验符合标准的产品，由企业质量检验部门签发合格证书。

企业生产执行国家标准、行业标准、地方标准或企业产品标准，应当在产品或其说明书、包装物上标注所执行标准的代号、编号、名称。

第十九条　企业研制新产品、改进产品、进行技术改造和技术引进，都必须进行标准化审查。

第二十条　企业应当接受标准化行政主管部门和有关行政主管部门，依据有关法律、法规，对企业实施标准情况进行的监督检查。

第五章　企业标准化管理

第二十一条　企业根据生产、经营需要设置的标准化工作机构，配备的专、兼职标准化人员，负责管理企业标准化工作。其任务是：

（一）贯彻国家的标准化工作方针、政策、法律、法规，编制本企业标准化工作计划；

（二）组织制定、修订企业标准；

（三）组织实施国家标准、行业标准、地方标准和企业标准；

（四）对本企业实施标准的情况，负责监督检查；

（五）参与研制新产品、改进产品，技术改造和技术引进中的标准化工作，提出标准化要求，做好标准化审查；

（六）做好标准化效果的评价与计算，总结标准化工作经验；

（七）统一归口管理各类标准，建立档案，搜集国内外标准化情报资料；

（八）对本企业有关人员进行标准化宣传教育，对本企业有关部门的标准化工作进行指导；

（九）承担上级标准化行政主管部门和有关行政主管部门委托的标准化工作任务。

第二十二条　企业标准化人员对违反标准化法规定的行为，有权制止，并向企业负责人提出处理意见，或向上级部门报告。对不符合有关标准化法要求的技术文件，有权不予签字。

第二十三条　企业标准属科技成果，企业或上级主管部门，对取得显著经济效果的企业标准，以及对企业标准化工作做出突出成绩的单位和人员，应给予表扬或奖励；对贯彻标准不力，造成不良后果的，应给予批评教育；对违反标准规定，造成严重后果的，按有关法律、法规的规定，追究法律责任。

第六章　附　　则

第二十四条　本办法由国家技术监督局负责解释。

第二十五条　本办法自发布之日起实施。原国家标准总局以国标发（1981）356号文颁发的《工业企业标准化工作管理办法》（试行）即行废止。

参考文献

[1] 刘曙光，郭刚. 从企业标准到全球标准：技术创新及标准化问题研究 [J]. 经济问题探索，2006 (07)：89-92+126.

[2] 张锡纯. 关于标准化系统工程及其研究对象的探讨 [J]. 北京航空航天大学学报，1992，(1)：93-100.

[3] Mikko Siponem，Robert Willison，Information security management standards：Problems and Solution [J]. Information &Management，2009，46：267-270.

[4] A global forecast for the construction industry to 2025 [J]. Global Construction Perspectives and Oxford Economics，2013.

[5] SBCI U. Buildings and climate change：a summary for decision-makers [J]. United Nations Environmental Programme，Sustainable Buildings and Climate Initiative，Paris，2009，1-62.

[6] ZAGHLOUL R，HARTMAN F. Construction contracts：the cost of mistrust [J]. International Journal of Project Management，2003，21 (6)：419-24.

[7] 朱菲，李炜. 万科住宅产业化研究基地考察报告 [J]. 住宅产业，2011 (04)：32-36.

[8] 王铎霖. 新型城镇化装配式建筑标准化研究 [J]. 绿色环保建材，2019 (02)：70-71.

[9] 顾勇新，王形，应群勇. 中国建筑业现状及发展趋势 [J]. 工程质量，2013，31 (01)：3-8.

[10] 王益友，王志坚. 掌握企业生死攸关的法宝——谈标准 [J]. 工业技术经济，2002，21 (6)：58-59.

[11] 吕铁. 论技术标准化与产业标准战略 [J]. 中国工业经济，200，5208 (7)：43.

[12] 王力，毛慧. 农业企业标准化生产影响因素分析——基于新疆生产建设兵团石河子垦区 79 家农业企业的实证分析 [J]. 江苏农业科学，2014，42 (09)：474-478.

[13] 王李果，孙栋杰. 工业化建筑的发展与创新 [J]. 住宅科技，2014，34 (06)：42-45.

[14] 李元齐，沈祖炎. 建筑工业化建造产业发展的技术政策思考 [J]. 建筑，2012 (1)：15-21.

[15] 王冬. 我国新型建筑工业化发展制约因素及对策研究 [D]. 青岛：青岛理工大学，2015.

[16] 王金玉. 我国技术标准国际战略研究 (2) [J]. 标准科学，2004 (2)：34-36.

[17] 柳堂亮. 预制装配式建筑企业供应链风险管理研究 [D]. 重庆：重庆大学，2017.

[18] 文林峰主编，住房和城乡建设部科技与产业化发展中心（住房和城乡建设部住宅产业化促进中心）编著. 装配式混凝土结构技术体系和工程案例汇编 [M]. 北京：中国建筑工业出版社，2017.

[19] 王能能，孙启贵，徐飞. 行动者网络理论视角下的技术创新动力机制研究——以中国自主通信标准 TD-SCDMA 技术创新为例 [J]. 自然辩证法研究，2009，25 (03)：29-34.

[20] 钱学森，于景元，戴汝为. 一个科学新领域——开放的复杂巨系统及其方法论 [J]. 自然杂志，1990.

[21] Chandra S，Moyer，N，Beal，Detal. The Building durability and America Industrialized Housing Partnership housing [J]. enhancing energy efficiency，indoor air quality of industrialized International Journal for Housing Science and Its Applications，2001，4.

[22] Michael A. Hitt，R. Duane Ireland，Robert E. Hoskisson Strategic management：concepts and cases [M]. Cincinnati，Ohio：South-Western College Publishing，2006.

[23] 国务院办公厅. 国务院办公厅关于转发发展改革委住房城乡建设部绿色建筑行动方案的通知 [R]. 国办发 [2013] 1 号.

[24] 朱彤. 标准的经济性质与功能及其对技术创新的影响 [J]. 经济理论与经济管理. 2006 (5)：54-58.

[25] 胡芬芬. 标准化与技术创新的互动效应研究——以高技术产业为例 [J]. 中国商贸，2014 (19)：204-206.

[26] 黄林. 保护高新技术企业专利的对策探讨 [J]. 经济纵横，2011 (03)：106-108.

[27] 赵树宽，于海晴，姜红. 技术标准、技术创新与经济增长关系研究——理论模型及实证分析 [J]. 科学学研究，2012，30 (9)：1333-1420.

[28] 文绪. 技术创新目标系统与企业技术创新体系关系分析 [J]. 艺术科技，2012，25 (4)：169-170.

[29] 赵一勤. 技术标准与经济发展的关系 [J]. 经营与管理，2011 (10)：75-76.

[30] 张联珍，郜志雄. 技术标准中的专利许可模式研究 [J]. 特区经济，2014 (06)：185-186.

[31] 杨善林，郑丽，冯南平，彭张林. 技术转移与科技成果转化的认识及比较 [J]. 中国科技论坛，2013 (12)：116-122.

[32] 王雪原，武建龙，董媛媛. 基于技术成熟度的成果转化过程不同主体行为研究 [J]. 中国科技论坛，2015 (06)：49-54.

[33] 李欣，黄鲁成，吴菲菲. 面向战略性新兴产业的技术选择模型及应用 [J]. 系统管理学报，2012，5 (21)：634-640.

[34] 吕晨，张旭，赵蕴等. 新兴技术选择方法研究 [J]. 科技管理研究，2012，32 (23)：228-231.
[35] 程志军，姜波，李小阳. 国家重点研发计划项目“建筑装配式技术标准体系与标准化关键技术”获批立项——建设标准规范体系，支撑装配式建筑发展 [J]. 工程建设标准化，2016，09：51-53.
[36] 蒋永康，梅强. 科技中介的特性与区域创新能力的耦合机理研究 [J]. 科学管理研究，2014，32 (03)：72-75.
[37] 徐莉，杨晨露. 产学研协同创新的组织模式及运行机制研究 [J]. 科技广场，2012 (11)：210-214.
[38] 石其宝，吴晓媛. 技术标准对技术创新的影响分析 [J]. 商场现代化，2008 (24)：109-110.
[39] 张程霞，李庆杨. 基于科技中介机构的产学研合作博弈论分析 [J]. 企业经济，2011，30 (05)：131-133.
[40] 韩昊辰. 技术标准与知识产权问题研究 [D]. 上海：复旦大学，2008.
[41] 潘建均. 标准制定过程中的知识产权问题 [J]. 核标准计量与质量，2017 (03)：9-12.
[42] 王丹力，戴汝为. 综合集成研讨厅体系中专家群体行为的规范 [J]. 管理科学学报，2001 (02)：1-6.
[43] 邵逸超. 我国采标现状分析及对策建议研究 [J]. 标准科学，2014 (09)：6-27.
[44] 纪颖波，赵雄. 我国新型装配式建筑技术标准建设研究 [J]. 改革与战略，2013，11：95-99.
[45] 孙智. 建筑工程标准化系统多主体协同优化研究 [D]. 哈尔滨：哈尔滨工业大学，2013.
[46] 王成昌. 企业技术标准竞争与标准战略研究 [D]. 武汉：武汉理工大学，2004.
[47] Steffen Lehmann. Low carbon construction systems using prefabricated engineered solid wood panels for urban infill to significantly reduce greenhouse gas emissions [J]. Sustainable Cities and Society，2013，6.
[48] Norman Murray，Terrence Fernando，Ghassan Aouad. A Virtual Environment for Design and Simulated Construction of Prefabricated Buildings [J]. Virtual the Reality，2003，64.
[49] 聂梅生. 我国住宅产业化的必由之路——绿色生态住宅 [J]. 中国环保产业，2002 (12)：43-45.
[50] 住房和城乡建设部. 住房城乡建设部关于推进建筑业发展和改革的若干意见 [R]. 建市 [2014] 92 号.
[51] 住房和城乡建设部. 建筑产业现代化发展纲要 [R]. 2016.
[52] 张惠锋. 工业化建筑标准特征分析及标准体系初探 [J]. 工程建设标准化，2016 (5)：64-69.
[53] 纪颖波，付景轩. 新型工业化建筑评价标准问题研究 [J]. 建筑经济，2013 (10)：8-11.
[54] 李国强，李元齐，罗金辉. 工业化建筑与认证标准体系 [J]. 工程建设标准化，2017 (01)：58-63.
[55] 陈文祥. 多品种生产与标准化技术 [M]. 北京：中国标准出版社，1992.
[56] 李忠富，李晓丹，韩叙. 我国工业化建筑领域研究热点及发展趋势 [J]. 土木工程与管理学报，2017，34 (05)：8-14.
[57] 叶浩文. 新型建筑工业化的思考与对策 [J]. 工程管理学报，2016，30 (02)：1-6.
[58] 朱维香. BIM 技术在装配式建筑中的应用研究 [J]. 山西建筑，2016，42 (14)：227-228.
[59] Milstein Mark，Stuart L Hart and Anne S York. “Coercion Breeds Variation：The Differential Impact of Isomophic Pressures on Environmental Strategies” In Andrew Hoffman and Marc Ventresca，eds.，Organization，Policy，and the Natural Environment：Institutional and Strategic Perspectires，Stanford，California：Stanford，University Press，2001.
[60] 邝兵. 标准化战略的理论与实践研究 [D]. 武汉：武汉大学，2011.
[61] 白景坤. 组织惰性的生成与克服研究 [D]. 大连：东北财经大学，2009.
[62] 王珊珊. 城镇化背景下推进新型建筑装配式发展研究 [D]. 济南：山东建筑大学，2014.
[63] 王艳，李思一，吴叶君，丁凡，黄振中. 中国可持续发展系统动力学仿真模型——社会部分 [J]. 计算机仿真，1998 (01)：5-7.
[64] 高建国. 系统分析经济学引论. [M]. 北京：中国经济出版社，2010.
[65] 文庭孝，陈能华. 信息资源共享及其社会协调机制研究 [J]. 中国图书馆学报，2007 (03)：78-81.
[66] 国家现行装配式建筑标准和图集汇总 [J]. 商品混凝土，2017 (04)：18-19.
[67] Liebowitz，S. J. and Margolis，Stephen E. Market Progresses and The Selection of standards [J]. Harvard Journal of Law and Technology，1996，9：283-318.
[68] 王益友，王志坚. 掌握企业生死攸关的法宝——谈标准 [J]. 工业技术经济，2002，21 (6)：58-59.
[69] 李三虎. 技术全球化和技术本土化：冲突中的合作——两种技术空间进路的交互关系分析 [J]. 探求，2004 (3)：29-37.